微纳流动理论及应用

林建忠　包福兵　张　凯　王瑞金　著

科学出版社

北　京

内 容 简 介

本书介绍了微纳流动的实际应用以及相关的理论基础；分析了用于微纳流动研究的基本方程——Burnett 方程及该方程的稳定性特征；探讨了微纳流动中 Couette 流、Poiseuille 流和后向台阶流的流动与传热特性；研究了压力和电渗驱动下微纳流动的扩散、混合和分离；叙述了各类微流混合器的特性并探讨了高效微流混合器的设计和模拟方法.

本书可供力学、机械、材料、化学化工、工程热物理、生物、医学、仪器仪表及相关专业的科研人员、工程技术人员、教师以及研究生和高年级大学生阅读.

图书在版编目(CIP)数据

微纳流动理论及应用/林建忠等著. —北京: 科学出版社, 2010
ISBN 978-7-03-026474-9

Ⅰ. 微⋯ Ⅱ. 林⋯ Ⅲ. 纳米材料—应用—流场—研究 Ⅳ. O35

中国版本图书馆 CIP 数据核字(2010) 第 012958 号

责任编辑: 刘延辉 鄢德平 / 责任校对: 陈玉凤
责任印制: 徐晓晨 / 封面设计: 王 浩

科学出版社 出版
北京东黄城根北街 16 号
邮政编码: 100717
http://www.sciencep.com

北京凌奇印刷有限责任公司 印刷
科学出版社发行 各地新华书店经销
*
2010 年 1 月第 一 版 开本: B5(720×1000)
2019 年 1 月第二次印刷 印张: 18
字数: 345 000
定价: 128.00 元
(如有印装质量问题, 我社负责调换)

前　　言

近二十多年来, 自然科学和工程技术发展的一个重要趋势是朝微型化迈进, 微纳机电系统和微全分析系统是其中的两个典型. 微纳机电系统可以完成大尺度机电系统所不能完成的任务, 也可嵌入大尺度系统中, 把自动化、智能化和可靠性提高到一个新的水平, 该系统已在工业、国防、航天航空、医学、生物工程、农业和家庭服务等领域获得了重要应用并有着广阔的应用前景. 微全分析系统是目前分析仪器发展的重要方向, 它的出现不仅可以使珍贵的生物试样与试剂消耗大大降低, 而且使分析速度大大提高, 费用大大下降. 微全分析系统以微管道网络为结构特征, 可对微量流体进行采样、稀释、反应、分离、检测等复杂和精确的操作, 因而有广泛的应用前景, 如可用于稀有细胞的筛选、信息核糖核酸的提取和纯化、基因测序、单细胞分析、蛋白质结晶、药物检测等.

然而, 无论是微纳机电系统还是微全分析系统, 都与流体在微纳通道中的流动密切相关. 在以往的微纳机电系统和微全分析系统发展过程中, 过分强调了加工技术的重要性, 而对其内部的非常规的物理机制重视不够, 导致加工技术的发展超前于非常规物理现象的研究, 使得这些系统的设计、制造、优化和应用水平的提高受到限制. 而微纳通道流场中流体的运动便是非常规物理现象中一个非常关键的问题, 是其他学科发展的基础.

微纳通道流动中会出现明显不同于常规尺度下的流动现象, 一是当通道特征尺寸和流体分子平均自由程相当时, 流体连续介质假定不再成立, 此时要考虑滑移现象、热蠕动效应、稀薄效应、黏性加热效应、可压缩性、分子间作用力和一些其他的非常规效应; 二是在微纳通道中, 作用在流体上的各种力的相对重要性发生了变化; 三是由于微效应, 微纳通道中的流体扩散与混合机理与常规尺度下的情形不同, 而控制流体的扩散与混合对有效控制化学分析、生物分析的速度和效率以及微纳机电器件的设计和制造具有重要意义. 目前, 微纳流动问题已成为国际性研究前沿, 对其研究不仅有学术价值, 而且对相关的应用领域具有指导意义.

近十年来, 作者与课题组成员一同对微纳流动进行了系统、深入的研究, 给出了描述微纳流动的不同种类 Burnett 方程的稳定性分析和失稳的临界 Knudsen 数; 对 Burnett 方程结合高阶滑移边界条件, 用松弛方法获得了最高 Knudsen 数情况下 Couette 流的收敛结果. 提出了边界层等效厚度概念, 使得可将常规尺度流动的理论用于微纳流动, 并得到了硅和不锈钢两种材料的等效厚度. 采用改变通道形状和壁面电荷分布的方法进行微纳通道形状和电荷分布的优化, 从而减弱乃至消除弯曲微纳通道中内外壁差异导致的弯道效应, 提高电泳分离的分辨率和效果. 摆脱了扩散混合常规的研究方法, 采用非线性动力学中混沌混合的概念, 确定了具有最佳混合效果的以 Smale 马蹄变换为基础设计的螺旋式混合器. 数值模拟及分析了压力和电渗驱动下微纳流动中扩散、混合、分离的影响因素及其相互关系. 本书是以上成果的系统总结.

在本书即将出版之际, 作者感谢国家自然科学基金重大项目 "微流控分析系统扩散与流体力学的基础研究"(No.20299030) 的资助. 感谢聂德明、李志华、刘演华等, 他们与作者一起取得了上述成果. 感谢科学出版社在本书出版过程中的全力支持与帮助.

欢迎读者对本书提出宝贵意见与批评指正.

作 者

2009 年 11 月于中国计量学院

常用基本符号说明

英文符号	量的含义
C_p	定压比热容
C_V	定容比热容
c	音速、分子速度
C	浓度
d	分子直径
D	扩散系数
e	无散对称速度梯度张量
e_t	单位质量的总能
f	速度分布函数, 摩擦阻力系数
h	对流热传导系数
H	通道高度
k	曲率
k_B	Boltzmann 常数
L	通道尺度, 特征尺度, 水力半径
L_s	滑移长度
m	分子质量
n	分子数密度
p	压力
p'	压力偏离线性分布的程度
q_i	热通量
R	气体常数
T	温度
T_s	壁面上的跃变温度
T_λ	距离壁面一个平均分子自由程的温度
u	流体速度, x 方向速度
u_f	壁面上的气体速度
u_s	壁面上的滑移速度
u_w	壁面移动速度
u_λ	距离壁面一个平均分子自由程的速度
U	特征速度
v	流体速度, y 方向速度
$\boldsymbol{V}$	速度矢量

希腊字母	量的含义
$\alpha_i,\ \beta_i,\ \gamma_i$	Burnett 方程系数
α	扰动增长系数
β	扰动扩散系数
γ	比热比
κ	导热系数
λ	分子平均自由程, 第二黏性系数
μ	动力黏度
Π	压力比
ρ	密度
σ_{ij}	应力张量
σ_T	温度适应系数
σ_v	切向动量适应系数
τ	应力, 弛豫时间
θ_i, ω_i	Burnett 方程的系数
$\tilde{\theta}_i,\quad \tilde{\omega}_i$	Woods 方程的系数
Ω_i	BGK Burnett 方程里的系数

量纲为一的参数	
Dn	迪恩 (Dean) 数
Ec	埃克 (Ecken) 数
Kn	克努森 (Knudsen) 数
M	马赫 (Mach) 数
Ma	麦森 (Mason) 数
Nu	努塞尔 (Nusselt) 数
Pe	佩克莱 (Peclet) 数
Po	泊肃叶 (Poiseuille) 数
Pr	普朗特 (Prandtl) 数
Re	雷诺 (Reynolds) 数
Sc	施密特 (Schmidt) 数

下角符号	含义
i	入射, 入口
m	平均
o	出口
r	反射
s	滑移
w	壁面

目　　录

第一章　绪　　论

随着科技的发展, 微纳尺度通道内的流动问题越来越普遍, 研究对象的微型化是近二十年来自然科学和工程技术发展的一个重要趋势, 本章首先介绍微纳尺度通道流动中最典型的应用. 与常规尺度通道内的流动问题相比, 微纳尺度通道内的流动有其特殊的性质, 本章接着介绍微纳尺度通道内流动的特点.

1.1　微纳尺度通道流动的应用

关于 "微通道" 的概念, 著名物理学家 Feynman 于 1959 年的美国物理学年会上有过一个经典的描述: "There's plenty of room at the bottom". 在这个 plenty of room 里大有文章可做.

1.1.1　微机电系统

Feynman 在 1959 年的年会上还预言了微型机械将起的作用, 并认为制造技术将沿两个途径发展, 一是 top-down 的从宏观到微观的途径; 另一是 bottom-up 的从最小构造模块的分子开始进行物质构筑的途径. 如今, Feynman 的这两个构想已成为现实[1].

1. 定义

微型化是当今科技发展的一个重要特征[2-4], 微机电系统 (micro electro mechanical systems, MEMS) 是其中的一个典型例子. MEMS 是指基于集成电路工艺设计制造并集电子元件与机械器件于一体的微小系统[3]. 但是, 目前国际上对 MEMS 还没有一个统一的定义, 美国学者将 MEMS 定义为由电子和机械元件组成的集成微器件和微系统, 是采用和集成电路兼容的工艺所制造且可批量生产, 能将计算、传感和执行融为一体从而改变感知和控制自然世界的系统, MEMS 的尺度介于微米和毫米之间. 日本学者将 MEMS 定义为由只有几毫米大小的功能元件组成、能执行复杂和细微工作的系统. 欧洲学者将 MEMS 定义为具有微米级结构的产品, 并具有微结构形状所能提供的技术功能. 而中国学者将 MEMS 定义为是一种由微机械和微电子组成的装置, 其中微机械被微电子所控制, 大多数情况下含有微型传感器, 可由微加工技术和集成电路工艺批量制造.

2. 应用

MEMS 已在工业、国防、航天航空、医学、生物工程、农业和家庭服务等领域获得了重要应用. 如仅有微米级的小加速度计已经用于控制汽车安全气囊系统的展开; 位于导尿管顶端比针尖还小的微型压力传感器用于病人的导尿; 微制动器移动扫描电子显微镜的探针用于单原子成像; 由微流体网络组成的新型生物学活性测定装置用于药物成形递送等[5]. 作为典型的 MEMS 系统, 图 1.1.1 是一种微型马达结构图.

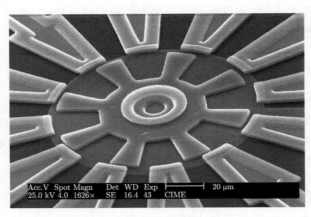

图 1.1.1　微型马达示意图

MEMS 发展的目标在于通过微型化、集成化来探索和开发具有新原理、新功能的原件和系统. MEMS 可以完成大尺度机电系统所不能完成的任务, 也可嵌入大尺寸系统中, 把自动化、智能化和可靠性提高到一个新的水平. 21 世纪 MEMS 将逐步从实验室走向实用化, 并且将对工农业、信息、环境、生物工程、医疗、空间技术、国防和科学产生重大影响.

3. 特点

MEMS 融电子和机械元件于一体, 有很多优良的性能和特点[3]:

(1) 微型化. MEMS 体积小、重量轻、能耗小、惯性小、谐振频率高、响应时间短.

(2) 便于取材. MEMS 以硅材料为主, 其机电性能优良, 且地球上的含量十分丰富.

(3) 可批量生产. 利用微电子生产的设备和技术, 可以在一个硅片上加工出成百上千个微型机电元件乃至数个完整的 MEMS.

(4) 集成化. 可以把不同功能、不同敏感方向或致动方向的多个传感器或执行器集成一体或形成微传感阵列、微执行阵列, 甚至可以具有信号获取、处理和控制等功能.

(5) 综合性. 可以广泛利用物理、化学和生物原理, 如光电、光导、压阻、压电、霍尔效应等原理.

1.1.2 纳机电系统

纳机电系统 (nano electro mechanical systems, NEMS) 是 20 世纪 90 年代末提出的一个新概念, 是继 MEMS 后在系统特征尺寸和效应上具有纳米技术特点的一类超小型机电一体系统[6-8]. NEMS 一般指特征尺寸介于亚纳米和百纳米之间, 以纳米级结构所产生的量子效应、界面效应和纳米尺度效应为工作特征的器件和系统. 也可将 NEMS 视为纳米尺度上的机械设备、电子器件、计算机和传感器, 是 MEMS 在纳米尺度上的再现. 图 1.1.2 给出了 MEMS 和 NEMS 系统的特征尺度的对比.

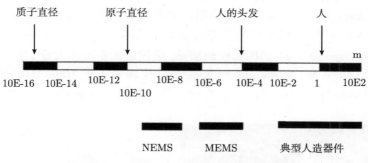

图 1.1.2 MEMS 和 NEMS 的特征尺度

1. NEMS 与 MEMS 的区别

NEMS 与 MEMS 有很大区别. 首先, NEMS 器件可以提供很多 MEMS 器件不能提供的特性和功能, 例如超高频率、低能耗、高灵敏度、对表面质量和吸附性的超强的控制能力以及在纳米尺度上的有效驱动方式. 但是, 在小尺度下产生的一些新的物理特性将影响 NEMS 器件的操作方式和制造手段. 与 MEMS 相比, NEMS 对微加工技术提出了更高的要求, 研究的材料范围更宽, 加工过程的空间分辨率要求更高.

2. NEMS 制造途径

NEMS 有两种制造途径, 一是从最小构造模块的分子开始进行物质构筑的途径, 如采用纳米光刻技术已可获得 10nm 线宽的微槽道[9]. 但该方法的局限性是尺寸愈小, 成本愈高, 偏差愈难维持. 另一途径是从宏观到微观的途径, 即采用分子、原子组装技术, 借助分子、原子内的作用力, 把具有特定物理化学性质的功能分子、原子, 精细地组成纳米尺度的分子线、膜和其他结构, 再由纳米结构和功能单元集成为纳机电系统. 这种制造技术反映了纳米技术的一种理念, 即从原子和分子的层次上设计、组装材料、器件和系统, 是一种很有前途的制造技术, 但目前还只是处于实验室研究阶段.

近几年来, 随着纳米技术的飞速发展, 国际上出现了多种纳米器件. Koumura 等[10] 采用紫外光或系统温度改变来激发产生四个不连续异构化步骤, 成功制做了可进行重复性单方向 360° 转动的分子马达. Montemagno 研究小组研制出的一种生物分子电机如图 1.1.3 所示[11,12], 该电机由 1 个三磷酸腺苷酶分子、1 个金属镍制成的桨片 (直径 150 nm, 长 750 nm) 和 1 个金属镍柱体 (直径 80 nm, 高 200 nm) 组成, 平均速度可达 4.8 r/s, 运行时间长达 40 分钟至 2.5 小时. 2002 年, 美国加州大学研制出的分子发动机, 整台设备直径 11nm、高 11nm, 可带动比自身大十几倍的物体, 生物分子电机为进一步研制有机或无机的智能纳系统创造了条件. 2003 年, Berkeley 大学研制出世界上最小的人造发动机, 其宽度仅有 500nm[13]. Wang[14] 利用多壁纳米碳管研制出纳谐振器, 通过其共振频率的变化可称出 30fg(1fg= 10^{-15}g) 的碳微粒的质量, 这种谐振器可作为分子秤检测分子或细菌的质量. 2004 年, Yamazaki 和 Namatsu[15] 演示了在 10nm 的小球上刻画的立体三维世界地图. Ekinci 等[16] 首次研制了尺度为 100nm 的 SiC-NEMS 谐振器

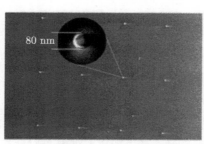

(a) 金属镍柱体(直径 80 nm, 高 200 nm);　　　　(b) 生物分子电机;

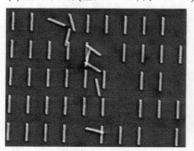

(c) 桨片(直径 150 nm, 长 750~1400 nm);　　　(d) 装备好的分子生物电机

图 1.1.3　生物分子电机示意图

件, 该器件具有高频 (GHz)、低驱动功率 (10W)、低热噪声和高信噪比等优点, 可满足射频通信系统的要求.

1.1.3 微全分析系统

20 世纪 90 年代初由 Manz 和 Widmer 提出的以 MEMS 为基础的 "微全分析系统"(micro total analysis systems, µTAS)[17], 目前正在发挥巨大的作用. µTAS 的目的是通过分析设备的微型化与集成化, 最大限度地把分析实验室的功能转移到便携的分析设备中, 甚至集成到尺寸很小的芯片上, 故而又称为 "芯片实验室"(lab-on-a-chip, LOC).

µTAS 是一个学科高度交叉的领域, 它既依赖于许多分析技术的发展, 又依赖于微加工技术的支持, 同时还依赖于应用对象的发展水平. 除此之外, 力学、机械、材料、电子、光学仪器、计算机等科学领域的发展也是 µTAS 取得不断进展所必需的条件. 同时, 深入地理解和掌握物质在微尺度条件下的流动、传质、传热、吸附及微区域反应规律等, 是发展 µTAS 的基础.

1. 微全分析系统的分类

µTAS 可分为芯片式与非芯片式两大类, 而芯片式是发展的重点. 依据芯片结构及工作原理, 芯片式 µTAS 可分为微流控芯片和微阵列 (生物) 芯片两种, 前者以微通道网络为结构特征, 后者则以微探针陈列为结构特征. 此外, 微阵列芯片主要用于 DNA 分析, 所以也称 DNA 或基因芯片, 其发展要稍早于微流控芯片, 有关的基础研究始于 20 世纪的 80 年代末, 其发展契机主要来自于现代遗传学的一些重要发现, 并直接受益于该领域的某些重要研究成果, 如在载体上固定寡核苷酸的杂交法测序技术. 微流控分析芯片作为 µTAS 的主要发展方向, 在 20 世纪 90 年代中期迅速崛起, 其发展有赖于分析化学领域的发展. 微流控芯片的目标是把整个化验室的功能, 包括采样、稀释、加试剂、反应、分离、检测等集成在可多次使用的微芯片上. 因此, 微流控芯片比微阵列芯片具有更广泛的适用性和应用前景. 表 1.1.1

表 1.1.1   微流控芯片与微阵列 (生物) 芯片的比较

	微阵列芯片	微流控芯片
主要依托学科	生物学、MEMS	分析化学、MEMS
结构特征	微探针阵列	微管道网络
工作原理	生物杂交为主	微管道中流体控制
使用次数	一般一次	重复使用数十至数千次
前处理功能	基本无	多种技术供选择
集成化对象	高密度杂交反应阵列	全部化学分析功能
应用领域	DNA 等专门生物领域	全部分析领域
产业化程度	高度产业化	初始阶段

给出了微流控芯片与微阵列芯片的比较, 可见两者之间是互补与相互融合、借鉴的关系, 微流控芯片可成为微阵列芯片的进样与试样前处理系统, 而微阵列芯片可成为微流控系统的专用传感器.

2. 微流控芯片的发展过程

如图 1.1.4 所示的微流控芯片是 μTAS 中最活跃的领域和发展前沿, 它集中地体现了将分析实验室的功能转移到芯片上的设想, 其未来的发展将对上述目标的实现起到关键的作用. 虽然目前把分析实验室的主要功能转移到芯片上还存在很多技术问题, 但一些关键性的技术已取得重大突破.

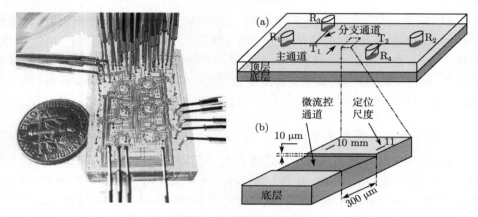

图 1.1.4   微流控芯片

在现代分析科学与分析仪器的发展中, 微流控芯片的出现有其必然性. 早在 20 世纪 50 年代的后期, 为了满足环境及材料科学中更多、更准、更快地获取物质成分信息的需要, 就已经有了分析系统的自动化、微型化的雏形. 当时, Skeggs[18] 开创的间隔式连续流动分析 (segmented continuous flow analysis, SCFA) 是这一时期有代表性的成功范例, 该分析突破了延续 200 年的分析化学传统操作中以玻璃器皿和量器为主要工具的操作模式, 把分析化学转移到有液体连续流动的管道中. 数毫米内径、数米长的管道不仅是化学反应的新容器, 而且也成为分析操作实现连续化、自动化的 "传送带"(图 1.1.5(a)). 连续流动分析的观念是对分析化学甚至是对整个化学实验室操作技术的一项革命性贡献. 然而, 它的作用不仅限于当前仍在使用的 SCFA 领域, 而且涉及所有与溶液化学分析相关的领域. 以 SCFA 为契机发展起来的溶液连续驱动手段 —— 蠕动泵, 也已成为许多技术与研究领域乃至工业生产中的常用工具.

虽然 SCFA 在溶液分析自动化方面取得了成功, 在分析操作所需面积的减小方面也有所贡献, 但在设备和试样、试剂消耗及微型化方面却进展不大, 又因为限制分析速度的因素主要是化学反应本身, 而并非溶液操作过程, 所以 SCFA 的分析速度比传统的手工操作也无显著提高. 于是, Ruzicka 和 Hansen 于 1975 年提出了流动注射分析 (flow injection analysis, FIA) 的概念 (图 1.1.5(b))[19], 他们在继承连续流动观念的同时, 彻底放弃了 SCFA 中要求在流动中必须实现物理平衡与化学平衡的观念, 去除了管道中同时起间隔与搅拌作用的气泡, 提出了在非平衡条件下实现高重现性定量分析的技术条件. 他们在内径小于 1 毫米细管道的液体层流中实现了可控性与重现性, 辅之准确的流速, 又实现了重现但非完全的混合状态, 并在此基础上实现了重现而未必完全的化学反应. 这一概念的提出大大提高了分析速度, 使每小时测定上百种试样成为可能, 同时也促进了分析系统的微型化, 试样与试剂消耗从 10 毫升降低到 10 至 200 微升, 分析操作也从简单的自动进样和检测, 发展到包括溶剂萃取、柱分离、沉淀、共沉淀、气–液分离、渗析等在内的多种过程自动化[20]. 经过 20 多年的发展, FIA 已经渗透到涉及溶液分析的几乎所有分析科学领域, 不仅促进了分析过程自动化和微型化的发展, 同时也为 μTAS 的提出铺平了道路. 事实上, 早在 Manz 与 Widmer 提出 μTAS 的概念之前, Ruzicka 与 Hansen 于 1984 年就提出了集成化微管系统 (integrated microconduit systems, IMCS) 的概念, 并且取得了一些重要突破[21].

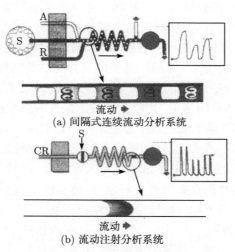

(a) 间隔式连续流动分析系统

(b) 流动注射分析系统

图 1.1.5 分析系统示意图

Manz 从一开始就把当时在微电子领域已发展成熟的 MEMS 作为其在流动分析的基础上实现微全分析目标的技术依托. 尽管如此, 开始的发展并不顺利. Manz 与 Widmer 最初的尝试是把 FIA 转移到微加工芯片上[17,22], 但装置的复杂性使人们对其未来的发展产生了怀疑. 然而, 当时的毛细管电泳分离为 μTAS 提供了一个重要的发展机遇, 毛细管电泳既为 μTAS 提供了方便灵活、在微尺度下的电渗驱动手段, 又在芯片上加工毛细管电泳 ——μTAS 方面显示出比传统毛细管电泳更优良的性能. 后来, Manz 与 Harrison 合作发表了在微加工芯片上完成的毛细管电泳分离的论文, 从而展示了 μTAS 的发展潜力[23,24]. 在此后一段时间的发展中, 研究者们迅速把 μTAS 的发展重点定位在基于 MEMS 技术的平板玻璃或石英芯片上的电渗驱动的毛细管电泳分离微流控系统.

Ramsey 等自 1994 年开始, 在 Manz 工作的基础上, 改进了芯片毛细管电泳的进样方法, 提高了其性能与实用性[25]. 1995 年, Mathies 等在微流控芯片上实现了高速 DNA 测序[26], 而此时微阵列型的生物芯片已进入实质性开发阶段. 从 1995 年开始, Whitesides 等对一系列与微流控芯片加工有关的新技术进行了研究, 大大促进了这一领域的发展[27]. 1996 年, Mathies 等又将基因分析中有重要意义的聚合酶链反应扩增与毛细管电泳集成在一起, 显示了微流控芯片在试样处理方面的潜力[28]. 1997 年, 他们又实现了微流控芯片上的多通道毛细管电流 DNA 测序, 从而为微流控芯片在基因分析中的实际应用提供了重要的基础[29].

3. 微流控芯片的作用

微流控芯片不仅使分析设备尺度上发生变化, 而且在分析性能上也有很多优点, 许多微流控芯片可在数秒至数十秒时间内自动完成测定、分离或其他更复杂的操作, 分析和分离速度常高于相对应的宏观分析方法一至二个数量级, 其高分析或处理速度既来源于微米级通道中高导热和传质速率 (均与通道直径平方成反比), 也直接来源于结构尺度的缩小. 微流控分析的试样与试剂消耗已降低到数微升水平, 并随着技术水平的提高, 还有可能进一步减少, 这既降低了分析费用和贵重生物试样的消耗, 也减少了环境的污染. 用微加工技术制作的微流控芯片部件的微小尺度使多个部件与功能有可能集成在数平方厘米的芯片面积上, 在此基础上可以较为容易地制造功能齐全的便携式仪器, 用于各类现场分析. 微流控芯片的微小尺度使材料消耗甚微, 实现批量生产后芯片成本可望大幅降低, 而且有利于推广使用.

但目前微流控芯片仍存在着若干问题, 作为 μTAS 的主要发展前沿, 当前的微流控芯片系统总体上既不够 "微", 分析功能也不够 "全", 其主要原因是集成度不够高, 多数检测器的体积过大. 加工方面, 在目前的条件下微控芯片制作的成本还难以满足推广应用的要求. 目前的大部分微流控芯片分析系统不包括试样的前处理功能, 功能也还不够全.

1.2　研究微纳尺度流动的重要性

在微纳机电系统和微全分析系统的发展过程中, 比较注重加工技术, 而对其内部的非常规物理机制却重视不够, 导致目前 "加工技术的发展大大超前于微纳尺度下非常规物理现象的研究"[30], 这已成为限制微纳机电系统和微全分析系统中器件设计、制造、优化和应用水平提高的重要瓶颈. 所以, 加强微纳尺度非常规物理问题的基础研究已成为共识[1,31,32]. 在微纳尺度非常规物理问题中, 流体的流动和传热特性是其中非常关键的问题, 也是其他相关技术的基础.

在微纳机电系统和微全分析系统中, 微纳尺度的流动是非常普遍的, 如微型换热器[33,34]、微型泵[35]、微型阀[36]、微型空间推进器[37,38]、微型生物芯片、微型流量传感器[39,40] 等. 图 1.2.1 给出了微尺度通道的示意图.

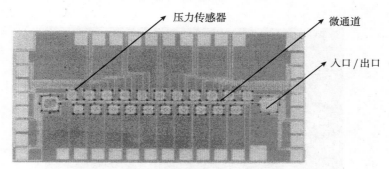

图 1.2.1　微通道及压力传感器

微纳尺度流动中会出现与常规尺度下的流动明显不同的现象, 当通道的特征尺寸与流体分子的平均自由程相当时, 连续介质假定将不再适用. 此外, 在微小尺度中, 影响流动的各种作用力的相对重要性将发生变化.

图 1.2.2 是一种侧面静电驱动微马达[41-43], 其部件的特征尺度从几十微米跨越到亚微米量级, 该马达可产生约 10^{-7}N 的轴向力, 比其自身重量大三个量级. 经分析, 马达中 75% 的黏性阻力由转子的下表面引起[44], 这与常规尺度下的马达阻力来源很不一样. 标准状况下空气分子的平均自由程大约为 65nm, 该马达中的 Knudsen 数范围为 0.001~0.4, 其流动基本上跨越了连续区、滑移区和过渡区.

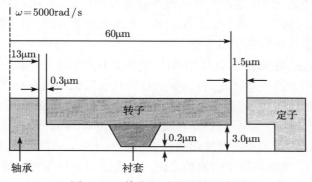

图 1.2.2　静电驱动微马达示意图

现有的微全分析系统和生物芯片技术已能对单个生物分子进行检测和分析, 而液体常常是化学、生物和生理过程以及实验环境、信息和能量输运的载体, 这里就涉及微纳尺度的流动问题[45,46]. 图 1.2.3 是微流体芯片示意图, 在晶片上可用纳米光刻技术加工出数百万条截面小于 10nm 的平行通道以捕捉并检测单个 DNA 分子[9]. 在纳米尺度下, 表面现象成为流体输运的主导因素, 在距离固体表面几个纳米的范围内, 由于受壁面势能作用的影响, 流体的动力学性质呈现非连续分布[47]; 由于表面的吸附作用, 纳米通道内流体流动的阻力损失较之常规尺度可能会增大几十倍[48].

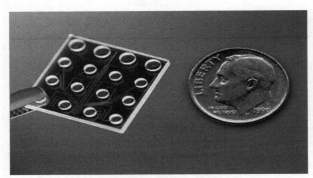

图 1.2.3 微流体芯片示意图

1.3 微纳尺度流动的特点

在微纳尺度流动中, 当通道的特征尺度还远大于流体分子的平均自由程时, 虽然连续介质假设仍能成立, 常规尺度下的模型和方程仍然可以使用, 但由于流动特征尺度的变小, 各种影响因素的相对重要性发生了变化, 从而导致流动规律发生变化. 当流动特征尺度小到与流体分子的平均自由程同一量级时, 基于连续介质假设的模型和方程不再适用, 黏性系数等概念也需重新讨论. 在微纳尺度的流动中, 还存在壁面滑移、热蠕动、稀薄、黏性加热、可压缩性等效应, 分子间的作用力和其他一些非常规效应也应当加以考虑.

(1) 尺度效应. 在流体运动中, 作用于流体上的力主要为体积力和表面力. 长度尺度是表征作用力的基本特征量, 体积力以特征长度的三次幂标度, 而表面力则依赖于特征尺度的一次幂或二次幂. 随着流动尺度的减小, 表面积与体积之比值将增大, 有的情况下该值甚至可达百万, 这就大大强化了表面效应的作用. 与此同时, 表面积与体积之比的增大还将直接影响通过表面的质量、动量和能量的传输.

(2) 表面力. 微纳系统中的流动会因一些表面力的作用而出现一些新现象, 这些表面力在宏观尺度流动中通常可以忽略. 在讨论不同的表面力之前, 重要的是必须了解这些力来源于分子间的相互作用力. 分子间基本作用力本质上是小于 1nm 的短程力, 但累积效果可导致大于 0.1μm 的长程作用力, 如液体的表面张力效应等. 另外, 所有分子间相互作用力基本上都是静电力, 一旦薛定锷方程确定了空间电子分布, 所有的分子间相互作用力就能从经典的静电理论中得到, 而实际上通常采用的却是经验或半经验公式.

(3) 相对表面粗糙度. 在常规尺度的流动中, 管壁的表面形状对层流流动没有影响, 仅对湍流流动及由层流向湍流的过渡区有一定的影响. 而在微纳流动中, 虽然管内流动几乎为层流, 但由于尺寸小, 使得管壁粗糙度 Δ 与管径 d 之比的相对表面粗糙度增加, 从而对微流动产生不可忽视的影响. 在微小管道内, 即使粗糙度较小, 但由此引起的微小扰动也能渗入主流区而影响整个通道内的流动, 从而造成提前转捩, 而且表面粗糙度还可使流体的流动阻力增加[49,50]. 在微纳流动中, 不仅粗糙度单元的大小对流动有影响, 单元的分布情况也对流动有一定的影响.

(4) 阻力. 在较低压力情况下, 当微通道的直径在十几微米量级时, 通道内的阻力规律与连续介质假设下求解 Navier-Stokes 方程所得到的结果基本一致. 当微通道的直径在微米量级时, 通道表面粗糙度以及壁面材料对边界条件产生明显的影响, 从而使得阻力规律与宏观的情况不同.

(5) 流体黏性. 在连续介质假设成立和温度变化不太大的情况下, 流体的黏度只与流体本身的性质有关. 但是在微纳尺度流动中, 流体黏度受多方面因素的影响, 目前尚不能用量化的方式准确表达黏度与各种因素的关系. Pfahler[51] 等由实验给出了黏滞摩擦系数和雷诺数的关系如图 1.3.1 所示.

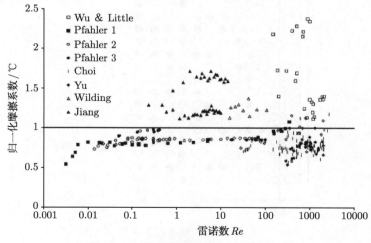

图 1.3.1 黏滞摩擦系数与雷诺的关系

(6) 流体极性. 流体在总体上虽不呈现极性, 但流体中是否含有极性离子对流动特性有显著影响. 对于极性流体, 由于极性离子的吸附作用, 其流动阻力将大于非极性流体. 即使对非极性流体, 其流动阻力也各不相同. Stemme 等[52] 的实验观察结果显示, 在 0.2μm 管道内蒸馏水的流动阻力仅是酒精的三分之一. 虽然关于极性流体与非极性流体对流动的影响还没有令人满意的解释, 但流体的极性对流动的影响是显而易见的.

(7) 气泡的作用. 存在于微纳流道中的气泡对流场具有显著的影响, 气泡或浸没于流体中或附着在管壁上, 其对微纳流动的影响也不同. 当气泡浸没于流体时, 由于表面张力产生的表面压差互相抵消, 不会产生附加压力而影响流体的运动. 但是, 气泡若跟随流体一起运动, 随着压力的变化, 气泡的体积将发生变化, 同时也使得流体的流速发生变化, 该变化与所在的位置有关. 附着于管壁上的气泡, 会使流道截面积变小, 从而使流动阻力增加. 此外, 附着于管壁的气泡随流动状态的变化, 时而沿管壁移动, 时而破灭, 从而导致流动的不稳定.

(8) 电动效应. 在一般的微纳尺度流动特别是微流控芯片流道中, 电解液接触的管壁上有来自于离子化基或是流体中被强烈吸附在表面上的不动的表面电荷, 在表面电荷的静电吸附和分子扩散的作用下, 溶液中的抗衡离子会在固液界面上形成双电层, 而管道中央液体中的净电荷几乎为零. 由图 1.3.2 可知, 双电层由紧密层和扩散层组成, 其中紧密层为 1~2 个离子的厚度, 扩散层的厚度较大, 并且它的电荷密度随着与壁面距离的增加而逐渐与溶液的电荷密度接近. 另外还可以看出, 壁面电势 ψ 随着与壁面距离的增加而降低, 其中紧密层和扩散层的交界面上的电势称为 zeta 电势.

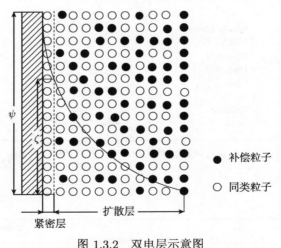

图 1.3.2　双电层示意图

电泳、电渗和电黏是在微纳尺度流动中经常见到的现象. 电泳是溶液中带电粒子在电场中移动的现象, 利用带电粒子在电场中移动速度不同而达到分离的技术称为电泳技术. 电渗指在电场作用下, 液体和它接触的固体有相对运动的现象, 单位场强下的液体移动速度称为电渗速度. 当管道两端存在一定的压力梯度时, 管道中存在流体运动, 此时双电层中紧密层的离子被管壁紧紧地吸引住而不能移动, 而扩散层中的离子因受壁面束缚较小, 在流体剪切作用下向下游流动, 以至于在下游积聚大量的离子, 导致产生高的流势. 这一高流势会对扩散层中的离子产生作用力, 使它们反向流动, 一般把这个现象称为电黏性效应.

参 考 文 献

[1] Ho C M, Tai Y C. Micro-electro-mechanical-systems (MEMS) and fluid flows [J]. Annual Review of Fluid Mechanics, 1998, 30: 579–612.

[2] Madou M. Fundamentals of microfabrication [M]. Boca Raton: CRC Press, 1997.

[3] GAD-EL-HAK M. The MEMS handbook [M]. Boca Raton: CRC Press, 2001.

[4] Hsu T R. MEMS & microsystems: design and manufacture [M]. Boston: McGraw-Hill, 2002.

[5] Nguyen N T, Wereley S T. Fundamentals and applications of microfluidics [M]. Norwood, MA: Artech House, INC., 2002.

[6] Craighead H G. Nanoelectromechanical systems [J]. Science, 2000, 290: 1532–1535.

[7] Bhushan B. Nanotribology and nanomechanics of MEMS/NEMS and BioMEMS/BioNEMS materials and devices [J]. Microelectronic Engineering, 2007, 84: 387–412.

[8] Staufer U, Akiyama T, Gullo M R. Micro- and nanosystems for biology and medicine [J]. Microelectronic Engineering, 2007, 84: 1681–1684.

[9] Cao H, Yu Z, Wang J, Chou S Y. Fabrication of 10nm enclosed nanofluidic channels [J]. Applied Physics Letters, 2002, 81(1): 174–176.

[10] Koumura N, Zijlstra R W J, Van Delden R A. Light-driven monodirectional molecular rotor [J]. Nature, 1999, 401: 152–155.

[11] Montemagno C, Bachand G. Constructing nanomechanical devices powered by biomolecular motors [J]. Nanotechnology, 1999, 10: 225–231.

[12] Soong R K, Bachand G D, Neves H P. Powering an inorganic nanodevice with a biomolecular motor [J]. Science, 2000, 290: 1555–1558.

[13] Fennimore A M, Yuzvinsky T D, Han W Q. Rotational actuators based on carbon nanotubes [J]. Nature, 2003, 424: 408–410.

[14] Wang Z L. Characterization of nanophase materials [M]. Weinheim, Germany: Wiley-VCH, 2000.

[15] Yamazaki K, Namatsu H. Three-dimensional nanofabrication (3D-NANO) down to 10nm order using electron-beam lithography [C]. IEEE MEMS 2004, Maastricht, The Netherlands, 2004.

[16] Ekinci K L, Yang Y T, Roukes M L. Ultimate limits to inertial mass sensing based upon

nanoelectromechanical systems [J]. Journal of Applied Physics, 2004, 95(5): 2682–2689.

[17] Manz A, Graber N, Widmer H M. Miniaturized total chemical analysis systems: A novel concept for chemical sensing [J]. Sens. Actuators B, Chem., 1990, 1: 244–248.

[18] Skeggs L T. An automatic method for colorimetric analysis [J]. Am. J. Clin. Pathol., 1957, 28: 311–322.

[19] Ruzicka J, Hansen E H. Flow injection analysis part 1. a new concept of fast continuous flow analysis [J]. Anal. Chim. Acta., 1975, 78: 145–157.

[20] Fang Z L. Flow injection separation and preconcentration [M]. Weinheim: VCH Publishers, 1993.

[21] Ruzicka J, Hansen E H. Integrated microconduits for flow injection analysis [J]. Anal. Chim. Acta., 1984, 161: 1–25.

[22] Manz A, Fettinger J C, Verpoorte E, Ludi H, Harrison D J. Micromachining of monocrystallinc silicon and glass for chemical analysis systems – A look into next century's technology or just a fashionable craze?[J]. Trend Anal.Chem., 1991, 10: 144–149.

[23] Manz A, Harrison D J, Verpoorte E M J, Fettinger J C, Paulus A, Ludi H, Widmer H M J. Planar chips technology for miniaturization and integration of separation techniques into monitoring systems [J]. Chromatogr., 1992, 593: 253–258.

[24] Harrison D J, Manz A, Fan Z H, Ludi H, Widmer H M. Capillary electrophoresis and sample injection systems integrated on a planar glass chip [J]. Anal Chem., 1992, 64: 1926–1932.

[25] Jacobson S C, Hergenroeder R, Koutny L B, Warmack R J, Ramsey J M. Open channel electrochromatography on a microchip [J]. Anal Chem., 1994, 66: 2369–2373.

[26] Woolley A T, Mathies R A. Ultra-high-speed DNA sequencing in nanofabricated arrays [J]. Anal. Chem., 1995, 67: 3676–3680.

[27] Kim E, Xia Y, Whitesides G M. Polymer microstructures formed by moulding in capillaries [J]. Nature, 1995, 376: 581–584.

[28] Woolley A T, Hadley D, Landre P, Demello A J, Mathies R A, Northrup M A. Functional integration of PCR amplification and capillary electrophoresis in a microfabricated DNA analysis device [J]. Anal. Chem., 1996, 68: 4081–4086.

[29] Kheterpal I, Mathies R A. Capillary array electrophoresis DNA sequencing [J]. Anal. Chem., 1999, 71: 31A–37A.

[30] GAD-EL-HAK M. The fluid mechanics of microdevices - The Freeman Scholar Lecture [J]. Journal of Fluids Engineering-Transactions of the ASME, 1999, 121(1): 5–33.

[31] GAD-EL-HAK M. Review: flow physics in MEMS [J]. Mecanique and Industries, 2001, 2: 313–341.

[32] Karniadakis G E, Beskok A. Microflows: fundamentals and simulation [M]. New York: Springer-Verlag, 2002.

[33] Jiang X N, Zhou Z Y, Huang H X, Liu C Y. Laminar flow through microchannels used for microscale cooling systems[C]. IEEE/CPMT Electronic Packaging Technology Conference 1997, 119–122.

[34] Muhammad M R. Measurements of heat transfer in microchannel heat sinks [J]. Int. Comm. Heat Mass Transfer, 2000, 27(4): 495–506.

[35] Torsten G. Mcirodiffusers as dynamic passive valves for micropump applications [J]. Sensors and Actuators A, 1998, 69: 181–191.

[36] Nelsimar V, Donald W, Margo V. Development of a MEMS microvalve array for fluid flow control[J]. Journal of MEMS, 1980, 7(4): 395–402.

[37] Epstein A H, Senturia S D, Midani O A. Micro-heat engines, gas turbines, and rocket engines-the MIT microengine project [C]. Proceedings of the 28th AIAA Fluid Dynamics Conference, Paper 1997, 97–1773.

[38] Janson S W, Helvajian H, Breuer K. MEMS, microengineering and aerospace systems [J]. Proceedings of the 30th AIAA Fluid Dynamics Conference, Paper 1999, 99–3802.

[39] Lammerink T S J, Tas N R, Elwenspoek M, Fluitman J H J. Micro-liquid flow sensor [J]. Sensors and Actuators A, 1993, 37–38: 45–50.

[40] Kohl F, Jachimowicz A, Steurer J, Glatz R, Kuttner J, Biacovsky D, Olcaytug F, Urban G. A micromachined flow sensor for liquid and gaseous fluids [J]. Sensors and Actuators A, 1994, 41–42: 293–299.

[41] Tai Y C, Fan L, Muller R. IC-processed micro-motors: design, technology and testing [C]. IEEE Micro Electro Mechanical System Workshop, Salt Lake City, UT., 1989.

[42] Mehregany M, Nagarkar P, Senturia S. Operation of microfabricated harmonic and ordinary dise-drive motor [C]. IEEE Micro Electro Mechanical System Workshop, Napa Valley, CA. 1990.

[43] Trimmer W. Micromechanics and MEMS [M]. New York: Wiley, 1997.

[44] Omar M, Mehregany M, Muller R. Electric and fluid field analysis of side-driven micromotors [J]. Journal of Microelectromechanical Systems, 1992, 1(3): 130–140.

[45] Giordano N, Cheng J T. Microfluid mechanics: progress and opportunities [J]. Journal of Physics: Condensed Matter, 2001, 13: R271–R295.

[46] Tegenfeldt J O, Prinz C, Cao H. Micro- and nanofluidics of DNA analysis [J]. Analytical and Bioanalytical Chemistry, 2004, 378: 1678–1692.

[47] Israelachvili J N, Mcguiggan P M, Homola A M. Dynamic properties of molecularly thin liquid films [J]. Science, 1988, 240: 189–191.

[48] Becker T, Mugele F. Nanofluidics: viscous dissipation in layered liquid films [J]. Physical Review Letters, 2003, 91(16): 166104.

[49] Sun H, Faghri M. Effect of surface roughness on nitrogen flow in a microchannel using the direct simulation Monte Carlo method[J]. Numerical Heat Transfer Part A: Applications, 2003, 43(1): 1–8.

[50]　Sbragaglia M, Benzi R, Biferale L. Surface roughness-hydrophobicity coupling in microchannel and nanochannel flows [J]. Physical Review Letters, 2006, 97: 204503.

[51]　Pfahler J, Harley J, Bau H. Gas and liquid flow in small channel [J].ASME Proc., 1991, 32: 49–60.

[52]　Stemme G, Kittilsland G, Norden B. A sub micron particle filter in silicon channels [J]. Sensors and Actuators A, 1990, 431(1): 21–23.

第二章　微纳尺度流动基础

常规尺度下的流动基础知识已相对成熟, 与常规尺度流动相比, 微纳尺度流动有其特殊性, 这种特殊性可以从流动特征参数的定义与范围、基本方程和边界条件的确立、方程的求解方法等方面体现, 这就构成了微纳尺度流动基础的内容. 本章对以上几个方面给予介绍.

2.1　微纳尺度流动的流场参数

2.1.1　Knudsen 数

在微纳尺度流动中, 克努森 (Knudsen) 数是一个重要参数, 定义为流体分子的平均自由程与流场的特征尺度之比:

$$Kn = \frac{\lambda}{L}, \tag{2.1.1}$$

其中 λ 是平均分子自由程, L 是流场的特征尺度. 对于气体而言, 分子平均自由程是分子两次碰撞之间通过的平均距离. 当采用硬球模型时, 分子平均自由程可以写成:

$$\lambda = \frac{1}{\sqrt{2}\pi n d^2}, \tag{2.1.2}$$

其中, n 是分子的数密度, d 是分子直径. 根据压力和温度的关系:

$$p = n k_B T, \tag{2.1.3}$$

其中 k_B 是 Boltzmann 常数 (1.38×10^{-23} J/K), 分子平均自由程可以写成如下形式:

$$\lambda = \frac{k_B T}{\sqrt{2}\pi d^2 p}. \tag{2.1.4}$$

流场的特征尺度可以取成系统的某个特征长度, 也可以定义为宏观量 Q 的梯度[1]:

$$L = \frac{Q}{\dfrac{\mathrm{d}Q}{\mathrm{d}x}}. \tag{2.1.5}$$

2.1.2　流动区域的划分

根据 Kn 数的大小, 可以把流动分成 4 个区[2], $Kn \leqslant 10^{-3}$ 称连续区; $10^{-3} < Kn \leqslant 0.1$ 称滑移区; $0.1 < Kn \leqslant 10$ 称过渡区; $Kn > 10$ 为自由分子区. 在连续区, 流体运动可以用基于连续介质假设的控制方程描述, 即不考虑黏性时用 Euler 方程, 考虑黏性时用 Navier-Stokes (N-S) 方程以及无滑移边界条件. 在滑移区, 流体开始偏离热力学平衡, 此时流体仍然可以用 N-S 方程描述, 但需要在边界上采用滑移边界条件. 在自由分子区, 必须采用粒子运动的方法来描述流体运动, 如直接模拟 Monte Carlo (DSMC) 方法. 而在过渡区, 流体既不能当作纯粹的连续介质, 也不能当作自由分子流看待, 这个区域流场的模拟最困难. 图 2.1.1 是气体微纳尺度流动模拟中的近似界限[3], 图中 δ 为平均分子间距, $L/\delta = 20$ 线以下统计涨落明显.

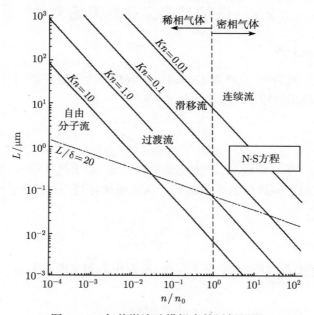

图 2.1.1　气体微流动模拟中的近似界限

2.1.3　其他一些重要参数

在微纳尺度流动中, 经常会涉及一些重要参数.

雷诺 (Reynolds) 数定义为惯性力和黏性力的比值:

$$Re = \frac{\rho u L}{\mu}, \tag{2.1.6}$$

其中 u 是流体特征速度, μ 是流体动力黏度.

马赫 (Mach) 数定义为流动速度和音速之比:

$$M_a = \frac{u}{c}, \tag{2.1.7}$$

它是描述流体可压缩性的一个量, 其中 c 是音速:

$$c = \sqrt{\gamma R T}, \tag{2.1.8}$$

其中 R 是气体常数, γ 是比热比:

$$\gamma = \frac{C_p}{C_V},$$

C_p 和 C_V 是定压和定容比热容. 由气体运动论可知, 分子平均自由程与黏性有关:

$$\mu = \frac{1}{2} \rho \lambda \bar{c}, \tag{2.1.9}$$

其中 $\bar{c}$ 是分子平均速度, 与音速有如下关系:

$$\bar{c} = \sqrt{\frac{8}{\pi \gamma}} c. \tag{2.1.10}$$

综合上述两个方程, 可以得到如下关系:

$$Kn = \sqrt{\frac{\pi \gamma}{2}} \frac{M_a}{Re}. \tag{2.1.11}$$

2.2 微纳尺度流动的基本方程

2.2.1 连续区和滑移区流体运动基本方程

流体分子的运动规律由 Boltzmann 方程描述, 这在任何 Kn 数下都成立. 当采用 Chapman-Enskog 展开来推导 Boltzmann 方程里的应力和热通量项时, 根据对展开项阶数的选择, 可以得到各种连续性方程. 当 Kn 数非常小乃至趋向于零时, 由 Chapman-Enskog 的零阶近似可得到 Euler 方程. 当不考虑黏性影响时, Euler 方程能够较好地描述流体运动.

当 Kn 数较小时 ($Kn < 0.1$), 流动处于连续–滑移区, 由 Chapman-Enskog 展开的一阶近似可以得到 N-S 方程. N-S 方程应用最广泛, 在宏观流动中可以描述牛顿流体的运动, 该方程忽略了流体的分子本性, 把流体视为密度、速度和压力等宏观量随空间和时间变化的一个连续介质. 当 $Kn \leqslant 10^{-3}$ 时, 流动处于连续区, N-S 方程结合无滑移边界条件能够给出较好的计算结果. 当 $10^{-3} < Kn \leqslant 0.1$ 时, 流动处于滑移区, 此时仍旧可以采用 N-S 方程描述流体运动, 但是必须在边界上引入滑移

边界条件. Maxwell[4] 和 Smoluchowski[5] 分别根据滑移理论对壁面处的速度和温度进行了分析, 给出了著名的 Maxwell/Smoluchowski (M/S) 滑移条件. Kennard[6] 对其进行了简化处理, 得到了目前应用广泛的一阶滑移边界条件. 许多学者运用 N-S 方程结合滑移边界条件模拟了流体在微通道里的流动, 当 Kn 数不太大时, 得到的结果与实验值符合得较好[7-10].

　　一般而言, 只要满足以下两个条件, N-S 方程就能给出足够精确的解, 一是流体微元在微观上充分大而在宏观上充分小, 在微元上能定义密度、速度等流场变量; 二是流动没有较大偏离热力学平衡. 第一个条件容易满足, 而第二个条件往往限制了 N-S 方程的使用范围, 因为连续介质模型里包含了应力张量和热通量, 为了使方程组封闭, 应力张量和热通量必须通过其他宏观量来表达, 只有在流动处于热力学平衡状态附近时, 应力和应变之间的线性关系才成立. 在微纳尺度流动中, 流场的特征尺度很小, 微元内流体分子缺乏足够的碰撞, 造成气体偏离热力学平衡. 因此, 应力和应变之间的线性本构关系往往不再成立, 所以 N-S 方程不再合适[11,12].

　　由 2.1.2 可知, 当 Kn 数小于 0.1 时, 流动位于连续区和滑移区, 此时连续介质的假设成立, 描述流体运动的方程可以根据质量守恒、动量守恒和能量守恒定理, 分别得到连续性方程、运动方程和能量方程[13,14]:

$$\frac{\partial \rho}{\partial t} + \frac{\partial (\rho u_k)}{\partial x_k} = 0, \tag{2.2.1}$$

$$\rho \left(\frac{\partial u_i}{\partial t} + u_k \frac{\partial u_i}{\partial x_k} \right) = \frac{\partial \sigma_{ki}}{\partial x_k} + \rho g_i, \tag{2.2.2}$$

$$\rho \left(\frac{\partial e}{\partial t} + u_k \frac{\partial e}{\partial x_k} \right) = -\frac{\partial q_k}{\partial x_k} + \sigma_{ki} \frac{\partial u_i}{\partial x_k}, \tag{2.2.3}$$

式中 ρ 为流体密度, u_k 为流体速度分量, σ_{ki} 为二阶应力张量, e 为内能, g_i 为单位质量的体积力, q_k 为传导和辐射的总热流量. 这里共有 1 个连续性方程、3 个动量方程和 1 个能量方程, 但有 17 个未知数, 即使考虑 σ_{ki} 为对称张量, 也还有 14 个未知数, 未知量个数多于方程个数, 无法求解, 需要考虑应力张量和变形速度、温度和热流量之间的关系式, 此外还有状态方程. 考虑理想状态下的各向同性牛顿流体, 则有:

$$\sigma_{ki} = -p\delta_{ki} + \mu \left(\frac{\partial u_i}{\partial x_k} + \frac{\partial u_k}{\partial x_i} \right) + \lambda \left(\frac{\partial u_j}{\partial x_j} \right) \delta_{ki}, \tag{2.2.4}$$

$$q_i = \kappa \frac{\partial T}{\partial x_i} + H_r, \tag{2.2.5}$$

$$c_V = \frac{\mathrm{d}e}{\mathrm{d}T}, \tag{2.2.6}$$

$$p = \rho \mathfrak{R} T, \tag{2.2.7}$$

其中 p 为压力, T 为温度, H_r 为辐射热, δ_{ki} 为 Kronecker 二阶单位张量, κ 为导热系数, $\Re = k/m$ 为克拉伯龙常数, m 为单个分子质量, c_V 是定容比热容, μ 和 λ 分别为第一和第二黏性系数, 根据 Stokes 假设, 它们之间满足 $\lambda + 2\mu/3 = 0$ 关系[15].

将式 (2.2.4)- 式 (2.2.6) 代入式 (2.2.2)- 式 (2.2.3) 并忽略辐射热, 可得:

$$\frac{\partial \rho}{\partial t} + \frac{\partial (\rho u_k)}{\partial x_k} = 0, \tag{2.2.8}$$

$$\rho \left(\frac{\partial u_i}{\partial t} + u_k \frac{\partial u_i}{\partial x_k} \right) = -\frac{\partial p}{\partial x_i} + \frac{\partial}{\partial x_k} \left(\mu \left(\frac{\partial u_i}{\partial x_k} + \frac{\partial u_k}{\partial x_i} \right) + \delta_{ki} \lambda \frac{\partial u_j}{\partial x_j} \right) + \rho g_i, \tag{2.2.9}$$

$$\rho c_V \left(\frac{\partial T}{\partial t} + u_k \frac{\partial T}{\partial x_k} \right) = \frac{\partial}{\partial x_k} \left(\kappa \frac{\partial T}{\partial x_k} \right) - p \frac{\partial u_k}{\partial x_k} + \phi, \tag{2.2.10}$$

这里 ϕ 为黏性耗散率, 对各向同性牛顿流体有:

$$\phi = \frac{1}{2} \mu \left(\frac{\partial u_i}{\partial x_k} + \frac{\partial u_k}{\partial x_i} \right)^2 + \lambda \left(\frac{\partial u_j}{\partial x_j} \right)^2. \tag{2.2.11}$$

式 (2.2.8)- 式 (2.2.10) 共有 5 个方程, 而未知数有 ρ, u_i, p, T 共 6 个, 所以还要加上式 (2.2.7), 方程才能封闭.

对于不可压流体, 方程 (2.2.8)-(2.2.10) 简化为:

$$\frac{\partial u_k}{\partial x_k} = 0, \tag{2.2.12}$$

$$\rho \left(\frac{\partial u_i}{\partial t} + u_k \frac{\partial u_i}{\partial x_k} \right) = -\frac{\partial p}{\partial x_i} + \mu \frac{\partial^2 u_i}{\partial x_k^2} + \rho g_i, \tag{2.2.13}$$

$$\rho c_P \left(\frac{\partial T}{\partial t} + u_k \frac{\partial T}{\partial x_k} \right) = \frac{\partial}{\partial x_k} \left(\kappa \frac{\partial T}{\partial x_k} \right) + \phi_{\text{incom}}, \tag{2.2.14}$$

其中 c_P 为定压比热, 而 ϕ_{incom} 为:

$$\phi_{\text{incom}} = \frac{1}{2} \mu \left(\frac{\partial u_i}{\partial x_k} + \frac{\partial u_k}{\partial x_i} \right)^2. \tag{2.2.15}$$

2.2.2 低 Kn 数过渡区流体运动基本方程

当 Kn 数进一步增大时, 必须考虑 Chapman-Enskog 展开的二阶近似. Burnett 方程就是对 Boltzmann 方程采用 Chapman-Enskog 展开的二阶近似而得到的[1]. 因为 Burnett 方程采用了比 N-S 方程更高阶的近似, 所以能更好地描述应力和应变之间的非线性本构关系, Burnett 方程能够在更高的 Kn 数范围内描述气体的运动, 因而在低压高超音速气体流动中获得了广泛的应用, 近年来也开始将 Burnett 方程应用到微纳尺度气体运动中.

在 Kn 数不太小和大马赫数下, Burnett 方程应当可以给出比 N-S 方程更好的结果, 但在边界上也提出了更为复杂的条件. 由于 Burnett 方程的复杂性和数值求解时遇到对高频扰动的不稳定性问题, 其可靠性遭到了质疑[16,17]. 但最近在与由直接模拟 Monte Carlo 法所得的计算结果以及实验结果的对比中发现, Burnett 方程在滑移区的解的确优于 N-S 方程[18]. 有关 Burnett 方程的详细介绍见第三章.

2.2.3　对流扩散的控制方程

在微纳尺度流动中, 物质的对流与扩散是人们关注的重要内容. 多种物质间的扩散由以下方程控制:

$$\frac{\partial}{\partial t}(\rho C) + \nabla \cdot (\rho \boldsymbol{V} C) = \nabla \cdot (\rho D \nabla C), \tag{2.2.16}$$

式中 C 是物质的浓度, $\boldsymbol{V}$ 是流动速度矢量, D 是扩散系数. 设流动特征速度为 U、水力半径为:

$$L = \frac{Hw}{H + w}, \tag{2.2.17}$$

式中 H 为通道高度, w 为通道宽度. 用 U、L 对 (2.2.16) 进行量纲为一化, 保持原来的符号不变, 则方程 (2.2.16) 变为:

$$\frac{\partial}{\partial t}(\rho C) + \nabla \cdot (\rho V C) = \frac{1}{ScRe}\nabla(\rho D \nabla C), \tag{2.2.18}$$

式中 $Sc = \mu/\rho D$ 为施密特 (Schmidt) 数, $Re = \rho U L/\mu$ 为雷诺数.

2.2.4　电渗驱动流体运动基本方程

与常规尺度的流动不同, 微纳尺度流动中常见的一种流动驱动方式是电渗驱动. 电渗驱动下流体运动方程是在方程 (2.2.2) 的右边加上一电渗驱动项, 具体形式及推导见 7.1.3 节.

2.2.5　边界条件

要得到以上方程适定的解, 必须有合适的边界条件. 由于流体运动方程的基本物理量是速度, 所以边界条件一般对速度给出. 若假设流体为无黏性, 对应的欧拉运动方程中速度的最高阶空间导数为一阶, 对壁面条件而言, 只需提壁面法向速度分量一个条件即可. 若考虑的是黏性流体, 正如 2.2.1 所述, 相应的动量方程有速度的二阶导数, 因此, 除了提壁面法向速度的条件外, 还需提沿壁面的切向速度分量条件.

当 Kn 数小于 10^{-3} 时, 如 2.1.2 所述, 流动位于连续区, 流体处于热力学平衡状态, 此时沿壁面的切向速度条件可以采用无滑移边界条件, 相应地, 对能量方程所提的壁面条件为无温度跳跃条件. 然而, 当 Kn 数大于 10^{-3} 时, 流体分子与壁面的碰撞频率不够高, 流体不能处于平衡状态, 此时会存在壁面的切向速度滑移和温度跳跃, 在微纳尺度流动中, 经常会出现这样的情况, 下面就气体和液体分别介绍.

1. 气体流动的边界条件

线性 Naviers 边界条件经验地描述了壁面处的切向速度滑移与局部剪切力之间的关系:

$$\Delta u|_w = |u_{\text{fluid}} - u_{\text{wall}}| = L_s \frac{\partial u}{\partial y}\Big|_w, \tag{2.2.19}$$

式中 L_s 是定长滑移长度, $\dfrac{\partial u}{\partial y}\Big|_w$ 是壁面处的应变率. 在多数实际情况下, 滑移长度非常小, 无滑移边界条件成立. 然而, 在微尺度流动中, 情况可能不同.

在等温条件下, Maxwell 从稀薄、单原子气体的运动论中推导出了上述滑移关系. 正如气体分子之间的连续碰撞与反射一样, 气体分子与壁面之间也在进行着连续的碰撞与反射. 对理想的光滑壁面, 分子碰壁的入射角与反射角严格相等, 分子保持其切向动量, 对壁面没有作用剪切力, 这称为镜面反射, 此时在壁面上出现完全的滑流. 而对非常粗糙的壁面, 分子碰壁后以任意随机的角度反射, 与入射角无关, 这称为漫反射, 反射粒子切向动量的亏损必须由有限的滑移速度来平衡, 于是有剪切力传递到壁面上[19,20]. 近壁处的力平衡导致如下的滑移速度表达式:

$$\Delta u|_w = |u_{\text{gas}} - u_{\text{wall}}| = \lambda \frac{\partial u}{\partial y}\Big|_w, \tag{2.2.20}$$

式中 λ 是气体分子自由程, 右边可看成是泰勒级数展开的第一项, 如果平均自由程足够小, 这种表达是合理的. 方程 (2.2.20) 表明, 分子平均速度在一个平均自由程范围内发生极大变化时, 会产生极大的滑移. 在真空条件下和微纳尺度流动中, 情况正是如此. 这时, 流体分子与壁面之间的碰撞频率低, 流体没有处于平衡状态. 随着分子平均自由程的增加, 流动进一步远离平衡态, 式 (2.2.20) 后面就需要添加相应的附加项.

对实际壁面而言, 有些分子发生漫反射, 有些分子发生镜面反射. 换言之, 入射分子的部分动量在碰壁中失去, 部分则被反射分子保留. 切向动量容许系数 σ_v 定义为发生漫反射分子的比例, 该系数取决于流体、壁面物质特性和表面粗糙度. 实验结果表明, σ_v 的范围为 0.2~0.8, 下限对应于极端光滑表面, 上限适合于多数实际表面. 对等温壁面, Maxwell 推导出的表达式为:

$$\Delta u|_w = |u_{\text{gas}} - u_{\text{wall}}| = \frac{2 - \sigma_v}{\sigma_v} \lambda \frac{\partial u}{\partial y}\Big|_w,$$

若 $\sigma_v = 0$, 则滑移速度无界, 若 $\sigma_v = 1$, 上式还原为方程 (2.2.20).

对温度跳跃边界条件, 有类似的推导过程. 在具有壁面切向和法向温度梯度的条件下, 对理想气体流动, 完整的滑流和温度跳跃边界条件为:

$$u_{\text{gas}} - u_{\text{wall}} = \frac{2 - \sigma_v}{\sigma_v} \frac{\ell}{\rho\sqrt{2\Re T_{\text{gas}}/\pi}} \tau_w + \frac{3Pr(\gamma - 1)}{4\gamma\rho\Re T_{\text{gas}}} (-q_x)_w$$

$$= \frac{2 - \sigma_v}{\sigma_v} \ell \left(\frac{\partial u}{\partial y}\right)_w + \frac{3\mu}{4\rho T_{\text{gas}}} \left(\frac{\partial T}{\partial x}\right)_w, \tag{2.2.21}$$

$$T_{\text{gas}} - T_{\text{wall}} = \frac{2 - \sigma_T}{\sigma_T} \left[\frac{2(\gamma - 1)}{\gamma + 1}\right] \frac{1}{\rho\sqrt{2\Re T_{\text{gas}}/\pi}} (-q_x)_w$$

$$= \frac{2 - \sigma_T}{\sigma_T} \left[\frac{2\gamma}{\gamma + 1}\right] \frac{\ell}{Pr} \left(\frac{\partial T}{\partial y}\right)_w, \tag{2.2.22}$$

式中 x 和 y 是流向和法向坐标, τ_w 是壁面处的剪切应力, Pr 是普朗特 (Prandtl) 数, γ 是比热比, $(q_x)_w$ 和 $(q_y)_y$ 分别是壁面处的切向和法向热通量. 切向动量容许系数 σ_v 和热容许系数 σ_T 分别为:

$$\sigma_v = \frac{\tau_i - \tau_r}{\tau_i - \tau_w}, \tag{2.2.23}$$

$$\sigma_T = \frac{\mathrm{d}E_i - \mathrm{d}E_r}{\mathrm{d}E_i - \mathrm{d}E_w}, \tag{2.2.24}$$

式中下标 r, i 和 w 分别代表反射、入射和固壁条件, τ 是切向动量通量, $\mathrm{d}E$ 是能量通量.

方程 (2.2.21) 右边第二项是热蠕变, 它在切向热通量的反方向产生流体滑移速度. 在充分高的 Kn 数下, 通道内的温度梯度产生沿流向的可测压力梯度, 真空和微纳尺度流动就是这种情况. 热蠕变是所谓 Knudsen 泵的基础, 在 Knudsen 泵中, 没有移动件, 稀薄气体从冷气室抽运到热气室[21]. 很明显, 这种泵在高 Kn 数下运行性能最好, 通常设计使之工作在自由分子流动区.

方程 (2.2.21) 和 (2.2.22) 量纲为一的形式分别为:

$$u_{\text{gas}}^* - u_{\text{wall}}^* = \frac{2 - \sigma_v}{\sigma_v} Kn \left(\frac{\partial u^*}{\partial y^*}\right)_w + \frac{3}{2\pi} \frac{(\gamma - 1)}{\gamma} \frac{Kn^2 Re}{Ec} \left(\frac{\partial T^*}{\partial x^*}\right)_w, \tag{2.2.25}$$

$$T_{\text{gas}}^* - T_{\text{wall}}^* = \frac{2 - \sigma_T}{\sigma_T} \left[\frac{2\gamma}{\gamma + 1}\right] \frac{Kn}{Pr} \left(\frac{\partial T^*}{\partial y^*}\right)_w, \tag{2.2.26}$$

式中上标 $*$ 表示量纲为一的量, Kn 是 Knudsen 数, Re 是 Reynold 数, Ec 是埃克 (Ecken) 数, 其定义为:

$$Ec = \frac{v_0^2}{c_p\Delta T} = (\gamma - 1)\frac{T_0}{\Delta T}M_a^2, \tag{2.2.27}$$

式中 v_0 是参考速度, $\Delta T = (T_{gas} - T_0)$, T_0 是参考温度, M_a 是马赫数. 即使对小 Kn 数流动, 非常低的 σ_v 和 σ_T 也能产生极大的速度滑移和温度跳变.

方程 (2.2.26) 右边第一项中含 Kn 数的一次项, 而热蠕变项中出现 Kn 数的二次幂, 这意味着蠕变现象在大 Kn 数条件下更明显. 方程 (2.2.26) 中 Kn 数的指数为 1, 结合方程 (2.2.27), 方程 (2.2.25) 中的热蠕变项可重新用 ΔT 和 Re 数表示:

$$u^*_{gas} - u^*_{wall} = \frac{2 - \sigma_v}{\sigma_v} Kn \left(\frac{\partial u^*}{\partial y^*}\right)_w + \frac{3}{4} \frac{\Delta T}{T_0} \frac{1}{Re} \left(\frac{\partial T^*}{\partial x^*}\right)_w, \tag{2.2.28}$$

显然, 沿表面大的温度变化或低 Re 数将导致明显的热蠕变.

只要 Kn 数不超过 10^{-3}, 对 2.2.1 节所描述的连续区中的方程, 可以采用速度无滑移和温度无跳跃的边界条件. 当 Kn 数介于 0.001~0.1 之间时, 对 2.2.1 节所描述的方程求解, 要施加一阶速度滑移和温度跳跃边界条件. 过渡区的 Kn 数范围为 0.1~10, 此时应该施加二阶速度滑移和温度跳跃边界条件.

对等温壁, Beskok[22] 推导出高阶滑移速度条件:

$$u_{gas} - u_{wall} = \frac{2 - \sigma_v}{\sigma_v} \left[\lambda \left(\frac{\partial u}{\partial y}\right)_w + \frac{\lambda^2}{2!} \left(\frac{\partial^2 u}{\partial y^2}\right)_w + \frac{\lambda^3}{3!} \left(\frac{\partial^3 u}{\partial y^3}\right)_w + \cdots \right], \tag{2.2.29}$$

上述滑移条件在实际数值模拟中采用是相当困难的, 因为近壁处速度的二阶和高阶导数无法进行精确计算. 基于渐近分析, Beskok[23] 提出如下高阶切向速度边界条件, 其中包括热蠕变项:

$$u^*_{gas} - u^*_{wall} = \frac{2 - \sigma_v}{\sigma_v} \frac{Kn}{1 - bKn} \left(\frac{\partial u^*}{\partial y^*}\right)_w + \frac{3}{2\pi} \frac{(\gamma - 1)}{\gamma} \frac{Kn^2 Re}{Ec} \left(\frac{\partial T^*}{\partial x^*}\right)_w, \tag{2.2.30}$$

式中 b 是高阶滑移系数, 由已知的无滑移解确定, 这样就避开了上述计算中存在的困难. 如取高阶滑移系数为 $b = u''_w / 2u'_w$, 方程 (2.2.30) 就可精确表达为 Kn 数的二次项. 对滑移速度和热蠕变项, Beskok[24] 提出的方法可扩展到三次或更高次项.

对温度跳跃边界条件, 可进行类似的论述, 得出的量纲为一形式的泰勒级数为:

$$T^*_{gas} - T^*_{wall} = \frac{2 - \sigma_T}{\sigma_T} \left[\frac{2\gamma}{\gamma + 1}\right] \frac{1}{Pr} \left[Kn \left(\frac{\partial T^*}{\partial y^*}\right)_w + \frac{Kn^2}{2!} \left(\frac{\partial^2 T}{\partial y^2}\right) + \cdots \right]. \tag{2.2.31}$$

同样地, 计算温度的二阶和高阶导数的困难可运用切向速度边界条件中的方法消除[25-28].

2. 液体流动的边界条件

在连续介质假设下, 气体和液体都应遵循相同的运动方程, 但液体在运动中的质量、动量和能量传递与气体不一样. 气体中的分子基本上处于自由运动状态, 分子间相互作用很弱, 而液体中分子间的作用非常频繁, 处在不断碰撞中. 液体中自由分子流引起的动量传递相对分子间的作用可以忽略, 应变使液体分子与原来附近的分子分离, 重新进入另一个分子力场, 在剪切平面内分子间作用的力要与作用的剪力相平衡, 其余的液体只传递法向力, 但是如果有速度梯度存在, 就会有切向分量的力.

液体没有气体那样的分子层面上的理论, 分子自由程的概念无法使用, 定义液体流动的准平衡状态也很难, 因而无法跟气体一样用 Kn 数作为依据来判断速度无滑移边界是否精确以及本构关系是否线性. 已有研究表明, 用 Kn 数来判断液体流动会有较大偏差, 例如流变学研究发现, 非牛顿流体的应变速率比分子频率尺度的两倍还大, 即

$$\frac{\partial u}{\partial x} \geqslant 2t^{-1}, \tag{2.2.32}$$

其中分子时间尺度为:

$$t = \left[\frac{ml^2}{\varepsilon}\right]^{1/2}, \tag{2.2.33}$$

式中 m 为分子质量, l 和 ε 分别为特征长度尺度和能量尺度. 对于液体, 由于时间尺度特别小, 所以只有在应变速率特别大的时候才会有非牛顿流的性质. 而对于大分子量的液体, 由于 m 和 l 都较大, 所以很容易有非牛顿流的性质即本构关系的非线性.

液体喷射到固壁时的固液接触线便是速度滑移边界条件的一个例子, 另外, 角落流动的分析也需要速度滑移边界条件. 现有的实验研究中, 不少结论是正好相反的, 这是因为没有合适的理论指导. Pfahler 等[29,30] 认为, 微纳尺度的液体流动不能用非滑移的连续区方程 (2.2.9) 中的黏度 μ, 而应该用经过换算的表观黏度 μ_a 来表征, 这样实验结果就能与理论结果符合. Gee 等[31] 研究薄膜流时发现, 只有当膜的厚度超过 5nm 时, μ_a 才等于 μ. 对于极性分子流通过毛细管时的流动, 如果毛细管直径小于 1μm, μ_a 将会增大, 但也有相反的结论. 实验表明, 当微通道深度介于 0.5~5μm 时, 不管是液体还是气体, μ_a 总是比 μ 略小. 当通道深度减小时, μ_a 也随着减小[30].

鉴于采用连续介质模型常会出现相互矛盾的结论, 必须从最基本的分子动力学角度来考虑这个问题. Thompson 和 Troian[32] 对固液界面的滑移程度和剪切应变之间的关系用分子动力学进行了模拟, 模拟对象是简单的 Couette 流, 通道尺寸为 $12.51 \times 2.77 \times h$, 单位为分子尺寸尺度 l, h 的变化范围为 $16.71l \sim 24.57l$, 模拟的分子数为 1152~1728, 模拟时将分子处理为刚性球, 分子间作用的模拟用 Lennart-Jones 6-16 势:

$$V(r) = 4\varepsilon\left[\left(\frac{r}{l}\right)^{-12} - \left(\frac{r}{l}\right)^{-6} - \left(\frac{r_c}{l}\right)^{-12} + \left(\frac{r_c}{l}\right)^{-6}\right], \tag{2.2.34}$$

式中 r 为距离坐标, $r_c = 2.2l$ 为切断距离, 即当 $r_c \geqslant 2.2l$ 时截断势为零.

固液相间的相互作用也用相同的 6-12 势, 其能量尺度、几何尺度和截断距离分别为 $\varepsilon^{wf}l^{wf}$ 和 r_c, 这样平衡状态可以方便地用数字密度 $n = 0.81l^{-3}$ 和温度 $T = 1.1\varepsilon/k_{\mathrm{B}}$ 表示, 其中 k_{B} 为 Boltzman 常数.

模拟得到的在不同 $\varepsilon^{wf}l^{wf}$ 和 n^w 下的静态速度如图 2.2.1 所示, 可见当有滑移存在时, 剪切应变速率 $\dot{\gamma}$ 就不等于 U/H 了, 这里的 U 和 H 分别为流动的特征速度和尺度, 当固壁相对密度 n^w 增加、固液结合强度 l^{wf} 增大或者固壁的表面能起皱多时, 滑移就随之增加, 即液固之间传递的动量减小. 当固液表面能起皱最大即固液的数密度相等 $(n = n^w)$ 时, 固液结合很牢固, 动量传递最大, 则无滑移边界条件适用.

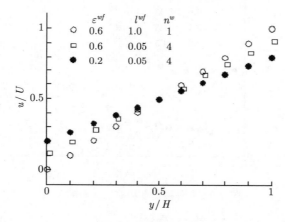

图 2.2.1 Couette 流中的速度剖面 ($U = l\tau^{-1}, H = 42.57l$)

图 2.2.2 是 5 种不同界面参数下, 滑移长度和黏度与剪切速率之间的关系, 三者都进行了归一化处理, 滑移长度、黏度和剪切速率分别用 l、$\varepsilon\tau l^{-3}$ 和 τ^{-1} 归一化. 对于 Couette 流, 滑移长度可以定义为 $L_s = \Delta u|_w/\dot{\gamma} = (U/\dot{\gamma} - H)/2$. 由图可知, 黏度几乎不随剪切速率的变化而变化, 即呈现牛顿流体的性质, 这比式 (2.2.32) 预测的要大得多. 当剪切速率较小时, 滑移长度对 5 种参数分别在 0~17l 之间几乎不变. 一般而言, 滑移长度随表面能起皱程度增加而减小, 但有趣的是, 当剪切速率比较大时, 滑移长度随剪切速率的增大而迅速增大, 而从不变到迅速增大的转变, 有一个临界剪切速率值, 这个值的大小随表面能起皱的减小而减小. 意想不到的是, 即使还是牛顿流体, 边界条件也可能已经不是线性的了. 换言之, 在液体中不再与稀薄气体中一样, 当应力–应变关系还能保证线性时, 边界可能已经无法保证线性了, 而且在线性与非线性之间并没有过渡区, 这个临界剪切速率意味着从这点开始, 固壁将不再传递动量给液体.

图 2.2.3 是量纲为一滑移长度与剪切速率的关系, 横坐标为 $\dot{\gamma}/\dot{\gamma}_c$、纵坐标为

L_s/L_s^0, 其中 $\dot{\gamma}_c$ 为临界剪切速率, L_s^0 为图 2.2.2 中的渐近值. 从图 2.2.3 可见, 所有的点都在一条实线的附近, 曲线的方程为

$$L_s = L_s^0 (1 - \dot{\gamma}/\dot{\gamma}_c)^{-1/2}. \tag{2.2.35}$$

由该式可知, 在临界剪切速率附近, 边界对流动有非常明显的影响, 即使表面特性有一点变化, 都会引起边界的巨大变化, 这也得到了相关实验的验证, 同时也可以解释射流接触线和角流中应力奇异的问题[32].

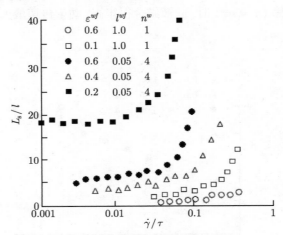

图 2.2.2　滑移长度和剪切速率的关系

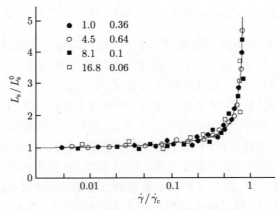

图 2.2.3　量纲为一滑移长度和剪切速率的关系

以水为例, 若取 $\varepsilon = 3.62 \times 10^{-21}$J, $m = 2.99 \times 10^{-26}$kg, $l = 2.89 \times 10^{-10}$m, $T = 288$K, $n = 3.35 \times 10^{28}$ 个/m³, 这样可计算 $\tau = (ml^2/\varepsilon)^{1/2} = 8.31 \times 10^{13}$s, 对于 $\gamma_c\tau = 0.1$ 的情况, $\dot{\gamma}_c = 1.2 \times 10^{11}$s⁻¹, 这么大的应变速率, 只有在很小器件且

又有很高速度的情况下才有可能产生. 对于 $L_s^0 = 17l$ 的情况, 考虑 $100\mu m$ 轴径的水润滑微轴承, 转速为 2000rpm, 最小间隙为 $1\mu m$, 可计算得到 $U = 0.1m/s$, 而 $U/H = 10^5 s^{-1}$, 最后可以计算应变速率和滑移长度分别为:

$$\dot{\gamma} = \frac{U}{h + 2L_s^0} = 9.90 \times 10^4 s^{-1}, \qquad (2.2.36)$$

$$\Delta u|_w = \dot{\gamma} L_s = 4.87 \times 10^{-4} m/s, \qquad (2.2.37)$$

这个滑移速度不算大, 但也不应当忽略.

2.3 微纳尺度流动的数值模拟

流体运动可以从宏观或者微观的角度来模拟. 宏观角度的模拟认为流体介质连续地无间隙地分布于物质所占有的整个空间, 流体的速度、密度、压力和温度等宏观物理量是空间和时间的连续函数, 通过质量、动量和能量守恒, 可以推导出一组描述流体运动的非线性偏微分方程. 微观尺度的模拟是把流体视为分子的集合, 在此基础上产生了许多基于分子的模型, 这些模型可以分为确定性方法和统计性方法两大类. 分子动力学 (MD) 方法是确定性方法, 而统计性方法的出发点是 Liouville 方程, 在速度和物理空间组成的 $6N$ 维相空间里考虑 N 个颗粒的分布函数. 流体运动的模拟方法可以通过图 2.3.1 表示[33].

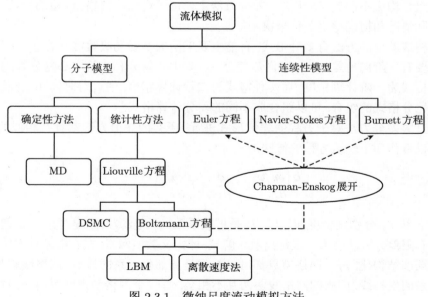

图 2.3.1 微纳尺度流动模拟方法

2.3.1 基于连续介质假设的方法

不论是 N-S 方程还是 Burnett 方程的边界滑移修正方法, 基于连续介质假设的方法其显著的优点就是计算效率高, 对单组分、形状简单通道内的气体流动和换热的模拟尤为明显. 连续介质的方法在数学上容易处理, 计算效率远高于基于分子的模型, 所以在这些方程可以适用的情况下, 应该优先采用这种方法. 同时, 它们的缺点也是显而易见的, 当涉及多组分特别是含有化学反应、流动跨流区、马赫数比较大、边界复杂时, 基于连续介质假设和滑移修正的方法将遇到困难.

基于连续介质假设的数值模拟方法有多种, 以下简单介绍有限差分法和有限体积法.

1. 有限差分法

有限差分法将流场求解域划分为差分网格, 用有限个网格节点代替连续的求解域. 该方法通过泰勒级数展开, 将控制方程中的导数用网格节点上的函数值的差商代替进行离散, 从而建立以网格节点上的值为未知数的代数方程组. 该方法是一种直接将微分问题变为代数问题的近似数值解法, 数学概念直观, 表达简单, 是发展较早且较成熟的数值方法.

有限差分格式从精度上可分为一阶格式、二阶格式和高阶格式, 从差分的空间形式上可分为中心格式和逆风格式. 考虑时间因子的影响, 差分格式还可以分为显式、隐式、显隐交替格式等. 目前常用的差分格式, 主要是上述几种形式的组合, 不同的组合构成不同的差分格式. 差分方法主要用于有结构网格, 网格的步长一般根据实际情况和柯朗稳定条件来决定.

构造差分的方法有多种形式, 目前主要采用的是泰勒级数展开方法, 差分表达式主要有一阶向前差分、一阶向后差分、一阶中心差分和二阶中心差分等, 其中前两种格式为一阶计算精度, 后两种格式为二阶计算精度. 通过对时间和空间这几种不同差分格式的组合, 可以组合成不同的差分计算格式.

有限差分方法对于方程的守恒形式进行, 所有的守恒方程都具有相似的结构, 且可以看作如下输运方程的特殊形式:

$$\frac{\partial (\rho u_j \phi)}{\partial x_j} = \frac{\partial}{\partial x_j}\left(\Gamma \frac{\partial \phi}{\partial x_j}\right) + q_\varphi, \tag{2.3.1}$$

式中 ρ 和 u_j 分别是密度和速度, Γ 是扩散系数, q_φ 是源项, ϕ 是考虑的物理量.

有限差分方法的第一步是离散求解域, 即定义数值网格. 在有限差分方法中, 网格为局部结构化, 每个网格节点都可以看作是局部坐标系的原点, 网格线则是局部坐标系的坐标线. 同族的网格线两两互不相交. 每一个网格节点都可用一组指标唯一地标定. 差分形式的标量守恒方程 (2.3.1) 是有限差分方法的原始方程, 并被近似为以网格节点上的守恒量为未知数的代数方程系统. 代数方程组的解近似为原微分方程的解.

每一个带有未知数的节点都有一个代数方程, 以建立节点以及相邻节点上的未知数之间的联系. 这个代数方程通过在连接点处用有限差分近似代替偏导数的形式获得. 对于 Dirichlet 边界条件, 边界上不需要代数方程; 对于其他边界条件, 则必须将边界条件离散以得到所需的代数方程. 有限差分的概念从导数的定义中得到, 对于任意的连续函数 $\phi(x)$ 有:

$$\left(\frac{\partial \phi}{\partial x}\right)_{x_i} = \lim_{\Delta x \to 0} \frac{\phi(x_i + \Delta x) - \phi(x_i)}{\Delta x}, \tag{2.3.2}$$

常见的差分格式有向前差分:

$$\frac{\partial \phi}{\partial x} \approx \frac{\phi_{i+1} - \phi_i}{x_{i+1} - x_i}, \tag{2.3.3}$$

向后差分:

$$\frac{\partial \phi}{\partial x} \approx \frac{\phi_i - \phi_{i-1}}{x_i - x_{i-1}}, \tag{2.3.4}$$

以及中心差分格式:

$$\frac{\partial \phi}{\partial x} \approx \frac{\phi_{i+1} - \phi_{i-1}}{x_{i+1} - x_{i-1}}. \tag{2.3.5}$$

不同的差分格式如图 2.3.2 所示.

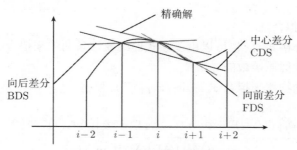

图 2.3.2 不同形式的差分格式

方程 (2.3.1)中的对流项 $\frac{\partial(\rho u \phi)}{\partial x}$ 需要对一阶导数进行离散, 常用的离散方式有以下几种.

(1) Taylor 级数展开法

任意的连续函数 $\phi(x)$ 可在 x_i 的邻域内展开成泰勒级数:

$$\phi(x) = \phi(x_i) + (x - x_i)\left(\frac{\partial \phi}{\partial x}\right)_i + \frac{(x - x_i)^2}{2}\left(\frac{\partial^2 \phi}{\partial x^2}\right)_i$$
$$+ \frac{(x - x_i)^3}{3!}\left(\frac{\partial^3 \phi}{\partial x^3}\right)_i + \cdots + \frac{(x - x_i)^n}{n!}\left(\frac{\partial^n \phi}{\partial x^n}\right)_i + H, \tag{2.3.6}$$

其中 H 为高阶项, 用 x_{i-1}, x_{i+1} 代替 x 处的函数值, 利用这些展开式可得一阶和高阶导数在 x_i 处的近似表达式:

$$\left(\frac{\partial \phi}{\partial x}\right)_i = \frac{\phi_{i+1} - \phi_i}{x_{i+1} - x_i} - \frac{(x_{i+1} - x_i)^2}{2}\left(\frac{\partial^2 \phi}{\partial x^2}\right) - \frac{(x_{i+1} - x_i)^3}{6}\left(\frac{\partial^3 \phi}{\partial x^3}\right) + H, \quad (2.3.7)$$

或

$$\left(\frac{\partial \phi}{\partial x}\right)_i = \frac{\phi_i - \phi_{i-1}}{x_i - x_{i-1}} - \frac{(x_i - x_{i-1})^2}{2}\left(\frac{\partial^2 \phi}{\partial x^2}\right) - \frac{(x_i - x_{i-1})^3}{6}\left(\frac{\partial^3 \phi}{\partial x^3}\right) + H, \quad (2.3.8)$$

以及

$$\left(\frac{\partial \phi}{\partial x}\right)_i = \frac{\phi_{i+1} - \phi_{i-1}}{x_{i+1} - x_{i-1}} - \frac{(x_{i+1} - x_i)^2 - (x_i - x_{i-1})^2}{2(x_{i+1} - x_{i-1})}\left(\frac{\partial^2 \phi}{\partial x^2}\right)$$
$$- \frac{(x_{i+1} - x_i)^3 + (x_i - x_{i-1})^3}{6(x_{i+1} - x_{i-1})}\left(\frac{\partial^3 \phi}{\partial x^3}\right) + H. \quad (2.3.9)$$

当网格间距较小时, 高阶项很小, 在各级数中截取第一项, 则式 (2.3.7)– 式 (2.3.9) 就变成式 (2.3.3)– 式 (2.3.5), 被截去的项称为截断误差.

式 (2.3.3) 和式 (2.3.4) 为一阶精度差分格式, 当网格均匀时, 式 (2.3.5) 具有二阶精度.

(2) 多项式拟合法

在构造差分格式时, 也可以用多项式曲线或样条曲线来拟合函数, 然后用拟合曲线的导数来近似原函数的导数.

例如采用抛物线来拟合 x_{i-1}, x_i, x_{i+1} 三点可得

$$\left(\frac{\partial \phi}{\partial x}\right)_i = \frac{\phi_{i+1}(\Delta x_i)^2 + \phi_{i-1}(\Delta x_{i+1})^2 + \phi_i\left[(\Delta x_{i+1})^2 - (\Delta x_i)^2\right]}{\Delta x_{i+1}\Delta x_i(\Delta x_i + \Delta x_{i+1})}, \quad (2.3.10)$$

采用不同的插值曲线可获得不同的差分格式, 如

$$\left(\frac{\partial \phi}{\partial x}\right)_i = \frac{2\phi_{i+1} + 3\phi_i - 6\phi_{i-1} + \phi_{i-2}}{6\Delta x} + O\left((\Delta x)^3\right), \quad (2.3.11)$$

$$\left(\frac{\partial \phi}{\partial x}\right)_i = \frac{-2\phi_{i+1} - 3\phi_i + 6\phi_{i+1} - \phi_{i+2}}{6\Delta x} + O\left((\Delta x)^3\right), \quad (2.3.12)$$

$$\left(\frac{\partial \phi}{\partial x}\right)_i = \frac{-\phi_{i+2} + 8\phi_{i+1} - 8\phi_{i-1} + \phi_{i-2}}{12\Delta x} + O\left((\Delta x)^4\right), \quad (2.3.13)$$

式 (2.3.11)– 式 (2.3.13) 依次为三阶精度的向后差分、向前差分和 4 阶精度的中心差分.

(3) 迎风格式

对于发展方程

$$
\begin{cases}
\dfrac{\partial u}{\partial t} + a\dfrac{\partial u}{\partial x} = 0 & (0 \leqslant x \leqslant 1, a > 0) \\
u(x,0) = f(x) & x \geqslant 0 \\
u(0,t) = \psi(t) & t \geqslant 0
\end{cases}, \tag{2.3.14}
$$

方程的解为

$$
u(x,t) = \begin{cases}
f(x - at) & x - at \geqslant 0 \\
\psi\left(t - \dfrac{x}{a}\right) & x - at \leqslant 0
\end{cases}, \tag{2.3.15}
$$

当 $x - at$ 为常数时, u 为常数, 利用这一特性可得

$$
u_j^{n+1} = u_A, \tag{2.3.16}
$$

利用线性插值

$$
u_A = u_{j-1}^n + \frac{x_A - x_{j-1}}{x_j - x_{j-1}}\left(u_j^n - u_{j-1}^n\right), \tag{2.3.17}
$$

可得差分格式:

$$
u_j^{n+1} = u_{j-1}^n + \frac{x_A - x_{j-1}}{x_j - x_{j-1}}\left(u_j^n - u_{j-1}^n\right). \tag{2.3.18}
$$

由于 $x_j - x_A = a\Delta t$, $\Delta x = x_j - x_{j-1}$, 则

$$
u_j^{n+1} = u_{j-1}^n + \frac{\Delta x - a\Delta t}{\Delta x}\left(u_j^n - u_{j-1}^n\right) = u_j^n - \frac{a\Delta t}{\Delta x}\left(u_j^n - u_{j-1}^n\right), \tag{2.3.19}
$$

整理得

$$
\frac{u_j^{n+1} - u_j^n}{\Delta t} + a\frac{\left(u_j^n - u_{j-1}^n\right)}{\Delta x} = 0. \tag{2.3.20}
$$

当 $a < 0$ 时, 同理可得

$$
\frac{u_j^{n+1} - u_j^n}{\Delta t} + a\frac{\left(u_{j+1}^n - u_j^n\right)}{\Delta x} = 0. \tag{2.3.21}
$$

结合式 (2.3.20) 和式 (2.3.21) 可得

$$
\frac{u_j^{n+1} - u_j^n}{\Delta t} + \frac{a + |a|}{2}\frac{\left(u_j^n - u_{j-1}^n\right)}{\Delta x} + \frac{a - |a|}{2}\frac{\left(u_{j+1}^n - u_j^n\right)}{\Delta x} = 0. \tag{2.3.22}
$$

式中 a 相当于流体力学动量方程中的速度 u, 差分格式 (2.3.22) 反映了上游对下游影响较大这一事实, 这种差分格式为迎风格式.

方程 (2.3.1)中的扩散项 $\dfrac{\partial}{\partial x}\left(\varGamma\dfrac{\partial\phi}{\partial x}\right)$ 为二阶导数项, 二阶导数的差分可以用一阶导数的差分得到, 也可以用泰勒级数法得到.

采用泰勒级数法得到的二阶导数差分为

$$\left(\frac{\partial^2\phi}{\partial x^2}\right)_i = \frac{\phi_{i+1}\left(x_i - x_{i-1}\right) + \phi_{i-1}\left(x_{i+1} - x_i\right) - \phi_i\left(x_{i+1} - x_{i-1}\right)}{\left(x_{i+1} - x_{i-1}\right)\left(x_{i+1} - x_i\right)\left(x_i - x_{i-1}\right)/2}$$
$$- \frac{\left(x_{i+1} - x_i\right) - \left(x_i - x_{i-1}\right)}{3}\left(\frac{\partial^3\phi}{\partial x^3}\right)_i + H. \tag{2.3.23}$$

用一阶偏导数得到的二阶导数差分为

$$\left[\frac{\partial}{\partial x}\left(\varGamma\frac{\partial\varphi}{\partial x}\right)\right]_i \approx \frac{\left(\varGamma\dfrac{\partial\varphi}{\partial x}\right)_{i+1/2} - \left(\varGamma\dfrac{\partial\varphi}{\partial x}\right)_{i-1/2}}{\left(x_{i+1} - x_{i-1}\right)/2}$$
$$\approx \frac{\varGamma_{i+1/2}\dfrac{\varphi_{i+1} - \varphi_i}{x_{i+1} - x_i} - \varGamma_{i-1/2}\dfrac{\varphi_i - \varphi_{i-1}}{x_i - x_{i-1}}}{\left(x_{i+1} - x_{i-1}\right)/2} \tag{2.3.24}$$

混合偏导数的差分可以用一阶导数的差分得到

$$\frac{\partial^2\phi}{\partial x\partial y} = \frac{\partial}{\partial x}\left(\frac{\partial\phi}{\partial y}\right). \tag{2.3.25}$$

在网格的内点, 用差分格式来离散方程时, 为了得到唯一解, 还需要在边界点上给出信息. 对于 Dirichlet 边界条件, 边界上的值直接给出, 无需用新的方程. 对于 Neumann 边界条件和混合边界条件, 则需在边界上对边界条件进行离散. 对于邻近边界的内点, 当采用高阶精度格式时, 其差分格式也应作特殊处理:

$$\left(\frac{\partial\phi}{\partial x}\right)_2 = \frac{-\phi_5 + 6\phi_4 + 18\phi_3 + 10\phi_2 - 33\phi_1}{60\Delta x} + O\left((\Delta x)^4\right), \tag{2.3.26}$$

$$\left(\frac{\partial^2\phi}{\partial x^2}\right)_2 = \frac{-21\phi_5 + 96\phi_4 + 18\phi_3 - 240\phi_2 + 147\phi_1}{60\Delta x} + O\left((\Delta x)^3\right), \tag{2.3.27}$$

在边界上

$$\left(\frac{\partial\phi}{\partial x}\right)_1 = 0 \Rightarrow \frac{\phi_2 - \phi_1}{x_2 - x_1} = 0, \tag{2.3.28}$$

采用高阶差分格式为:

$$\left(\frac{\partial\phi}{\partial x}\right)_1 \approx \frac{-\phi_3\left(x_2 - x_1\right)^2 + \phi_2\left(x_3 - x_1\right)^2 - \phi_1\left[\left(x_3 - x_1\right)^2 - \left(x_2 - x_1\right)^2\right]}{\left(x_2 - x_1\right)\left(x_3 - x_1\right)\left(x_3 - x_2\right)}, \tag{2.3.29}$$

如果网格是均匀的, 式 (2.3.27) 简化为:

$$\left(\frac{\partial\phi}{\partial x}\right)_1 \approx \frac{-\phi_3 + 4\phi_2 - 3\phi_1}{2\Delta x}. \tag{2.3.30}$$

2. 有限体积法

有限体积法是目前计算流体力学领域广泛使用的方法, 其特点不仅表现在对控制方程的离散结果上, 还表现在使用的网格上.

(1) 基本思想

有限体积法又称为控制体积法, 该方法将计算区域划分为网格, 并使每个网格点周围有一个互不重复的控制体积; 然后将待求解的微分方程在每一个控制体积分, 从而得到一组离散方程, 其中的未知数是网格节点上的因变量 ϕ. 为了求出在控制体的积分, 必须假定 ϕ 值在网格点之间的变化规律. 从积分区域的选取方法来看, 有限体积法属于加权余量法中的子域法. 每个控制体上建立的离散方程其物理意义是 ϕ 在控制体内的守恒, 如同微分方程表示因变量在无限小的控制体积中的守恒原理一样. 在有限体积法的离散方程中, 要求 ϕ 的积分守恒对任一组控制体积都能得到满足, 这样对整个计算区域就自然得到满足, 这是有限体积法的优点. 有些离散方法如有限差分法, 仅当网格极其细密时, 离散方程才满足积分守恒, 而有限积分法即使在粗网格下也显示出准确的积分守恒.

就离散方法而言, 有限积分法可看作有限差分法和有限元法的综合. 有限元方法必须假定 ϕ 值在网格节点之间的变化规律, 即假定插值函数, 并将其作为近似解. 有限差分法只考虑网格节点上的 ϕ 值, 而不考虑 ϕ 值在节点之间如何变化. 有限体积法只寻求 ϕ 的节点值, 这与差分法相似; 但有限体积法在寻求控制体积的积分时, 必须假定 ϕ 值在网格节点之间的分布, 得到离散方程后便可以不管插值函数; 如果需要的话还可以对微分方程中的不同项采取不同的插值函数.

(2) 有限体积法所使用的网格

与其他离散化方法一样, 有限体积法的核心在区域离散方式上. 区域离散化的实质是用有限个离散的点来代替原来的连续空间. 有限体积法区域离散的实施首先是把所计算的区域划分成多个互不重叠的子区域即计算网格, 然后确定每个子区域中的节点位置及该点所代表的控制体积. 区域离散化后可以得到如下四个几何要素, 一是节点, 即需要求解物理量的几何位置; 二是控制体积, 这是应用控制方程或守恒定律的最小几何单位; 三是界面, 用来规定与各节点相对应的控制体积的分界面位置; 四是网格线, 表示联结相邻两点而形成的曲线簇.

在以上四个要素中, 节点是控制体积的代表. 在离散过程中, 将一个控制体积上的物理量定义并存储在该节点上. 图 2.3.3 是二维问题有限体积法的计算网格, 图中标出了节点、控制体积、界面和网格线. 图中节点排列有序, 即给出一个节点的编号后就可以知道相邻节点的编号, 这种网格称为结构化网格, 网格自身利用几何体的规则形状. 近年来还出现了非结构网格, 非结构网格的节点以不规则的方式布置, 其生成过程比较复杂, 但可以适应具有复杂边界流场的网格划分, 目前非结构网格已经可以有专门的软件来生成. 图 2.3.4 是一个二维非结构网格的示意图, 图中使用了三角形控制体积, 三角形的质心 C 是计算节点.

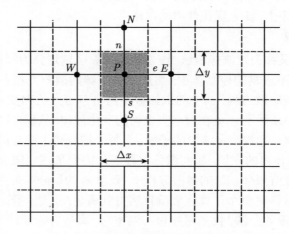

图 2.3.3   二维流场有限体积法的计算网格

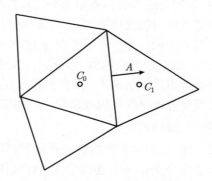

图 2.3.4   二维非结构网格示意图

有限体积法所使用的网格单元, 对二维问题有三角形和四边形两种, 而对三维问题有四面体、六面体、棱锥体和锲形体.

(3) 常用的离散格式

在有限体积法中, 建立离散方程很重要的一步是将控制体积界面上的物理量及导数用节点物理量的插值表示, 这种插值方式常称为离散格式. 常用的离散格式有中心差分格式、迎风格式、混合格式、乘方格式和指数格式. 下面针对一维、稳态、无源项的对流扩散问题, 描述前三种离散格式.

在一维、稳态、无源项的对流扩散问题中, 广义未知量 ϕ 的输运方程和连续性方程为:

$$\frac{\mathrm{d}(\rho u \phi)}{\mathrm{d}x} = \frac{\mathrm{d}}{\mathrm{d}x}\left(\Gamma \frac{\mathrm{d}\phi}{\mathrm{d}x}\right), \tag{2.3.31}$$

$$\frac{\mathrm{d}(\rho u)}{\mathrm{d}x} = 0. \tag{2.3.32}$$

1) 中心差分格式

对于一个给定的均匀网格, 控制体积界面上物理量的 ϕ 值可写为:

$$\phi_e = \frac{\phi_P + \phi_E}{2}, \tag{2.3.33}$$

$$\phi_w = \frac{\phi_P + \phi_W}{2}, \tag{2.3.34}$$

$$\frac{F_e}{2}\left(\phi_P + \phi_E\right) - \frac{F_w}{2}\left(\phi_W + \phi_P\right) = D_e\left(\phi_E + \phi_P\right) - D_w\left(\phi_P + \phi_W\right), \tag{2.3.35}$$

将连续性方程代入有:

$$\left[\left(D_w - \frac{F_w}{2}\right) + \left(D_e - \frac{F_e}{2}\right) + (F_e + F_w)\right]\phi_P = \left(D_w + \frac{F_w}{2}\right)\phi_W + \left(D_e - \frac{F_e}{2}\right)\phi_E \tag{2.3.36}$$

写成统一的格式有:

$$a_P \phi_P = a_W \phi_W + a_E \phi_E, \tag{2.3.37}$$

式中

$$a_W = D_w + \frac{F_w}{2}, \tag{2.3.38}$$

$$a_E = D_e - \frac{F_e}{2}, \tag{2.3.39}$$

$$a_P = a_W + a_E + (F_e + F_w). \tag{2.3.40}$$

以上方程是对流项和扩散项都采用中心差分格式后得到的结果, D_e 和 D_w 代表扩散项的影响, 而 F_e 和 F_w 代表对流项的影响. 可以证明, 当 P_e 小于 2 时, 中心差分格式的计算结果和精确解基本吻合. 但 P_e 大于 2 时, 中心差分格式的解就完全失去了意义, 因为这时 $a_W < 0$. a_W、a_E 代表了邻点 E、W 处的物理量通过对流和扩散对 P 点产生的影响的大小, 所以三系数必须大于 0, 否则会导致物理上的不真实解. 方程组一般通过迭代求解, 而迭代收敛的条件是 $\left(\sum |a_{nb}|\right)\Big/|a_p'| \leqslant 1$, 且至少在一个节点上有 $\left(\sum |a_{nb}|\right)\Big/|a_p'| < 1$.

控制体积上的 P_e 是流体特征 (ρ 与 Γ)、流动特征 (u) 和计算网格特征 (δx) 的组合, 对于给定的 ρ 与 Γ, 要满足 P_e 小于 2, 只能是速度 u 很小 (对应于低雷诺数流动) 或网格间距很小, 所以中心差分格式不能作为一般流动问题的离散格式.

2) 迎风格式

在中心差分格式中, 界面 W 处的物理量 ϕ 值总是同时受到 ϕ_P、ϕ_W 的共同影响, 在一个对流占主导的由 W 界面向 E 界面的流动中, 中心差分格式的处理方法明显不妥, 因为界面 W 处的物理量 ϕ 值来自于 W 的影响应该大于来自 P 的影响, 而迎风格式正是考虑了流动方向的影响.

在迎风格式中, 因对流造成的界面上的 ϕ 值被认为等于上游节点的 ϕ 值. 于是, 当流动沿正方向即 $u_w > 0, u_e > 0(F_w > 0, F_e > 0)$ 时, 存在 $\phi_w = \phi_W, \phi_e = \phi_P$, 此时离散方程变为:

$$F_e\phi_P - F_w\phi_W = D_e\left(\phi_E + \phi_P\right) - D_w\left(\phi_P - \phi_W\right), \qquad (2.3.41)$$

引入连续性方程的离散形式, 可得

$$\left[(D_w + F_w) + D_e + (F_e - F_w)\right]\phi_P = (D_w + F_W)\phi_W + D_e\phi_E. \qquad (2.3.42)$$

相反, 反向流动即 $u_w < 0, u_e < 0(F_w < 0, F_e < 0)$ 时, 存在 $\phi_w = \phi_P, \phi_e = \phi_E$, 此时离散方程变为

$$F_e\phi_E - F_w\phi_P = D_e\left(\phi_E + \phi_P\right) - D_w\left(\phi_P - \phi_W\right), \qquad (2.3.43)$$

引入连续性方程的离散形式, 有

$$\left[D_w + (D_e - F_e) + (F_e - F_w)\right]\phi_P = D_w\phi_W + (D_e - F_e)\phi_E. \qquad (2.3.44)$$

写成如式 (2.3.37) 的格式有:

$$\begin{cases} a_P = a_e + a_w + (F_E + F_W) \\ a_W = D_w + \max(F_w, 0) \\ a_E = D_e + \max(0, -F_e) \end{cases} \qquad (2.3.45)$$

这里界面上的未知量值恒取上游节点值, 而中心差分则取上下游的平均值, 这就是两种格式的差别.

很明显, 这种格式的离散方程的系数 a_E, a_W 一定大于零, 因而在任何条件下都不会引起解的振荡, 但这种格式也有不足之处, 主要是迎风格式简单地按界面上的速度值大于或小于零来决定其取值, 但精确值表明界面上的值还与 P_e 数有关. 此外, 迎风格式不论 P_e 数大小, 扩散项永远按中心差分计算, 但当 $|P_e|$ 数很大时, 界面上的扩散作用接近于零, 此时迎风格式扩大了扩散的作用.

3) 混合格式

混合格式综合了中心差分和迎风作用方面的因素, 规定在 $|P_e| < 2$ 时使用二阶精度的中心格式, 在 $|P_e| > 2$ 时采用精度低一阶的迎风格式.

在混合格式下输运方程所对应的离散方程的系数为

$$\begin{cases} a_P = a_e + a_w + (F_E - F_W) \\ a_W = \max\left[F_W, \left(D_w + \dfrac{F_w}{2}\right)\right], \\ a_E = \max\left[-F_e, \left(D_e - \dfrac{F_e}{2}\right)\right] \end{cases} \tag{2.3.46}$$

4) 其他格式

对于指数格式, 其系数为

$$\begin{cases} a_P = a_E + a_w + (F_e - F_w) \\ a_W = \dfrac{F_w \exp(F_w/D_w)}{\exp(F_w/D_w) - 1} \\ a_E = \dfrac{F_E}{\exp(F_e/D_e) - 1} \end{cases} \tag{2.3.47}$$

对于乘方格式, 其系数为

$$\begin{cases} a_P = a_e + a_w + (F_E - F_W) \\ a_W = D_w \max[0, (1 - 0.1|P_e|)^5] + \max(F_w, 0) \\ a_E = D_e \max[0, (1 - 0.1|P_e|)^5] + \max(-F_e, 0) \end{cases} \tag{2.3.48}$$

5) 低阶格式的假扩散和人工黏性

上述介绍的低阶格式, 对于方程中诸如对流项的一阶导数离散的截断误差小于二阶, 这会引起较大的数值计算误差而导致假扩散, 因为这种离散格式的截差中包含了二阶导数, 使数值计算中的扩散作用人为地放大了, 相当于引入了人工黏性或数值黏性. 就物理过程本身的特点而言, 扩散的作用总是使物理量的变化率减小, 使整个流场趋于均匀化. 在一个离散格式中, 假扩散的存在会使数值解的结果偏离真解的程度加剧.

除了非定常项和对流项的一阶导数离散会引起假扩散外, 如下两个原因也可能引起假扩散, 一是流动方向与网格呈倾斜交叉 (多维问题); 二是建立离散格式时没有考虑到非常数的源项的影响. 为了消除和减小假扩散, 可以采用截差较高的格式, 或采用自适应网格技术生成与流场相适应的网格.

6) 高阶格式

二阶迎风格式与一阶迎风格式相似, 控制体积界面的 ϕ 值考虑了上游节点的物理量, 但二阶迎风格式不但考虑上游一点的值, 还用到了第二点的值, 当沿正方向即 $u_w > 0, u_e > 0(F_w > 0, F_e > 0)$ 时, 存在:

$$\phi_w = \frac{3}{2}\phi_W - \frac{1}{2}\phi_{WW}, \quad \phi_e = \frac{3}{2}\phi_P - \frac{1}{2}\phi_W, \tag{2.3.49}$$

与一阶迎风格式推导类似, 最后可得统一格式:

$$a_P \phi_P = a_W \phi_W + a_{WW} \phi_{WW} + a_E \phi_E + a_{EE} \phi_{EE}. \tag{2.3.50}$$

式中:

$$\begin{cases}
a_P = a_E + a_W + a_{EE} + a_{WW} + (F_E - F_W) \\
a_W = \left(D_w + \dfrac{3}{2} \alpha F_w + \dfrac{1}{2} \alpha F_e \right) \\
a_E = \left(D_e - \dfrac{3}{2} (1 - \alpha) F_e - \dfrac{1}{2} (1 - \alpha) F_w \right) \\
a_{WW} = -\dfrac{1}{2} \alpha F_w \\
a_{EE} = \dfrac{1}{2} (1 - \alpha) F_e
\end{cases} , \tag{2.3.51}$$

沿正向流动时 $\alpha = 1$, 而反向流动时 $\alpha = 0$.

高阶格式的计算网格如图 2.3.5 所示. 这种离散格式中需要更多附近节点的值, 于是带来了两个问题, 一是第一个内节点的离散方程如何建立; 二是所形成的离散方程如何解. 对于第一个问题可以有两种处理方法, 一是边界上采用二次插值, 设上游有一个虚拟节点 0, 其值 ϕ_0 满足 $\phi_0 = 2\phi_1 - \phi_2$; 二是用一阶迎风格式来处理边界条件. 对于第二个问题也有两种处理方法, 一是采用交替方向五对角阵法; 二是采用延迟修正法.

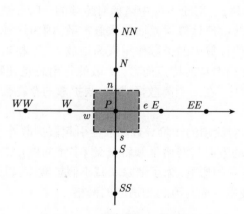

图 2.3.5　高阶格式的计算网格

2.3.2　基于分子模拟的方法

基于分子模拟的方法是把流体看成由许多离散分子组成, 这些分子含有位置、速度和其他分子的信息. 该方法是在计算中追踪大量分子的运动、分子与边界的碰撞、分子互相之间的碰撞以及碰撞中分子内能的变化和化学反应等. 在模拟时要保证所追踪的过程能够再现真实流动的过程. 在计算中要引入一个与真实流动同步的时间, 记录分子的位置、速度及内能, 这些量因分子运动、分子与壁面的相互作用而随时间变化. 随着计算机的出现并随着计算机速度和内存能力的提高, 该方法得到充分的发展. 基于分子模拟的方法可以分为确定性方法和统计性方法两种.

1. 确定性方法

确定性方法是分子动力学模型中最基础的方法, Alder 和 Wainwright[34] 提出的分子动力学方法 (MD) 是应用最广泛的一种, 该方法在一定的初始条件下, 对分子运动、分子与边界的相互作用以及分子之间碰撞的计算都是确定性的. 例如在判断碰撞发生时, 要考察两个分子的碰撞截面在同一时刻是否发生重叠, 而它们之间的相对位形给出了碰撞的命中参数, 也决定了碰撞后分子的速度. 要使这种模拟方法达到物理过程的完全再现, 就要求模拟分子的性质、数密度等与流动真实情况完全一致.

分子动力学方法需要跟踪模拟大量的分子, 因而更适合于稠密气体或者液体的模拟, 以下通过考察边长为一个分子平均自由程的立方体中的分子数来说明这点. 边长为一个分子平均自由程的立方体中的分子数为

$$N_\lambda = n\lambda^3. \tag{2.3.52}$$

根据方程 (2.1.2), 可以将方程 (2.3.52) 写成

$$N_\lambda = n\lambda^3 = \frac{1}{2\sqrt{2}\,(\pi d^2)^3\,n^2},$$

式中 d 是分子直径, 可见 N_λ 与分子数密度的平方 n^2 成反比. 如果引入标准状态 ($p_0 = 1.01325 \times 10^5 \mathrm{Pa}$, $T_0 = 273\mathrm{K}$) 下气体的数密度 $n_0 = 2.687 \times 10^{25} \mathrm{m}^{-3}$, 上式可以写成:

$$N_\lambda = \frac{1}{2\sqrt{2}\,(\pi d^2)^3\,n_0^2}\left(\frac{n_0}{n}\right)^2.$$

对于确定的分子, d 给定, N_λ 只与 n 有关. 如果取 $d = 4 \times 10^{-10}\mathrm{m}$, 则可以将上式写成

$$N_\lambda = 3856\left(\frac{n_0}{n}\right)^2. \tag{2.3.53}$$

这样, 如果用分子动力学方法考察标准状态密度下的某一问题, 应在一个立方分子平均自由程中布置 3856 个分子, 这对于空间范围为多个分子平均自由程的三维问题, 将是一件困难的事情. 但如果在 100 倍标准状态下的密度下考察同一问题, 只

需在 λ^3 体积内布置 0.3856 个分子, 或者在边长为 10λ 的立方体内布置 386 个分子, 这就相对简单了. 因此, 分子动力学方法特别适合模拟稠密气体和液体, 不适合于模拟稀疏气体.

2. 统计性方法

基于分子动力学模型的另一种方法是统计性方法, 在该方法中有两种比较常用, 一种是由 Haviland 和 Lavin[35] 发展起来的试验分子 Monte Carlo 方法, 该方法要求对于流场中每个网格的分布函数有初步估计, 而据此布置靶分子, 然后计算大量试验分子的轨迹, 考虑它们与靶分子的碰撞, 基于试验分子的轨迹再建立新的靶分子的分布. 重复此过程直至收敛, 即试验分子与靶分子的分布达到一致. 该方法由于要从设为已知的初始分布开始迭代, 并且计算时间正比于试验分子的轨道个数, 因而只局限于一维的定常流动. 另一种是直接模拟 Monte Carlo 方法, 该方法由 Bird 提出并发展起来, 经过众多研究者的共同努力已经比较成熟[36-38]. 这个方法最早用来模拟均匀气体中的松弛问题[39] 和激波结构[40], 后来发展到模拟二维、三维的几何形状较复杂的问题, 并包含了流动中复杂的物理化学过程[36,38].

3. 直接模拟 Monte Carlo(DSMC) 方法

作为统计性方法之一的 DSMC 方法与分子动力学方法一样, 在计算中追踪大量分子的运动、碰撞、内能变化等, 但是这种方法的一个特点是随机数的利用, 不仅在分子的初始位置和速度的设定上, 而且在判断分子的碰撞结果上都通过随机数来实现. 只要参数设置合适, 经过足够的采样, 就能够给出相对精确的结果, 在以往的研究中经常被用来验证高 Kn 下其他方法的计算结果[2,3]. DSMC 方法仅考虑气体中的二体碰撞, 因而仅适合于稀疏气体, 这与分子动力学方法适合于稠密气体完全不同. 在 DSMC 方法中, 用较少的模拟分子代表大量的真实分子, 在计算碰撞数和统计宏观量时考虑每个模拟分子代表的实际分子数. 该方法的关键是在一个时间步长内将分子运动和碰撞解耦, 这个方法的一个明显的优势是需要的计算量仅与分子数成正比, 而不是像分子动力学方法那样的与分子数的平方成正比.

DSMC 方法在高超音速稀薄气体里获得了广泛应用, 但是当该方法应用到同是高 Kn 数的微纳尺度低速流动时却碰到了麻烦, 因为分子速度与平均速度值之间的差异导致大的统计噪声, 使得计算量非常大.

DSMC 方法的模拟主要分为四步, 即粒子的运动、粒子索引与跟踪、碰撞模拟、流场宏观性质的取样. 图 2.3.6 给出了 DSMC 方法的基本步骤[36,41]:

(1) 模拟分子在一个时间步内的运动. 由于分子之间的碰撞运动, 要求该步骤的总体时间步长要选得比平均碰撞时间短. 一旦分子在空间前进, 其中的一些分子将与壁面发生碰撞或通过外流边界离开计算区域. 因此, 需要在这时施加边界条件,并沿固体表面获取宏观性质.

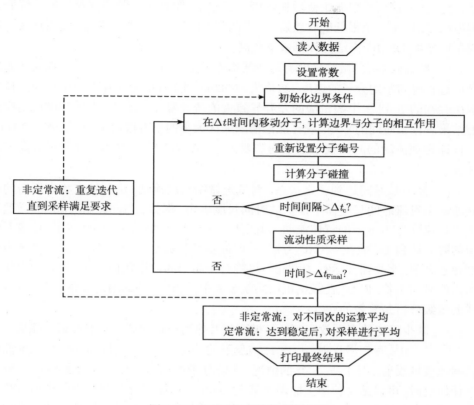

图 2.3.6 DSMC 方法的典型步骤

(2) 对粒子进行索引与跟踪. 由于在第一步中分子可能移动到一个新的单元中, 所以必须进行粒子的索引与跟踪, 对分子所在的新单元地址进行索引, 以精确地处理分子间的碰撞和对流场的采样. 这在高效率 DSMC 算法中是非常关键的一步.

(3) 通过一个随机过程模拟碰撞. 由于只模拟一小部分的分子, 且运动和碰撞过程是解耦的, 所以随机处理是必需的. 一个普遍使用的碰撞模型是 Bird 提出的与亚格子方法结合使用的非时间计数方法[42], 其中碰撞速度基于 DSMC 单元格计算, 碰撞分子对在亚格子内选择. 通过保证彼此相近分子的碰撞, 该方法提高了 DSMC 方法的精度.

(4) 流场宏观性质取样. 在一个单元格内采集流动的宏观性质, 并把这些相应的宏观值放在单元格的中心. 通过对许多独立计算结果的系综平均, 可以得到非稳态流的宏观性质, 对于稳态流动可以采用时间和空间平均.

但是, DSMC 方法用于微纳尺度低速流动时还存在如下缺点[3]:

(1) 收敛慢. DSMC 方法的误差与模拟分子数目的平方根成反比, 为使误差降低二分之一, 需要模拟分子数增加四倍. 与使用二阶或更高阶空间精度的连续介质模型相比, 这是一个很低的收敛速度. 因此, 如果连续介质假设有效, 使用连续介质模型比使用 DSMC 方法的计算效率更高.

(2) 统计噪声大. 微纳尺度流动是低速流 (从 1mm/s 到 1cm/s), 宏观流体速度是通过长时间平均分子的速度 (数值大约 500m/s) 得到. 分子速度与平均速度值之间所存在的 5 到 2 个数量级的差异导致大的统计噪声. 此外, 需要对微流动模拟的结果进行长时间的平均. 统计涨落值随采样大小的平方根而减少, 量级在 0.1m/s 的低速微观流动的时间或系综平均需要大约 10^8 次采样, 由此来分辨很低的宏观速度.

(3) 需很长时间达到稳定状态. 对低速微纳尺度流动, 达到稳定状态所需的时间通常由对流时间尺度而不是扩散时间尺度确定, 例如长 1cm、高 1μm 的微通道中平均速度为 1cm/s 的气体流动, 为能使宏观扰动从通道的入口到达出口, 需要模拟的时间达到 1s. 而在 DSMC 方法中, 时间步长一般小于 10^{-10}s, 因此在微通道达到稳态之前, 至少需要运行 10^{10} 步. 尽管对于简单的通道几何形状, 达到稳定状态所需的时间不长, 但是, 在微纳机电系统装置中, 外形复杂的通道非常普遍, 所以上述的量级分析是有效的.

(4) 缺少确定的表面效应. 分子–壁面相互作用由切向速度和温度适应系数 (σ_v, σ_T) 确定. 如果存在漫反射, $\sigma_v = 1$, 被反射的分子失去其入射切向速度, 以壁面的切向速度被反射. 对于 $\sigma_v = 0$ 的情况, 入射分子的切向速度没有改变. 对 σ_v 取其他任何值时, 可以结合使用上面两种情况. 这个壁面和边界相互作用的处理方法比壁面滑移条件更基本, 然而, 仍然缺乏最基本的包括壁面分子结构的方法来模拟分子与壁面的相互作用.

2.3.3　格子 Boltzmann 方法

如前所述, Boltzmann 方程能够描述所有尺度下的气体运动, 对 Boltzmann 方程求解的其中一种方法是格子 Boltzmann(LBM) 方法[43,44], 该方法从格子气自动机 (LGA) 发展而来, LGA 有多种模型, 如 HPP 模型[45]、FHP 模型[46]. LGA 可以视为一种简化的虚拟分子动力学模拟方法, 其空间、时间和粒子的速度都是离散的. 与真正的分子动力学方法相比, LGA 所需的储存量和计算量都大大减少. 在 LGA 中, 使用一组布尔形变量 $n_i(x,t)\,(i = 1, 2, \cdots, N)$ 表示空间点 x 处在时刻 t 是否存在以离散速度 c_i 运动的粒子. 由于在运行过程中会引入随机噪声, 模拟结果往往含有统计噪声, 为了消除噪声, McNamara 和 Zanetti[47] 提出在 LGA 中直接使用布尔变量 n_i 的统计平均量 f_i 代替 n_i 进行演化, 也就是使用格子 Boltzmann 方程代替 LGA 的演化方程进行计算, 这是最早的格子 Boltzmann 模型.

LBM 方法本质上是一种介于宏观和微观之间的模拟方法, 从理论上讲, LBM 方法可以看成是 N-S 方程差分法逼近的一种无限稳定格式. 由于 LBM 比宏观的 N-S 方程更接近微观层次, 更能反映流动的细节, 因而通常被用来研究流动的物理机制问题[44]. 近些年来, LBM 开始应用在微机电系统的气体流动模拟中[48-50]. 采用 LBM 方法模拟微纳尺度流动存在两个主要问题, 一是 LBM 并非针对 Boltzmann 方程的模拟方法, 而是基于 Boltzmann 方程的简化模型 ——BGK 方程, 因此该方法本质上不适于高 Kn 数流动的模拟, 只适用于 Kn 数小于 1 的流场[43]; 二是尽管 LBM 方法比分子动力学方法和直接模拟蒙特卡罗方法有更高的计算效率, 但却付出了物理真实性的代价. 事实上, 这种方法应该更准确地称之为提供了流体的相似物, 而不是流体模型[44,51].

在微纳尺度流动中, 经常用 LBM 方法来数值模拟流场, 所以下面简要介绍该方法.

1. 方法简介

LBM 方法使用的基本方程不是宏观尺度的经典流体力学方程, 而是基于微观尺度的 Boltzmann 方程, 该方法是对系统中的微观颗粒建立一个简化的动力模型, 经过统计平均后, 使颗粒体现出的宏观物理量满足流体动力学方程. LBM 方法的优点是避免了方程中非线性项带来的困难; 对不可压缩流场, 无需求解压力 Poisson 方程; 此外, 特别适宜于并行计算.

LBM 方法起源于格子气方法, 在格子气方法中, 布尔量 $n_i(x,t)$ 用来表示颗粒的状态, 若在 t 时刻 $\boldsymbol{x}$ 位置的 i 方向上有一颗粒, 则 $n_i(\boldsymbol{x},t) = 1$; 否则 $n_i(\boldsymbol{x},t) = 0$. 颗粒系统的演化规则为:

$$n_i(\boldsymbol{x} + \boldsymbol{e}_i, t + 1) = n_i(\boldsymbol{x},t) + \Omega_i[n_i(\boldsymbol{x},t)], \tag{2.3.54}$$

式中 $\boldsymbol{e}_i$ 是颗粒速度, $\Omega_i[n_i(\boldsymbol{x},t)]$ 是碰撞算子. 格子气方法中用 "流" 和 "碰撞" 来描述颗粒的演化, 前者指的是颗粒沿速度方向所到的最近的格点上; 后者是指当颗粒到达格点后, 由散射规则进行相互作用而交换速度.

用格子气方法计算流场时, 存在低速度限制、有非物理压力、无法定量表示宏观量的统计误差等缺陷.

2. LBM 方法的基本原理

为弥补格子气方法的缺陷, 出现了 LBM 方法, 该方法用颗粒分布函数 f_i 取代格子气中的布尔分布 $n_i^{[47]}$, 且用整体平均 $f_i = \langle n_i \rangle$ 来消除统计误差. 颗粒分布函数 f_i 的演化方程为:

$$f_i(\boldsymbol{x} + \boldsymbol{e}_i \Delta x, t + \Delta t) = f_i(\boldsymbol{x},t) + \Omega_i[f_i(\boldsymbol{x},t)], \tag{2.3.55}$$

式中 e_i 是颗粒速度, Δx 是格子宽度, Δt 是时间步长, Ω_i 是碰撞算子, 在格子上, Ω_i 需满足质量和动量守恒:

$$\sum_i \Omega_i = 0; \quad \sum_i \Omega e_i = 0. \tag{2.3.56}$$

碰撞算子 Ω_i 决定不同速度方向之间颗粒的散射率, 对一个有 n 个链接并有不动颗粒的格子, Ω_i 是一个 $2^{n+1} \times 2^{n+1}$ 的矩阵. 由于 Ω_i 包含了很多颗粒间碰撞的微观信息, 给计算带来了诸多的不便, 于是, Bhatnagar 等[52] 和 Chen 等[53] 假设颗粒的分布函数以不变的速率回复到平衡态, 将 Ω_i 简化为单弛豫时间的 GBK 碰撞项:

$$\Omega_i = -\frac{1}{\tau}(f_i - f_i^{eq}), \tag{2.3.57}$$

具有 (2.3.57) 碰撞项形式的称为 BGK 型格子 Boltzmann 方程. 式 (2.3.57) 中 τ 是弛豫时间, f_i^{eq} 是平衡态下的颗粒分布函数, 它也满足 Maxwell 分布. 对图 2.3.7 所示的正方和立方格子, f_i^{eq} 由下式给出[54]:

$$f_i^{eq} = \rho w_i \left(1 + \frac{3}{c^2} e_i \cdot \boldsymbol{u} + \frac{9}{2c^4}(e_i \cdot \boldsymbol{u})^2 - \frac{3u^2}{2c^2} \right) \quad i = 0, \cdots, n, \tag{2.3.58}$$

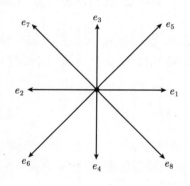

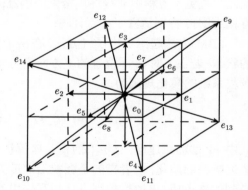

(a) D2Q9 模型   (b) D3Q15 模型

图 2.3.7   正方格子和立方格子模型

式中 $c = \Delta x/\Delta t$, w_i 是加权值.

有了颗粒分布函数 f_i, 流体的宏观密度和速度可用 f_i 表示为:

$$\rho = \sum_i f_i; \quad \boldsymbol{u} = \frac{1}{\rho} \sum_i f_i e_i. \tag{2.3.59}$$

采用 Chapman-Enskog 多尺度级数展开, 可以由格子 Boltzmann 方程推导出宏观

的流体运动方程. 首先, 对颗粒离散速度的各阶矩求和:

$$\sum_i \boldsymbol{e}_i = 0; \quad \sum_i w_i \boldsymbol{e}_i \boldsymbol{e}_i = \frac{c^2}{3} \boldsymbol{I}; \quad \sum_i \boldsymbol{e}_i \boldsymbol{e}_i \boldsymbol{e}_i = 0. \tag{2.3.60}$$

将颗粒分布函数以及函数对时间、空间的偏导数表示成 Kn 数的级数形式:

$$f_i = f_i^{(0)} + Kn f_i^{(1)} + (Kn)^2 f_i^{(2)} + \cdots$$

$$\frac{\partial}{\partial t} = Kn \frac{\partial}{\partial t_1} + (Kn)^2 \frac{\partial}{\partial t_2} + \cdots \qquad , \tag{2.3.61}$$

$$\frac{\partial}{\partial \boldsymbol{x}} = Kn \frac{\partial}{\partial \boldsymbol{x}_1} + \cdots$$

且

$$\sum_i f_i^{(k)} = 0; \quad \sum_i f_i^{(k)} \boldsymbol{e}_i = 0 \quad k > 0. \tag{2.3.62}$$

方程 (2.3.55) 对 $\Delta \boldsymbol{x}$, Δt 进行泰勒展开得:

$$f_i(\boldsymbol{x} + \boldsymbol{e}_i \Delta x, t + \Delta t) - f_i(\boldsymbol{x}, t)$$

$$= Kn \left[\frac{\partial}{\partial t} + \boldsymbol{e}_i \cdot \nabla f_i + \frac{1}{2} \boldsymbol{e}_i \cdot \nabla \left(\boldsymbol{e}_i \cdot \nabla + \frac{\partial}{\partial t} \right) + \frac{1}{2} \frac{\partial}{\partial t} \left(\boldsymbol{e}_i \cdot \nabla + \frac{\partial}{\partial t} \right) \right] f_i(\boldsymbol{x}, t)$$

$$= \Omega_i[f_i(\boldsymbol{x}, t)], \tag{2.3.63}$$

将方程 (2.3.57) 和 (2.3.61) 代入泰勒展开式 (2.3.63), 且 $f_i^{(0)} = f_i^{eq}$, 分别由 Kn 一次幂的系数项和二次幂的系数项可得:

$$\frac{\partial f_i^{eq}}{\partial t_1} + \boldsymbol{e}_i \cdot \nabla_1 f_i^{eq} = -\frac{1}{\tau} f_i^{(1)}, \tag{2.3.64}$$

$$\frac{\partial f_i^{eq}}{\partial t_2} + \frac{\partial f_i^{(1)}}{\partial t_1} + \boldsymbol{e}_i \cdot \nabla_1 f_i^{(1)} + \frac{1}{2} \frac{\partial}{\partial t_1} \left(\frac{\partial f_i^{eq}}{\partial t_1} + \boldsymbol{e}_i \cdot \nabla_i f_i^{eq} \right)$$

$$+ \frac{1}{2} \nabla_1 \cdot \left(\frac{\partial}{\partial t_1} \boldsymbol{e}_i f_i^{eq} + \nabla_1 \cdot \boldsymbol{e}_i v_i f_i^{eq} \right) = -\frac{1}{\tau} f_i^{(2)}. \tag{2.3.65}$$

方程 (2.3.64) 两边对 i 求和后将式 (2.3.59) 代入可得:

$$\frac{\partial \rho}{\partial t_1} + \nabla_1 \cdot \rho \boldsymbol{u} = 0, \tag{2.3.66}$$

将方程 (2.3.64) 的两边同乘 $\boldsymbol{e}_i$ 得:

$$\frac{\partial}{\partial t_1} \boldsymbol{e}_i f_i^{eq} + \nabla_1 \cdot \boldsymbol{e}_i \boldsymbol{e}_i f_i^{eq} = \Omega_i \boldsymbol{e}_i. \tag{2.3.67}$$

考虑方程 (2.3.58) 再结合方程 (2.3.60) 可得:

$$\sum_i f_i^{eq} \boldsymbol{e}_i \boldsymbol{e}_i = p\boldsymbol{I} + \rho\boldsymbol{u}\boldsymbol{u},\tag{2.3.68}$$

其中 $p = c^2\rho/3$, 将式 (2.3.67) 对 i 求和得:

$$\frac{\partial(\rho\boldsymbol{u})}{\partial t_1} + \nabla_1 \cdot (\rho\boldsymbol{u}v) + \nabla_i \cdot (p\boldsymbol{I}) = 0.\tag{2.3.69}$$

式 (2.3.65) 对 i 求和, 由式 (2.3.62)、式 (2.3.64)、式 (2.3.69) 得:

$$\frac{\partial\rho}{\partial t_2} = 0,\tag{2.3.70}$$

该式两边同乘 e_i 可得:

$$\frac{\partial(f_i^{eq}\boldsymbol{e}_i)}{\partial t_2} + \frac{\partial(f_i^{(1)}\boldsymbol{e}_i)}{\partial t_1} + \boldsymbol{e}_i\boldsymbol{e}_i \cdot \nabla_1 f_i^{(1)} + \frac{1}{2}\frac{\partial}{\partial t_1}\left(\frac{\partial(f_i^{eq}\boldsymbol{e}_i)}{\partial t_1} + \boldsymbol{e}_i \cdot \nabla_1(f_i^{eq}\boldsymbol{e}_i)\right)$$
$$+ \frac{1}{2}\nabla_1 \cdot \left(\frac{\partial(\boldsymbol{e}_i\boldsymbol{e}_i f_i^{eq})}{\partial t_1} + \nabla_1 \cdot \boldsymbol{e}_i\boldsymbol{e}_i\boldsymbol{e}_i f_i^{eq}\right) = -\frac{1}{\tau}f_i^{(2)}\boldsymbol{e}_i.\tag{2.3.71}$$

由前面的定义可知上式左边第二、四项和右边项为 0, 再由方程 (2.3.64) 将时间导数化为空间导数, 且

$$\sum_i \boldsymbol{e}_i\boldsymbol{e}_i \cdot \nabla_1 f_i^{(1)} = -\tau[\nabla_p(\rho\boldsymbol{u}_q) + \nabla_q(\rho\boldsymbol{u}_p)],$$

该式对 i 求和有:

$$\frac{\partial(\rho\boldsymbol{u}_q)}{\partial t_2} = v\nabla_q \cdot [\nabla_q(\rho\boldsymbol{u}_q) + \nabla_q(\rho\boldsymbol{u}_p)],\tag{2.3.72}$$

式中流体的黏性系数 $\nu = c^2(\tau-0.5)/3$. 可见方程 (2.3.66)、(2.3.69)、(2.3.70)、(2.3.72) 组成了流体运动的连续性方程和运动方程:

$$\frac{\partial\rho}{\partial t} + \nabla \cdot \rho\boldsymbol{u} = 0,\tag{2.3.73}$$

$$\frac{\partial(\rho\boldsymbol{u}_p)}{\partial t} + \nabla_q \cdot (\rho\boldsymbol{u}_q\boldsymbol{u}_q) = -\nabla_q p + v\nabla_q \cdot [\nabla_q(\rho\boldsymbol{u}_q) + \nabla_q(\rho\boldsymbol{u}_p)].\tag{2.3.74}$$

在后面的计算中, 取式 (2.3.55) 中的 $\Delta x = \Delta t = 1$, 综合式 (2.3.55) 和式 (2.3.57) 就得:

$$f_i(\boldsymbol{x} + \boldsymbol{e}_i, t+1) = f_i(\boldsymbol{x}, t) - \frac{1}{\tau}[(f_i(\boldsymbol{x}, t) - f_i^{eq}(\boldsymbol{x}, t))].\tag{2.3.75}$$

3. 格子速度矢量分类

就指向而言, 格子的速度矢量可分为三类, 第一类指向坐标轴方向, 第二类指向对角线方向, 第三类指向格点本身. 对 D2Q9 格子模型, 第一类和第二类速度矢量分别有四个. 对 D3Q15 格子模型, 第一类和第二类速度矢量分别有六个和八个. D2Q9 格子模型和 D3Q15 格子模型的第三类速度矢量都只有一个. 把速度方向记做 $e_{\sigma i}$, D2Q9 和 D3Q15 模型的速度矢量如表 2.3.1 和表 2.3.2 所示.

表 2.3.1 D2Q9 格子的速度矢量表

σ	i	$e_{\sigma i}$	σ	i	$e_{\sigma i}$
0	1	(0, 0)	2	1	(1, 1)
1	1	(1, 0)	2	2	(−1, −1)
1	2	(−1, 0)	2	3	(−1, 1)
1	3	(0, 1)	2	4	(1, −1)
1	4	(0, −1)			

表 2.3.2 D3Q15 格子的速度矢量表

σ	i	$e_{\sigma i}$	σ	i	$e_{\sigma i}$
0	1	(0, 0, 0)	2	1	(−1, −1, −1)
1	1	(1, 0, 0)	2	2	(1, 1, 1)
1	2	(−1, 0, 0)	2	3	(−1, −1, 1)
1	3	(0, 1, 0)	2	4	(1, 1, −1)
1	4	(0, −1, 0)	2	5	(−1, 1, −1)
1	5	(0, 0, 1)	2	6	(1, −1, 1)
1	6	(0, 0, −1)	2	7	(1, −1, −1)
			2	8	(−1, 1, −1)

对应格子速度的分类, 平衡态函数 (2.3.58) 可简写为:

$$f_{\sigma i}^{eq} = \rho w_\sigma \left(1 + 3e_i \cdot \boldsymbol{u} + \frac{9}{2}(e_i \cdot \boldsymbol{u})^2 - \frac{3}{2}u^2 \right), \quad \sigma = 0, 1, 2.$$

二维 D2Q9 模型的 $w_0 = 4/9, w_1 = 1/9, w_2 = 1/36$; 三维 D3Q15 模型的 $w_0 = 2/9, w_1 = 1/9, w_2 = 1/72$. 可见同类的速度矢量方向, 平衡态函数具有相同的权值.

4. 边界条件

LBM 方法是从微观角度给出分布函数的边界条件, 并且对应的宏观性质也要满足宏观流动的边界条件.

对固壁边界而言, 反弹模型是简单、易行、常用的模型, 该模型源于格子气方法[55], 是指在壁面格子上流向壁面的颗粒按原方向返回, 该模型对应的宏观速度满足壁面上的无滑移条件. 后来, 为更好地满足无滑移条件, 选取了壁面作为边界点和非边界点链接的中点[56]; 而 Ziegler[57] 也对反弹边界条件进行了改进, 得到了更高的精度. 然而, 反弹边界条件只有一阶精度, 为此, Skordos[58] 提出了二阶精度的边界条件, 虽使计算精度得到提高, 但在计算诸如较高马赫数的流场时, 计算会出现不稳定. Zou 和 He[59] 则假定分布函数的非平衡态部分在边界上满足反弹规律, 对反弹模型进行了改进.

周期性边界条件是 LBM 方法中经常用到的边界条件, 该条件直接作用在流体颗粒的分布函数上, 用来求解给定方向上的流动不变性以及代替流向的进出口条件.

边界条件通常指的是压力和速度条件, 一般情况下, 如果要求同时满足所有的压力和速度条件, 会导致约束过多. 所以往往在固壁上只指定速度边界条件, 入口和出口上的法向速度不指定, 一般采用压力边界条件.

2.4　微纳尺度流动的实验测试技术

对微纳尺度流场的深入研究和探讨, 离不开足够高空间分辨率和高精度的实验仪器与技术的发展. 微纳尺度流场的实验研究具有挑战性, 一是流动特征尺度小, 测量用的传感器要比被测量的微器件小, 制作上很困难; 二是流动的动量和能量非常小, 为使测量不会过大地干扰流动本身, 传感器和流动之间的动量和能量交换要求很小, 而且流动实验的影响因素过多并难以预料, 又缺乏有力的理论指导. 由于微纳尺度流场实验研究的难度很大, 以至出现了一些实验结果不一致的情况[60]. 尽管这样, 微纳尺度流场的实验研究还是取得很大进展, 并取得了一些重要的成果.

微纳尺度流场的实验研究一般分为流动参数的测量和流动显示, 以下在分析实验影响因素的基础上, 对其分别进行讨论.

2.4.1　影响微纳尺度流场实验的因素

与宏观流体实验相比, 影响微纳尺度流场实验的因素很多, 这其中涉及力学、材料学、表面物理和化学等多个学科. 目前对微纳尺度流场实验的主要影响因素还没有确切的结论, 也没有相应的实验标准. 但从目前的实验结果分析, 可以认为以下一些因素对实验结果有重要影响.

1. 实验试件的性能

当流动的特征尺度减小至微纳米量级时, 管道的表面积与体积之比大大增加, 表面效应在流体流动中起主要作用, 实验试件的性能对实验结果有重要影响[61]. 微纳尺度流动的实验结果与所用管道的管壁材料和横截面形状有关[62]. 图 2.4.1 和图 2.4.2 分别是玻璃圆截面管道和硅梯形截面管道中液体流动的流动阻力系数 f 与雷诺数的关系曲线, 从中可以看出两者的实验结果有明显的差异, 除了实验测量的误差外, 这种差异还是由于材料和横截面形状的表面效应影响不同造成的. 此外, 实验试件的管道表面性质如表面粗糙度和表面的化学性质, 也对流体的流动有一定影响. 这些影响很难定量地预测或消除, 这给实验增加了难度.

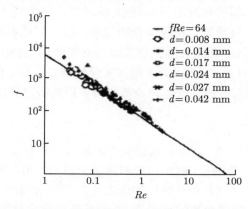

图 2.4.1 玻璃圆管道液体流动的流动阻力系数与雷诺数的关系

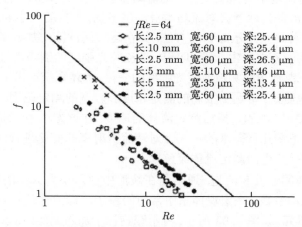

图 2.4.2 硅梯形截面管道液体流动的流动阻力系数与雷诺数的关系

微纳尺度流动实验研究所需的试件一般采用毛细管或利用微机械技术制作的管道, 后者一般利用平面光刻和各向异性腐蚀在硅片上制作管道, 然后采用阳极键合技术用玻璃将管道封闭起来.

2. 流体的性质

由于尺度效应和表面效应的影响, 流体的性质对微纳尺度流动行为也有重要的影响. 所谓流体性质的影响, 一方面是指实验流体与假设的理想流体的差异, 如流体中杂质的含量. 由于微纳尺度流动尺度很小, 要取得重复性很好的实验结果, 就必须保证实验流体具有足够高的纯度, 且实验过程中尽量减少人为的污染. 另一方面, 流体性质的影响是指微纳尺度的流动行为与流体本身的微观组成有关, 如极性和非极性液体流动中表观黏度的表现就不同[63], 与此相关的各种效应并没有包括在经典的连续介质模型的理论中, 但可能对流动行为产生较大的影响, 如分子旋转产生的微转动效应在处理聚合物或聚合物的悬浮微粒时就显得很重要.

由上面的讨论可见, 微纳尺度流动实验与宏观流体实验相比, 对实验环境等条件要求更苛刻, 并具有不确定性. 为了增加实验的重复性和可信度, 从实验方法、实验装置和试件、流体前处理到流体理论都有很多问题需要解决.

2.4.2 流动参数测量

微纳尺度流动的压差、温度和流量等的测量有三种方法, 第一种是采用管道与宏观测量仪器结合进行测量, 例如压差和流量的测量. 第二种是采用微机械技术, 在管道中集成各种流体测量的传感器如压力传感器[64] 和温度传感器[65]. 上述两种方法中, 前一种只能测量参数的平均值, 不能反映局部参数的瞬时变化; 后一种方法虽然可以测得流场中某点或某几点的流动参数的变化, 但却不能显示流动参数的全场分布, 而且流动传感器会对流场本身产生干扰, 干扰的大小和造成的影响无法准确估计. 第三种是采用示踪物的方法, 如在运行缓冲液中加入荧光染料, 利用门控光漂白方法在液流中产生一段 "印记"(液流荧光强度的倒峰信号), 然后在与其相距一定距离的下游通道检测液流荧光强度的变化, 上述系统被用于电渗流驱动下较稳定的内液流速测定, 可达到很高的测定精度和较宽的测定范围; 还有利用干涉反向散射检测器测定热变化, 然后测定流体的速度, 在该方法中, 对液流的某一区段进行加热, 在其下游几百微米的距离上对液流折射率的变化进行测试, 由此检测液流微小的温度变化, 进而测定流体流速.

为获得流体的速度和流型, 通常是在液流中引入不同大小的微粒作为示踪粒子, 测量流体流动参数. 在宏观体系中常用的粒子成像流速仪, 也被应用于微纳尺度流动的实验研究. 如图 2.4.3 所示, 将示踪物粒子加入流体中, 以高速摄像装置如CCD 照相机连续拍摄流场, 通过对比在一定时间间隔内示踪粒子位置的变动, 可得到有关流体流动的信息, 其结果具有良好的精度和空间分辨率.

在用微粒作为示踪粒子测量流动参数的研究中, 示踪物的选择正趋于多样化, 如采用单分子荧光相关光谱法 (FCS), 以单分子荧光物质 —— 四甲基罗丹明生物分子作为示踪物, 测量微纳尺度通道内流体的流型. FCS 的特点是具有高度的空间分辨能力和达到毫秒级的极短测定时间. 在压力驱动流中, 液体中含 10^{-10}mol/L 的示踪物, 利用共焦荧光显微镜, 检测单分子示踪物在通过由 Ar 离子激光器发射的激光光束聚集形成的 1fL 体积单元中所发出的荧光信号, 经过对信号的处理, 可获得化学反应速度、扩散速度和流动速度等方面的信息. 图 2.4.4 是用以上方法在垂直和水平方向以 1μm 步长对 50μm×50μm 通道进行扫描的结果, 图中给出的是流型[66], 可见在两个方向上, 流型均呈抛物线型, 符合压力驱动层流的流型.

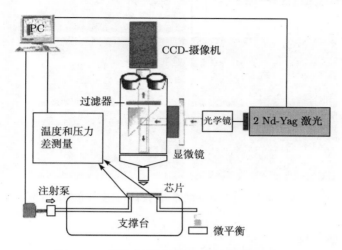

图 2.4.3 微纳尺度流动实验测量装置示意图

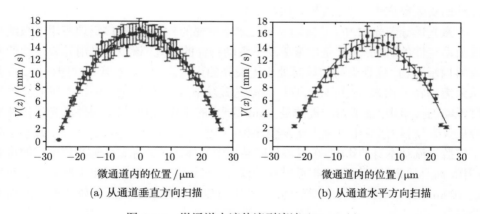

(a) 从通道垂直方向扫描

(b) 从通道水平方向扫描

图 2.4.4 微通道内液体流型流速 (15mm/s)

微纳尺度流动的温度测试对微流控系统具有重要意义. 目前, 温度的测定通常采用外部测定的方法, 操作虽较为简便, 但由于体系内外温度存在差异, 使其准确度不高. Ross[67] 等采用热敏荧光染料作为示踪物, 测量微通道内的流体温度, 该方法的特点是对仪器设备要求不高, 只需标准的荧光显微镜和 CCD 照相机, 对微通道内流体温度的测试, 在空间上的分辨率为 1μm. 时间上的分辨率为 30ms. 该系统被用于电渗驱动微通道内流动焦耳热的测试, 测试结果如图 2.4.5 所示, 对温度的测试范围为室温至 90°C, 测定精度为 0.03~ 3.5°C.

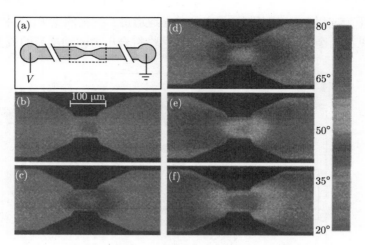

图 2.4.5　电渗驱动微通道内流体温度分布的测试

2.4.3　流动显示技术

流动显示技术在常规尺度流体力学实验研究中占有很重要的地位, 在微纳尺度流动的实验研究中, 也逐渐显示出其生命力.

激光诱导荧光 (LIF) 是流动显示技术中重要的一种, 已被广泛地应用于微纳尺度流动特性的研究, 尤其是电渗驱动下流动特性的研究. 该技术采用光敏化的荧光染料做示踪物, 这种染料初始时处于无荧光的束缚态, 当受到紫外线照射时, 就会从束缚态释放出来, 在可见光波长的激光激发下发出荧光. 在用 LIF 研究微纳尺度流动的实验中, 最值得一提的是 Paul 等[68] 的工作, 他们利用紫外激光选择性地释放荧光染料, 然后用可见光激发荧光染料, 并通过 CCD 成像, 从而大大减小了分子扩散对流动本身的影响, 可以得到微结构中液体流动的标量传输和速度场的可靠图像, 而且该方法可以用于扩散过程的研究. Pual 等以此得到了压力驱动流体在通过 100μm 的毛细管时的速度剖面, 从图中可以清楚地观察到压力驱动的速度剖面随时间的变化.

粒子成像测速 (PIV) 技术, 在不断提高分辨率和灵敏度的基础上, 也被用于微纳尺度流动特性的研究, 此时所用的示踪物粒子尺寸要比一般的可见光波长小. PIV 的实验原理图如图 2.4.6 所示, 一般的弹性散射技术很难成像粒子, 而需要采用非弹性散射技术, 例如椭圆荧光技术. 第一次成功的微尺度流动 PIV 实验是由 Santiago 等[69] 完成的, 他们采用直径为 300nm 的聚苯乙烯粒子为示踪物, 测量的空间分辨率在流向、径向和周向上分别为 6.9μm、6.9μm 和 1.5μm. Meinhart[70] 等进一步发展了该技术, 采用直径为 200nm 的聚苯乙烯粒子为示踪物, 使速度场的空间分辨率达到 13.6μm、0.9μm 和 1.8μm, 管壁法向速度向量的间距达到 450nm. 这可能是目前为止空间分辨率最高的 PIV 实验技术. 这种测量技术的空间分辨率和精度主要受到记录光学系统的衍射限制和示踪物的尺寸限制.

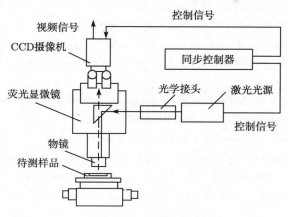

图 2.4.6 PIV 实验原理图

即使采用非弹性散射技术, 可见光波长也只适用于透明器件中流动的测量和显示. 对于像硅结构这样的不透明结构, 内部流动的显示与测量则需要应用其他波长的光. 通常采用同步回旋加速器产生的波长为 0.62 Å 的 X 射线, 这种波长的光可以显示硅结构内部的流动.

流动显示技术是一种非接触式的实验技术, 对流场的干扰最小, 特别适合于微纳尺度流动的实验研究. 但是, 流动显示技术用于定量的流场测量还有很多理论和技术问题没有解决, 需要进一步的探索.

参 考 文 献

[1] Chapman S, Cowling T G. The mathematical theory of non-uniform gases [M]. Cambridge: Cambridge University Press, 1970.

[2] Agarwal R K, Yun K Y, Balakrishnan R. Beyond Navier-Stokes: Burnett equations for flows in the continuum-transition regime[J]. Physics of Fluids, 2001, 13(10): 3061–3085.

[3] Karniadakis G E, Beskok A. Microflows: fundamentals and simulation [M]. New York: Springer-Verlag, 2002.

[4] Maxwell J C. On stresses in rarefied gases arising from inequalities of temperature [J]. Philosophical Transactions of the Royal Society, 1879, 170: 231–256.

[5] Smoluchowski M. Veder warmeleitung in verdumteu gasen [J]. Annalen der Physik and Chemie, 1898, 64: 101–130.

[6] Kennard E H. Kinetic Theory of Gases[M]: New York: McGraw-Hill, 1938.

[7] Arkilic E B, Schmidt M A, Breuer K S. Gaseous slip flow in long microchannels [J]. Journal of Microelectromechanical Systems, 1997, 6(2): 167–178.

[8]   Beskok A, Karniadakis G E. A model for flows in channels, pipes, and ducts at micro and nano scales [J]. Microscale Thermophysical Engineering, 1999, 3(1): 43–77.

[9]   Zohar Y, Lee S Y K, Lee W Y, Jiang L, TONG P. Subsonic gas flow in a straight and uniform microchannel [J]. Journal of Fluid Mechanics, 2002, 472: 125–151.

[10] Chen C S. Numerical analysis of heat transfer for steady three-dimensional compressible flow in long microchannels [J]. Journal of Enhanced Heat Transfer, 2005, 12(2): 171–188.

[11] Ho C M, Tai Y C. Micro-electro-mechanical-systems(MEMS) and fluid Flows[J]. Annual Review of Fluid Mechanics, 1998, 30: 579–612.

[12] GAD-EL-HAK M. The fluid mechanics of microdevices - The freeman scholar lecture[J]. Journal of Fluids Engineering-Transactions of the ASMA, 1999, 121(1): 5–33.

[13] Sherman F S. Viscous flow [M]. New York: McGraw-Hill, 1990.

[14] Panton R L. Incompressible flow [M]. Second Edition, New York: Wiley-Interscience, 1996.

[15] GAD-EL-HAK M. Questions in fluid mechanics: Stokes' hypothesis for a newtonian isotropic fluid [J]. ASME J of Fluid Engineering, 1995, 117: 3–5.

[16] Schaaf S A, Chambre P L. Flow of rarefied gas, part H of fundamentals of gas dynamics [M]: New Jersey: Princeton University Press, 1958.

[17] Ford J, Foch G W. The dispersion of sound in monoatomic gases [C]. Studies in Statistical Mechanics, North-Holland, Amsterdam, 1970.

[18] Fiscko K A, Chapman D R. Comparison of Burnett, super-Burnett and Monte Carlo solutions for hypersonic shock structure[C]. Proceedings of the 16th International Symposium on Rarefied Gas Dynamics, 1988.

[19] Arkilic E B. Measurement of the mass flow and tangential momentum accommodation coefficient in silicon micromachined channels [D]. Ph. D. thesis, Massachusetts: Massachusetts, Institute of Technology, 1997.

[20] Arkilic E B, Schmidt M A, Breuer K S. Gaseous slip flow compressible in long microchannels [J]. Journal of Microelectromechanical Systems, 1997, 6: 67–178.

[21] Vargo S E, Muntz E P. A simple micromechanical compressor and vacuum pump for flow control and other distributed applications [J]. Proceedings of the 29th AIAA Fluid Dynamics Conference, Paper 1996, 96–0310.

[22] Beskok A. Simulation of heat and momentum transfer in complex micro- geometries [D]. M. Sc. Thesis, Princeton, New Jersey: Princeton University, 1994.

[23] Beskok A. Simulations and models of gas flows in microgeometries [D]. Ph.D. thesis, Princeton, New Jersey, Princeton University, 1996.

[24] Beskok A, Karniadakis G E, Trimmer W, Rarefaction and compressibility effects in gas Microflows [J]. ASME J. of fluid engineering, 1996, 118: 448–456.

[25] Arkilic E B, Schmidt M A, Breue, K S. Slip flow in microchannels [M]. Rarefied Gas Dynamics 19, Harvey J, Lord G. eds., Oxford, United kingdom: Oxford University Press, 1995.

[26] Harley J C, Huang Y, Bau H H, Zemel J N. Gas flow in microchannels [J]. Journal of Fluid Mechanics, 1995, 284: 257–274.

[27] Liu J, Tai Y C, Pong K, Ho C M. MEMS for pressure distribution studies of gaseous flows in microchannels [C]. Proceedings IEEE Micro Electro Mechanical Systems, NY, 1995, 209–215.

[28] Shih J C, Ho C M, Liu J, Tai Y C. Monatomic and Polya-cooltomic gas flow through uniform microchannels [J]. Applications of Microfabrication to Fluid Mechanics, ASME DSC, 1996, 59: 197–203.

[29] Pfahler J, Harley J, Bau H, Zemel J N. Liquid transport in micron and submicron channels [J]. Sensors and Actuators A, 1990, 21–23: 431–434.

[30] Pfahler J. Liquid transport in micron and submicron size channels [D]. Ph.D. thesis, Philadelphia, Pennsylvania, University of Pennsylvania, 1992.

[31] Gee M L, Mcguiggan P M, Israelachvili J N, Homola A M. Liquid to solidlike transitions of molecularly thin films under shear [J]. Journal of Chemical Physics, 1990, 93: 1895–1906.

[32] Thompson P A, Troian S M. A general boundary condition for liquid flow at solid surfaces [J]. Physical Review Letters, 1997, 63: 766–769.

[33] Fang Y C. Parallel simulation of microflows by DSMC and Burnett equations [D]. Ph. D. thesis, Western Michigan University, 2003.

[34] Alder B J, Wainwright T E. Phase transition for a hard sphere system [J]. Journal of Chemical Physics, 1957, 27: 1208–1209.

[35] Haviland J K, Lavin M L. Applications of the Monte Carlo method to heat transfer in a rarefied gas [J]. Physics of Fluids, 1962, 5: 1399–1405.

[36] Bird G A. Molecular gas dynamics and the direct simulation of gas flows [M]. New York: Oxford University Press, 1994.

[37] Alexander F J, Garcia A L. The direct simulation Monte Carlo method [J]. Computers in Physics, 1997, 11(6): 588–593.

[38] Oran E S, Oh C K, Cybyk B Z. Direct simulation Monte Carlo: recent advances and applications[J]. Annual Review of Fluid Mechanics, 1998, 30: 403–441.

[39] Bird G A. Approach to translational equilibrium in a rigid sphere gas [J]. Physics of Fluids, 1963, 6: 1518–1519.

[40] Bird G A. Shock wave structure in a rigid sphere gas [J]. Rarefied Gas Dynamics, 1965, 1: 216–222.

[41] Bird G A. Molecular gas dynamics[M]. New York: Oxford University Press, 1976.

[42] Bird G A. Perception of numerical methods in rarefied gas dynamics [J]. Progress in Aeronautics and Astronautics, 1989, 118: 211–226.

[43] Chen S, Doolen G. Lattice Boltzmann method for fluid flows [J]. Annual Review of Fluid Mechanics, 1998, 30: 329–364.

[44] Wolf G D A. Lattice-gas cellular automata and lattice Boltzmann models [M]. Berlin Heidelberg: Springer-Verlag, 2000.

[45] Hardy J, DE Pazzis O, Pomeau Y. Molecular dynamics of a classical lattice gas: Transport properties and time correlation functions [J]. Physical Review A ,1976, 13: 1949–1961.

[46] Frisch U, Hasslacher B, Pomeau Y. Lattice-gas automata for the Navier-Stokes equations [J]. Physics Review Letter, 1986, 56: 1505–1508.

[47] Mcnamara G R, Zanetti G. Use of the Boltzmann equation to simulate lattice-gas automata [J]. Phys. Rev. Lett., 1988, 61: 2332–2335.

[48] Nie X, Doolen G D, Chen S. Lattice-Boltzmann simulations of fluid flows in MEMS [J]. Journal of Statistical Physics, 2002, 107: 279–289.

[49] Lim C Y, Shu C, Niu X D, Chew Y T. Application of lattice Boltzmann method to simulate microchannel flows [J]. Physics of Fluids, 2003, 14(7): 2299–2308.

[50] Tang G H, Tao W Q, He Y L. Gas flow study in MEMS using Lattice Boltzmann method [C]. The First International Conference on Microchannels and Minichannels, Rochester, New York, 2003.

[51] Sauro S. The lattice Boltzmann equation for fluid dynamics and beyond [M]: New York: Oxford University Press, 2001.

[52] Bhatnagar P L, Gross E P, Krook M. A model for collision processes in gases. I: small amplitude processes in charged and neutral one-component system [J]. Phys. Rev., 1954, 94: 511–525.

[53] Chen S, Chen H, Martinez D, Matthaeus W. Lattice Boltzmann model for simulation of magneto- hydrodynamics [J]. Phys. Rev. Lett., 1991, 67: 3376–3380.

[54] Chen H D, Chen S Y, Matthaeus M H. Recovery of the Navier-Stokes equations using a lattice-gas Boltzmann method [J]. Phys. Rev. A, 1992, 45: 5339–5342.

[55] Wolframe S. Cellular automaton fluids. I: Basic theory [J]. J. Stat. Phys., 1986, 45: 471–526.

[56] Cornubert R, D'humières D, Levermore D. A Knudsen layer theory for lattice gases [J]. Physica D, 1991, 47: 241–259.

[57] Ziegler D P. Boundary condition for lattice Boltzmann simulation [J]. J. Stat. Phys., 1993, 71: 1171–1180.

[58] Skordos P A. Initial and boundary conditions for the lattice Boltzmann method [J]. Phys. Rev. E, 1993, 48: 4823–4842.

[59] Zou Q, He X. On pressure and velocity boundary conditions for the lattice Boltzmann BGK model [J]. Phys. Fluids, 1997, 9: 159–168.

[60] Papautsky I, Brazzle J, Ameel T. Laminar fluid behavior in microchannels using micropolar fluid theory [J]. Sensors and Actuators A: Physical, 1999, 71(1-2): 101–108.

[61] GAD-EL-HAK M. The Fluid mechanics of microdevices-the Freeman Scholar Lecture [J]. Journal of Fluids Engineering, 1999, 121: 39–72.

[62] Debye P, Cleland R L. Flow of liquid hydrocarbons in porous medium [J]. Journal of Applied Physics, 1995, 30(4): 843–849.

[63] Liu J, Tai Y C, Pong K. Micromachined channel/pressure sensor systems for micro flow studies [C]. Transducers'93, FT Landerdalc, F L 1993, 2: 995–999.

[64] Pong K C, Ho C M, Liu J. Nonlinear pressure distribution in uniform microchennels [J]. ASME FED, 1994, 197: 51–56.

[65] Zohar Y. Jiang L, Wong M. Microchannels with integrated temperature sensor [J]. Bull Am Phys Soc, 1996, 41(9): 1790–1796.

[66] Gosch M, Blom H, Holm J, Heino T, Rigler R. Hydrodynamic flow profiling in microchannel structures by single molecule fluorescence correlation spectroscopy [J]. Anal. Chem., 2000, 72: 3260–3265.

[67] Ross D, Gaitam M, Locascio E. Temperature measurement in microfluidic systems using a temperature-dependent fluorescent [J]. Dye. Anal. Chem., 2001, 73: 4117–4123.

[68] Paul P H, Carguilo M C, Rakestraw D J. Imaging of pressure and electrokinetically driven flows through open capillaries [J]. Anal. Chem., 1998, 70(13): 2459–2467.

[69] Santiago J G, Wereley S T, Meinhart C D, Beebee B J, Adrian R J. PIV system for microfluidics flow [J]. Experiments in Fluids, 1998, 25(4): 316–319.

[70] Meinhart C D, Wereley S T, Santiago J G. PIV measurements of a micro-channel flow [J]. Experiments in Fluids, 1999, 27(5): 414–419.

第三章 Burnett 方程及稳定性分析

Burnett 方程是 Boltzmann 方程的二阶近似, 能够描述稍微偏离热力学平衡的稀薄气体运动. 在最近十几年, Burnett 方程获得了越来越多的应用. 本章首先简要介绍 Burnett 方程的历史, 接着给出了各种二维 Burnett 方程的具体表达式, 并采用线性小扰动理论分析各种一维 Burnett 方程的稳定性.

3.1 Burnett 方程

1935 年, Burnett 对 Boltzmann 方程采用 Chapman-Enskog 展开[1], 获得了应力张量和热通量项偏离平衡态本构关系的二阶近似, 由二阶近似的本构关系构成的这些方程被认为是原始 Burnett 方程. 1939 年, Chapman 和 Cowling[2] 通过将欧拉方程中的速度和温度的随体导数用空间导数来代替, 然后代入原始 Burnett 方程中, 得到常规 Burnett 方程, 后来 Wang-Chang[3] 对常规 Burnett 方程做了修正. 钱学森[4] 分析了 Burnett 方程二阶项与一阶项的比值, 指出对于高马赫数下的滑流区域, 应采用 Burnett 方程. 此后一段时间, 将 Burnett 方程应用于高超声速流动的进展不是十分顺利. Burnett 方程非常复杂, 处理起来比较困难, 对于适合于 Burnett 方程的边界条件提法也没有一个普遍接受的形式, 而理论和实验结果有时也给出 Navier-Stokes(N-S) 方程优于 Burnett 方程的结论, 这使得不少学者曾经认为 Burnett 方程不适合描述较高 Kn 数的稀薄气体运动[5-7].

1988 年, Fiscko 和 Chapman[8] 采用非定常的常规 Burnett 方程求解了高超音速激波问题, 通过与直接模拟 Monte Carlo(DSMC) 方法模拟结果的比较, 他们发现, 由 Burnett 方程比由 N-S 方程得到的结果与由 DSMC 得到的结果更接近. 因此, 他们认为在高马赫数时, Burnett 方程比 N-S 方程能更好地描述正激波问题. 然而, Fiscko 和 Chapman 发现, 当计算网格比气体分子平均自由程小时, Burnett 方程就变得不稳定. 这个稳定性问题其实早在 1982 年就已被 Bobylev[9] 发现, 他指出线性化的 Burnett 方程对小于特定波长的扰动是不稳定的. Comeaux 等人[10] 认为在高 Kn 数时, Burnett 方程违背了热力学第二定律, 从而导致了 Burnett 方程的不稳定. Jin 和 Slemrod[11] 也认为, Burnett 方程与热力学定律不相容, 从而对于小扰动不稳定.

Fiscko 和 Chapman 的研究使人们改变了 Burnett 方程似乎是无用的看法, 许多学者开始重新关注 Burnett 方程的求解. Zhong 等[12] 证明了 Burnett 方程对于小波长的扰动是不稳定的, 并认为这是数值求解 Burnett 方程遇到困难的原因. 进而他们发现, 通过在常规 Burnett 方程中增加超 Burnett 方程中的线性三阶项后, 可以使方程在一维线性稳定性分析中是稳定的. 这组方程被称为增广 Burnett 方程, 方程中三阶项的系数通过稳定性分析来确定. Zhong 等[12−13] 把增广 Burnett 方程应用于高速稀薄气体钝体绕流问题, 得到了比用 N-S 方程更好的与 DSMC 方法较符合的结果. Zhong 和 Furumoto[14] 把二维增广 Burnett 方程扩展到轴对称情形, 在求解球形钝体绕流中, 也发现 Burnett 方程能得到更好的结果. Agarwal 等[15−17] 的计算也表明, 增广 Burnett 方程在连续–过渡区是稳定的, 并且比 N-S 方程精确.

为了克服常规 Burnett 方程存在的困难, Balakrishnan 和 Agarwal[18−20] 推导了一种新的 Burnett 方程, 他们称之为 BGK Burnett 方程. Boltzmann 方程中碰撞积分项的高非线性本质是推导高阶速度分布函数时遇到的最大困难, 这个困难可以通过采用 Bhatnagar-Gross-Krook (BGK) 形式来表示碰撞积分项而得到解决[21]. 通过这种方法得到的 BGK Burnett 方程, 除了原来常规 Burnett 方程的项之外, 还包括一些类似于超 Burnett 方程的项. 这个方程被认为是熵相容的, 并且满足 Boltzmann H 定理. 通过一维线性稳定性分析可以知道, 这类方程也是无条件稳定的.

近十年来, Burnett 方程逐渐被用来模拟微尺度引起的稀薄气体流动, 其中平板间的 Couette 流最开始被关注. Xue 等[22,23] 采用 Burnett 方程研究了 Couette 流的流动和传热特性, 并与用 DSMC 方法得到的结果作了比较. Lockerby 和 Reese[24] 成功地获得了 $Kn \leqslant 1$ 时 Couette 流的收敛解, 在计算中他们采用了一阶滑移边界条件. 平板间压力驱动的 Poiseuille 流动是另外一种基本流动, 最近也有不少人采用 Burnett 方程来模拟 Poiseuille 流的流动和传热问题[16,25−27], 模拟得到的速度剖面等结果与用 DSMC 得到的结果符合很好.

3.2　二维增广 Burnett 方程

通过在常规 Burnett 方程的相应项中增加超 Burnett 方程的线性三阶项所得到的方程称为增广 Burnett 方程, 该方程在一维线性稳定性分析中是无条件稳定的. 许多学者采用增广 Burnett 方程模拟了稀薄气体流动, 获得了较好的结果. 二维非定常可压缩黏性流动的增广 Burnett 方程, 在笛卡尔坐标系下可以写成如下形式:

$$\frac{\partial \boldsymbol{Q}}{\partial t} + \frac{\partial \boldsymbol{E}}{\partial x} + \frac{\partial \boldsymbol{F}}{\partial y} = 0, \tag{3.2.1}$$

其中

$$Q = \begin{bmatrix} \rho \\ \rho u \\ \rho v \\ e_t \end{bmatrix}, \quad E = \begin{bmatrix} \rho u \\ \rho u^2 + p + \sigma_{11} \\ \rho u v + \sigma_{12} \\ (e_t + p)\, u + \sigma_{11} u + \sigma_{12} v + q_1 \end{bmatrix}, \quad F = \begin{bmatrix} \rho v \\ \rho u v + \sigma_{21} \\ \rho v^2 + p + \sigma_{22} \\ (e_t + p)\, v + \sigma_{21} u + \sigma_{22} v + q_2 \end{bmatrix},$$

$$\tag{3.2.2}$$

式中 u 和 v 是速度分量, ρ 是密度, p 是压力, σ_{ij} 是应力分量, q_i 是热量, e_t 是单位质量的总能, $e_t = \rho C_V + \rho \left(u^2 + v^2 \right) / 2$.

在热力学平衡态附近, 气体的本构关系可以通过 Chapman-Enskog 展开从 Boltzmann 方程推导得到[2], 将速度分布函数 f 展开为正比于 Kn 数的幂级数后可得 (在所考虑的问题中 Kn 数小于 1):

$$f = f^{(0)} + f^{(1)} + f^{(2)} + \cdots + f^{(n)} + O\left(Kn^{n+1}\right), \tag{3.2.3}$$

式中 $f^{(n)}$ 为 f 的 n 级修正, $f^{(0)}$ 为 f 的零阶近似, 取为平衡态的 Maxwell 分布式:

$$f^{(0)} = n \left(\frac{m}{2\pi k_B T} \right)^{3/2} \exp\left(-\frac{mc^2}{2k_B T} \right), \tag{3.2.4}$$

式中 m 是分子质量, T 是温度, k_B 是 Boltzmann 常数, 相应的应力张量和热通量可以写成:

$$\sigma_{ij} = \sigma_{ij}^{(0)} + \sigma_{ij}^{(1)} + \sigma_{ij}^{(2)} + \cdots + \sigma_{ij}^{(n)} + O\left(Kn^{n+1}\right), \tag{3.2.5}$$

$$q_i = q_i^{(0)} + q_i^{(1)} + q_i^{(2)} + \cdots + q_i^{(n)} + O\left(Kn^{n+1}\right). \tag{3.2.6}$$

在 $Kn \approx 0$ 时, 方程 (3.2.5) 和 (3.2.6) 右边只有第一项是重要的. 由 Boltzmann 方程的零阶近似可以得到欧拉方程, 其中的应力张量和热通量都为 0:

$$\sigma_{ij}^{(0)} = 0, \tag{3.2.7}$$

$$q_i^{(0)} = 0. \tag{3.2.8}$$

当 $Kn < 0.1$ 时, 方程 (3.2.5) 和 (3.2.6) 右边的前两项变得重要, 考虑前两项的近似称为一阶近似. 对 Boltzmann 方程取一阶近似就得到 N-S 方程, 二维 N-S 方程中的应力张量和热通量可以写成如下形式:

$$\sigma_{11}^{(1)} = -\mu \left(\frac{4}{3} u_x - \frac{2}{3} v_y \right), \tag{3.2.9}$$

$$\sigma_{22}^{(1)} = -\mu \left(\frac{4}{3} v_y - \frac{2}{3} u_x \right), \tag{3.2.10}$$

$$\sigma_{12}^{(1)} = -\mu \left(u_y + v_x \right), \tag{3.2.11}$$

$$q_1^{(1)} = -\kappa T_x, \tag{3.2.12}$$

$$q_2^{(1)} = -\kappa T_y, \tag{3.2.13}$$

其中 $()_x$ 表示 $\partial/\partial x$, $()_y$ 表示 $\partial/\partial y$, μ 和 κ 分别表示气体的黏性系数和热传导系数, 它们都是温度的函数. 热传导系数可以表示成:

$$\kappa = \frac{\mu C_p}{Pr}, \tag{3.2.14}$$

其中 Pr 是普朗特常数, C_p 是定压比热容.

当 Kn 再增大 ($Kn > 0.1$) 时, 方程 (3.2.5) 和 (3.2.6) 右边的其他高阶项需要考虑, 当考虑前面三项时为二阶近似, Boltzmann 方程的二阶近似就是 Burnett 方程. Burnett 方程的应力张量和热通量最早由 Burnett[1] 得到, 后来 Chapman 和 Cowling[2] 通过将欧拉方程替换方程里的随体导数, 最后经过 Wang-Chang 修正[3], 便得到如下的形式:

$$
\sigma_{ij}^{(2)} = \frac{\mu^2}{p} \left\{
\begin{aligned}
&\omega_1 \frac{\partial u_k}{\partial x_k} \overline{\overline{\frac{\partial u_i}{\partial x_j}}} + \omega_2 \left[-\overline{\overline{\frac{\partial}{\partial x_i}\left(\frac{1}{\rho}\frac{\partial p}{\partial x_j}\right)}} - \overline{\overline{\frac{\partial u_k}{\partial x_i}\frac{\partial u_j}{\partial x_k}}} - 2\overline{\overline{\frac{\partial u_i}{\partial x_k}\frac{\partial u_k}{\partial x_j}}} \right] + \omega_3 \overline{\overline{\frac{\partial^2 T}{\partial x_i \partial x_j}}} \\
&+\omega_4 \frac{1}{\rho T}\overline{\overline{\frac{\partial p}{\partial x_i}\frac{\partial T}{\partial x_j}}} + \omega_5 \frac{R}{T}\overline{\overline{\frac{\partial T}{\partial x_i}\frac{\partial T}{\partial x_j}}} + \omega_6 \overline{\overline{\frac{\partial u_i}{\partial x_k}\frac{\partial u_k}{\partial x_j}}}
\end{aligned}
\right\} \tag{3.2.15}
$$

$$
q_i^{(2)} = \frac{\mu^2}{\rho} \left\{
\begin{aligned}
&\theta_1 \frac{1}{T}\frac{\partial u_k}{\partial x_k}\frac{\partial T}{\partial x_i} + \theta_2 \frac{1}{T}\left[\frac{2}{3}\frac{\partial}{\partial x_i}\left(T\frac{\partial u_k}{\partial x_k}\right) + 2\frac{\partial u_k}{\partial x_i}\frac{\partial T}{\partial x_k} \right] + \theta_3 \frac{1}{\rho}\frac{\partial p}{\partial x_k}\overline{\frac{\partial u_k}{\partial x_i}} \\
&+\theta_4 \frac{\partial}{\partial x_k}\left(\overline{\frac{\partial u_k}{\partial x_i}}\right) + \theta_5 \frac{1}{T}\frac{\partial T}{\partial x_k}\overline{\frac{\partial u_k}{\partial x_i}}
\end{aligned}
\right\} \tag{3.2.16}
$$

上述方程中, 张量的双上划线表示一个无散对称张量, 即

$$\overline{\overline{f_{ij}}} = \frac{f_{ij} + f_{ji}}{2} - \frac{\delta_{ij}f_{mm}}{3}.$$

在方程 (3.2.15) 和 (3.2.16) 中, 系数 ω_i 和 θ_i 由 Chapman-Enskog 方法通过分子斥力模型得到[2]. 迄今为止, 只能准确得到两类分子模型的系数, 它们分别是 Maxwell 气体模型和硬球气体模型, 这些系数列在表 3.2.1 中.

表 3.2.1 Burnett 方程中的系数

系数	Maxwell 气体模型	硬球气体模型
ω_1	10/3	4.056
ω_2	2	2.028
ω_3	3	2.418
ω_4	0	0.681

系数	Maxwell 气体模型	硬球气体模型
ω_5	3	0.219
ω_6	8	7.424
θ_1	75/8	11.644
θ_2	$-45/8$	-5.822
θ_3	-3	-0.393
θ_4	3	2.418
θ_5	117/4	25.157

在二维笛卡尔坐标系下, 方程 (3.2.15) 和 (3.2.16) 可以写成:

$$
\begin{aligned}
\sigma_{11}^{(2)} = \frac{\mu^2}{p} \Big(&\alpha_1 u_x^2 + \alpha_2 u_y^2 + \alpha_4 v_x^2 + \alpha_5 v_y^2 + \alpha_{10} u_x v_y + \alpha_{13} u_y v_x + \alpha_{16} RT_{xx} \\
&+ \alpha_{17} RT_{yy} + \alpha_{19}\frac{RT}{\rho}\rho_{xx} + \alpha_{20}\frac{RT}{\rho}\rho_{yy} + \alpha_{22}\frac{RT}{\rho^2}\rho_x^2 + \alpha_{23}\frac{RT}{\rho^2}\rho_y^2 \\
&+ \alpha_{25}\frac{R}{T}T_x^2 + \alpha_{26}\frac{R}{T}T_y^2 + \alpha_{28}\frac{R}{\rho}T_x\rho_x + \alpha_{29}\frac{R}{\rho}T_y\rho_y \Big),
\end{aligned} \tag{3.2.17}
$$

$$
\begin{aligned}
\sigma_{22}^{(2)} = \frac{\mu^2}{p} \Big(&\alpha_1 v_y^2 + \alpha_2 v_x^2 + \alpha_4 u_y^2 + \alpha_5 u_x^2 + \alpha_{10} u_x v_y + \alpha_{13} u_y v_x + \alpha_{16} RT_{yy} \\
&+ \alpha_{17} RT_{xx} + \alpha_{19}\frac{RT}{\rho}\rho_{yy} + \alpha_{20}\frac{RT}{\rho}\rho_{xx} + \alpha_{22}\frac{RT}{\rho^2}\rho_y^2 + \alpha_{23}\frac{RT}{\rho^2}\rho_x^2 \\
&+ \alpha_{25}\frac{R}{T}T_y^2 + \alpha_{26}\frac{R}{T}T_x^2 + \alpha_{28}\frac{R}{\rho}T_y\rho_y + \alpha_{29}\frac{R}{\rho}T_x\rho_x \Big),
\end{aligned} \tag{3.2.18}
$$

$$
\begin{aligned}
\sigma_{12}^{(2)} = \sigma_{21}^{(2)} = \frac{\mu^2}{p} \Big(&\beta_1 u_x u_y + \beta_2 v_x v_y + \beta_4 u_x v_x + \beta_5 u_y v_y + \beta_{11} RT_{xy} + \beta_{12}\frac{RT}{\rho}\rho_{xy} \\
&+ \beta_{13}\frac{R}{T}T_x T_y + \beta_{14}\frac{RT}{\rho^2}\rho_x\rho_y + \beta_{15}\frac{R}{\rho}\rho_x T_y + \beta_{16}\frac{R}{\rho}T_x\rho_y \Big),
\end{aligned} \tag{3.2.19}
$$

$$
\begin{aligned}
q_1^{(2)} = \frac{\mu^2}{\rho} \Big(&\gamma_1\frac{1}{T}T_x u_x + \gamma_2\frac{1}{T}T_x v_y + \gamma_4\frac{1}{T}T_y v_x + \gamma_5\frac{1}{T}T_y u_y + \gamma_8 u_{xx} + \gamma_9 u_{yy} \\
&+ \gamma_{11} v_{xy} + \gamma_{13}\frac{1}{\rho}\rho_x u_x + \gamma_{14}\frac{1}{\rho}\rho_x v_y + \gamma_{16}\frac{1}{\rho}\rho_y v_x + \gamma_{17}\frac{1}{\rho}\rho_y u_y \Big),
\end{aligned} \tag{3.2.20}
$$

$$
\begin{aligned}
q_2^{(2)} = \frac{\mu^2}{\rho} \Big(&\gamma_1\frac{1}{T}T_y v_y + \gamma_2\frac{1}{T}T_y u_x + \gamma_4\frac{1}{T}T_x u_y + \gamma_5\frac{1}{T}T_x v_x + \gamma_8 v_{yy} + \gamma_9 v_{xx} \\
&+ \gamma_{11} u_{xy} + \gamma_{13}\frac{1}{\rho}\rho_y v_y + \gamma_{14}\frac{1}{\rho}\rho_y u_x + \gamma_{16}\frac{1}{\rho}\rho_x u_y + \gamma_{17}\frac{1}{\rho}\rho_x v_x \Big),
\end{aligned} \tag{3.2.21}
$$

方程中的系数 α_i, β_i, γ_i 是 ω_i 和 θ_i 的函数, 具体请看本章附录.

考虑 Chapman-Enskog 展开前四项的三阶近似, 可以推导出超 Burnett 方程, 然而, 增广 Burnett 方程并没有包括所有超 Burnett 方程里的三阶项, 而只采用了其中的线性项. 增加的应力张量和热通量项通常表示成以下形式[13]:

$$\sigma_{ij}^{(a)} = \frac{\mu^3}{p^2} \left\{ \omega_7 \frac{3}{2} RT \overline{\frac{\partial}{\partial x_j} \left(\frac{1}{\rho} \frac{\partial^2 u_i}{\partial x_k \partial x_k} \right)} \right\}, \tag{3.2.22}$$

$$q_i^{(a)} = \frac{\mu^3}{p\rho} \left\{ \theta_6 \frac{RT}{\rho} \frac{\partial}{\partial x_i} \left(\frac{\partial^2 \rho}{\partial x_k \partial x_k} \right) + \theta_7 R \frac{1}{T} \frac{\partial}{\partial x_i} \left(\frac{\partial^2 T}{\partial x_k \partial x_k} \right) \right\}. \tag{3.2.23}$$

系数 ω_7, θ_6 和 θ_7 通过稳定性分析确定为:

$$\omega_7 = 2/9, \quad \theta_6 = -5/8, \quad \theta_7 = 11/16.$$

在笛卡尔坐标系下, 增广 Burnett 方程中的三阶项可以写成以下形式:

$$\sigma_{11}^{(a)} = \frac{\mu^3}{p^2} RT \left(\alpha_{31} u_{xxx} + \alpha_{31} u_{xyy} + \alpha_{34} v_{xxy} + \alpha_{34} v_{yyy} \right), \tag{3.2.24}$$

$$\sigma_{22}^{(a)} = \frac{\mu^3}{p^2} RT \left(\alpha_{31} v_{yyy} + \alpha_{31} v_{xxy} + \alpha_{34} u_{xyy} + \alpha_{34} u_{xxx} \right), \tag{3.2.25}$$

$$\sigma_{12}^{(a)} = \frac{\mu^3}{p^2} RT \left(\beta_{17} u_{xxy} + \beta_{17} u_{yyy} + \beta_{17} v_{xyy} + \beta_{17} v_{xxx} \right), \tag{3.2.26}$$

$$q_1^{(a)} = \frac{\mu^3}{p\rho} R \left(\gamma_{20} T_{xxx} + \gamma_{20} T_{xyy} + \gamma_{23} \frac{T}{\rho} \rho_{xxx} + \gamma_{23} \frac{T}{\rho} \rho_{xyy} \right), \tag{3.2.27}$$

$$q_2^{(a)} = \frac{\mu^3}{p\rho} R \left(\gamma_{20} T_{yyy} + \gamma_{20} T_{xxy} + \gamma_{23} \frac{T}{\rho} \rho_{yyy} + \gamma_{23} \frac{T}{\rho} \rho_{xxy} \right). \tag{3.2.28}$$

在上述表达式中上标 "a" 表示增广 Burnett 项.

最后, 把 N-S 方程的应力和热通量项 (方程 (3.2.7)—(3.2.13)), Burnett 方程的常规项 (方程 (3.2.17)—(3.2.21)) 和增广项的应力和热通量项 (方程 (3.2.24)—(3.2.28)) 合并在一起, 就得到了增广 Burnett 方程的应力张量和热通量项:

$$\sigma_{ij} = \sigma_{ij}^{(0)} + \sigma_{ij}^{(1)} + \sigma_{ij}^{(2)} + \sigma_{ij}^{(a)}, \tag{3.2.29}$$

$$q_i = q_i^{(0)} + q_i^{(1)} + q_i^{(2)} + q_i^{(a)}. \tag{3.2.30}$$

方程 (3.2.1) 和 (3.2.2) 结合方程 (3.2.29) 和 (3.2.30) 就构成了二维增广 Burnett 方程.

3.3 其他类型 Burnett 方程

为了稳定性分析的需要, 这里也简单给出其他几种高阶方程的应力张量和热通量的表达式.

3.3.1　原始 Burnett 方程

原始 Burnett 方程由 Burnett 采用 Chapman-Enskog 展开从 Boltzmann 方程推导出来[1], 其中的应力张量和热通量项可以写成:

$$
\boldsymbol{\sigma}^{(2)} = \frac{\mu^2}{p}[\omega_1 \nabla \cdot \boldsymbol{v}\boldsymbol{e} + \omega_2 \left(D\boldsymbol{e} - 2\overline{\overline{\nabla \boldsymbol{v} \cdot \boldsymbol{e}}}\right) \\
+ \omega_3 R\overline{\overline{\nabla \nabla T}} + \frac{\omega_4}{\rho T}\overline{\overline{\nabla p \nabla T}} + \omega_5 \frac{R}{T}\overline{\overline{\nabla T \nabla T}} + \omega_6 \overline{\overline{\boldsymbol{e} \cdot \boldsymbol{e}}}]
\tag{3.3.1}
$$

$$
\boldsymbol{q}^{(2)} = R\frac{\mu^2}{p}[\theta_1 \nabla \cdot \boldsymbol{v}\nabla T + \theta_2 \left(D\nabla T - \nabla \boldsymbol{v} \cdot \nabla T\right) + \theta_3 \frac{T}{p}\nabla p \cdot \boldsymbol{e} \\
+ \theta_4 T\nabla \cdot \boldsymbol{e} + 3\theta_5 \nabla T \cdot \boldsymbol{e}]
\tag{3.3.2}
$$

上述方程中, 张量的双上划线表示一个无散对称张量, $\boldsymbol{e}$ 是无散对称速度梯度张量, $\boldsymbol{e} = \overline{\overline{\nabla \boldsymbol{v}}}$.

3.3.2　Woods 方程

Woods[28,29] 认为在推导 Burnett 方程过程中, 没有明确区分对流项和扩散项, 于是他们通过合并流体加速项, 并从二阶输运方程里消掉对流项, 得到了黏性应力张量和热通量的表达式:

$$
\boldsymbol{\sigma}^{(2)} = \frac{\mu^2}{p}\left[\tilde{\omega}_1 \nabla \cdot \boldsymbol{v}\boldsymbol{e} + \tilde{\omega}_3 R\overline{\overline{\nabla \nabla T}} + \tilde{\omega}_5 \frac{R}{T}\overline{\overline{\nabla T \nabla T}} + \tilde{\omega}_6 \overline{\overline{\boldsymbol{e} \cdot \boldsymbol{e}}}\right],
\tag{3.3.3}
$$

$$
\boldsymbol{q}^{(2)} = R\frac{\mu^2}{p}\left[\tilde{\theta}_1 \boldsymbol{\nabla} \cdot \boldsymbol{v}\boldsymbol{\nabla} T + \tilde{\theta}_2 \left(D\boldsymbol{\nabla} T - \frac{1}{2}\boldsymbol{\nabla} \times \boldsymbol{v} \times \boldsymbol{\nabla} T\right) + 3\tilde{\theta}_5 \boldsymbol{\nabla} T \cdot \boldsymbol{e}\right],
\tag{3.3.4}
$$

其中的系数为:

$$
\tilde{\omega}_1 = \frac{13}{3}, \ \tilde{\omega}_3 = 3, \tilde{\omega}_5 = \frac{9}{4}, \tilde{\omega}_6 = 6, \tilde{\theta}_1 = \frac{225}{16}, \ \tilde{\theta}_2 = \frac{45}{4}, \ \tilde{\theta}_5 = \frac{19}{2}.
$$

3.3.3　BGK Burnett 方程

Balakrishnan 等[19,20] 通过采用 BGK 形式来表示碰撞积分项, 推导了一种新的 Burnett 方程, 称之为 BGK Burnett 方程. BGK Burnett 方程的应力张量和热通量项可以表示为:

$$
\sigma_{11}^{(2)} = \frac{\mu^2}{p}\left(2\Omega_1 \frac{\mathrm{D}}{\mathrm{D}t}\left(\frac{\partial u}{\partial x}\right) + 2\Omega_1 \frac{1}{T}\frac{\partial u}{\partial x}\frac{\mathrm{D}T}{\mathrm{D}t} - 4\Omega_2 \frac{R}{\rho}\frac{\partial \rho}{\partial x}\frac{\partial T}{\partial x} \right. \\
\left. - 4\Omega_2 R\frac{\partial^2 T}{\partial x^2} - 4\Omega_2 \frac{R}{T}\left(\frac{\partial T}{\partial x}\right)^2\right)
\tag{3.3.5}
$$

$$
q_1^{(2)} = R\frac{\mu^2}{p}\left(-\frac{2\Omega_1}{R}\frac{\partial u}{\partial x}\frac{\mathrm{D}u}{\mathrm{D}t} - \frac{20\Omega_3}{T}\frac{\partial T}{\partial x}\frac{\mathrm{D}T}{\mathrm{D}t} + 4\Omega_3 \frac{\partial}{\partial x}\left(\frac{\mathrm{D}T}{\mathrm{D}t}\right) - 4\Omega_4 \frac{T}{\rho}\frac{\partial \rho}{\partial x}\frac{\partial u}{\partial x} \right. \\
\left. + 4\left(\Omega_2 - 2\Omega_4\right)\frac{\partial u}{\partial x}\frac{\partial T}{\partial x} - 4\Omega_4 T\frac{\partial^2 u}{\partial x^2}\right)
\tag{3.3.6}
$$

对于单原子气体, $\Omega_1 = 2/3$, $\Omega_2 = 9/8$, $\Omega_3 = 5/8$, $\Omega_4 = 2/9$.

3.4 Burnett 方程的稳定性分析

3.4.1 研究综述

尽管早在 1935 就已经通过 Chapman-Enskog 展开获得了 Burnett 方程, 并且很多学者都认为该方程能够在较大 Kn 数下给出比 N-S 方程更好的解[3,4], 但是在 1988 年以前, 很少有学者获得这个方程收敛的数值解, 而导致很难获得收敛数值解的一个主要原因是这个方程在小波长的扰动下是不稳定的[9,13].

在数值计算中, 数值扰动总是存在的, 最小扰动频率与网格尺度成正比. 当网格尺度小于某个特定尺度时, Burnett 方程就变得不稳定, 这种稳定性问题阻碍了运用 Burnett 方程来求解高 Kn 数下的稀薄气体流动. 关于 Burnett 方程的稳定性问题, 很多学者都作了分析. Zhong 等人通过把超 Burnett 方程里的线性项添加到常规 Burnett 对应项中, 得到了增广 Burnett 方程, 这个方程对于小波长的扰动是稳定的. Agarwal 等[16,19] 分析了一维增广 Burnett 方程和 BGK Burnett 方程的稳定性问题, 发现当采用 Euler 方程来近似随体导数时, 一维增广 Burnett 方程和 BGK Burnett 方程对于小扰动都是稳定的. Uribe 等[30] 经过线性稳定性分析后也指出, 常规 Burnett 方程对于硬球模型是不稳定的, 他们给出了 Kn 数的一个上界, 当 Kn 数大于这个上界值时, Burnett 方程就变得不稳定.

线性稳定性理论已经发展得比较成熟[31], 本节主要应用 Bobylev 的稳定性理论[9] 来分析常规 Burnett 方程、增广 Burnett 方程、Woods 以及 BGK Burnett 方程的稳定性, 并给出各种不稳定方程的临界 Kn 数.

3.4.2 常规 Burnett 方程的稳定性分析

在笛卡尔坐标系下, 对于一维非定常可压缩黏性流动, 方程 (3.2.1) 和 (3.2.2) 可以写成如下形式:

$$\frac{\partial \rho}{\partial t} + \frac{\partial(\rho u)}{\partial x} = 0, \tag{3.4.1}$$

$$\rho\left(\frac{\partial u}{\partial t} + u\frac{\partial u}{\partial x}\right) + \frac{\partial p}{\partial x} + \frac{\partial \sigma_{xx}}{\partial x} = 0, \tag{3.4.2}$$

$$\rho C_V\left(\frac{\partial T}{\partial t} + u\frac{\partial T}{\partial x}\right) + (p + \sigma_{xx})\frac{\partial u}{\partial x} + \frac{\partial q_x}{\partial x} = 0, \tag{3.4.3}$$

其中 σ_{xx} 是黏性应力张量 xx 方向的分量, q_x 是热通量 x 方向的分量, 压力满足理想气体方程:

$$p = \rho RT. \tag{3.4.4}$$

当考虑 Maxwell 分子时, 单原子气体的比热比为 $\gamma = 5/3$, 普朗特常数 $Pr = \mu C_p / \kappa = 2/3$. 常规 Burnett 方程里的一维黏性应力张量和热通量在前面已经有过介绍, 可以写成如下形式:

$$\sigma_{xx} = -\frac{4}{3}\mu\frac{\partial u}{\partial x} + \frac{\mu^2}{p}\left[\alpha_1\left(\frac{\partial u}{\partial x}\right)^2 + \alpha_{16}R\frac{\partial^2 T}{\partial x^2} + \alpha_{19}\frac{RT}{\rho}\frac{\partial^2 \rho}{\partial x^2}\right.$$
$$\left. + \alpha_{22}\frac{RT}{\rho^2}\left(\frac{\partial \rho}{\partial x}\right)^2 + \alpha_{25}\frac{R}{\rho}\frac{\partial \rho}{\partial x}\frac{\partial T}{\partial x} + \alpha_{28}\frac{R}{T}\left(\frac{\partial T}{\partial x}\right)^2\right], \quad (3.4.5)$$

$$q_x = -\kappa\frac{\partial T}{\partial x} + \frac{\mu^2}{\rho}\left[\gamma_1\frac{1}{T}\frac{\partial u}{\partial x}\frac{\partial T}{\partial x} + \gamma_8\frac{\partial^2 u}{\partial x^2} + \gamma_{13}\frac{1}{\rho}\frac{\partial \rho}{\partial x}\frac{\partial u}{\partial x}\right], \quad (3.4.6)$$

式中 α_i 和 γ_i 是 Burnett 系数的函数, 具体数值请参看本章附录.

$t = 0$ 时, 假设气体处于稳定状态, 即 $u = u_0 = 0$, $\rho = \rho_0 = $ 常数, $T = T_0 = $ 常数, 这里主要研究这个解在一维周期性扰动的响应. 引入小扰动:

$$\rho = \rho_0 + \rho', \quad (3.4.7)$$

$$u = u_0 + u', \quad (3.4.8)$$

$$T = T_0 + T'. \quad (3.4.9)$$

首先, 密度、温度、速度、位移和时间等变量通过如下形式量纲为一化[9]:

$$\overline{\rho} = \frac{\rho - \rho_0}{\rho_0}, \quad \overline{T} = \frac{T - T_0}{T_0}, \quad \overline{u} = \frac{u - u_0}{\sqrt{RT_0}}, \quad \overline{x} = \frac{x\rho_0\sqrt{RT_0}}{\mu_0}, \quad \overline{t} = \frac{tp_0}{\mu_0}, \quad (3.4.10)$$

把 (3.4.10) 代入方程 (3.4.1)–(3.4.3), 可以得到量纲为一的守恒方程. 因为这里采用的是线性稳定性分析方法, 假设是小扰动, 所以在稳定性方程中只考虑线性项, 忽略所有的非线性项. 同时, 为了方便起见, 统一去掉量纲为一量的上划线, 这样可以得到如下形式:

$$\frac{\partial \rho}{\partial t} + \frac{\partial u}{\partial x} = 0, \quad (3.4.11)$$

$$\frac{\partial u}{\partial t} + \frac{\partial \rho}{\partial x} + \frac{\partial T}{\partial x} + \frac{\partial \sigma_{xx}}{\partial x} = 0, \quad (3.4.12)$$

$$3\frac{\partial T}{\partial t} + 2\frac{\partial u}{\partial x} + 2\frac{\partial q_x}{\partial x} = 0, \quad (3.4.13)$$

其中

$$\sigma_{xx} = -\frac{4}{3}\frac{\partial u}{\partial x} - \frac{4}{3}\frac{\partial^2 \rho}{\partial x^2} + \frac{2}{3}\frac{\partial^2 T}{\partial x^2}, \quad (3.4.14)$$

$$q_x = -\frac{15}{4}\frac{\partial T}{\partial x} - \frac{7}{4}\frac{\partial^2 u}{\partial x^2}. \quad (3.4.15)$$

方程 (3.4.11)–(3.4.13) 的扰动量可以假设成如下形式:

$$\rho = \rho_1 e^{(\lambda t + ikx)}, \tag{3.4.16}$$

$$u = u_1 e^{(\lambda t + ikx)}, \tag{3.4.17}$$

$$T = T_1 e^{(\lambda t + ikx)}, \tag{3.4.18}$$

其中 ρ_1、u_1 和 T_1 是扰动的振幅, $\lambda = \alpha + i\beta$, α 和 β 分别代表扰动的增长系数和扩散系数, k 是扰动波数.

把方程 (3.4.16)—(3.4.18) 代入方程 (3.4.11)—(3.4.13), 可以得到一个由振幅 ρ_1、u_1 和 T_1 构成的齐次代数方程组:

$$\lambda \rho_1 + iku_1 = 0, \tag{3.4.19}$$

$$\lambda u_1 + ik\rho_1 + ikT_1 + \frac{4}{3}k^2 u_1 + \frac{2}{3}i\omega_2 k^3 \rho_1 + \frac{2}{3}i\omega_2 k^3 T_1 - \frac{2}{3}i\omega_3 k^3 T_1 = 0, \tag{3.4.20}$$

$$\lambda T_1 + \frac{2}{3}iku_1 + \frac{5}{2}k^2 T_1 - \frac{4}{9}i\theta_2 k^3 u_1 - \frac{4}{9}i\theta_4 k^3 u_1 = 0. \tag{3.4.21}$$

对于一组非平凡解, 要求:

$$\begin{vmatrix} \lambda & ik & 0 \\ ik + \dfrac{2}{3}i\omega_2 k^3 & \lambda + \dfrac{4}{3}k^2 & ik + \dfrac{2}{3}i\omega_2 k^3 - \dfrac{2}{3}i\omega_3 k^3 \\ 0 & \dfrac{2}{3}ik - \dfrac{4}{9}i\theta_2 k^3 - \dfrac{4}{9}i\theta_4 k^3 & \lambda + \dfrac{5}{2}k^2 \end{vmatrix} = 0, \tag{3.4.22}$$

对于 Maxwell 气体, 从上式可以获得常规 Burnett 方程稳定性的特征方程:

$$p(\lambda, k) = 18\lambda^3 + 69k^2\lambda^2 + \lambda k^2(30 + 97k^2 - 14k^4) + 15k^4(3 + 4k^2) = 0. \tag{3.4.23}$$

方程 (3.4.23) 与 Bobylev[9] 所给出的方程有些区别, 方程 (3.4.23) 的最后一项是 Bobylev 给出的方程的 4 倍, Uribe 等[30] 也指出了这一点.

这个方程的三个解, 可写成如下形式:

$$\lambda_1 = \left(\frac{C_1}{18} - 18\frac{C_2}{C_1} - \frac{23}{18}k \right) k, \tag{3.4.24}$$

$$\lambda_2 = \left(-\frac{C_1}{36} + 9\frac{C_2}{C_1} - \frac{23}{18}k + \frac{\sqrt{3}}{2}i\left(\frac{C_1}{18} + 18\frac{C_2}{C_1} \right) \right) k, \tag{3.4.25}$$

$$\lambda_3 = \left(-\frac{C_1}{36} + 9\frac{C_2}{C_1} - \frac{23}{18}k - \frac{\sqrt{3}}{2}i\left(\frac{C_1}{18} + 18\frac{C_2}{C_1} \right) \right) k, \tag{3.4.26}$$

其中

$$C_1 = \left(-2898k^5 - 1808k^3 - 1080k \right.$$
$$\left. +3\sqrt{-65856k^{12}+1057812k^{10}+1509060k^8+541029k^6-304740k^4+702000k^2+648000} \right)^{1/3}$$

$$C_2 = -\frac{7}{27}k^4 + \frac{53}{324}k^2 + \frac{5}{9}.$$

随着波数 k 从 0 到无穷大, 这三个解的轨迹可以表示在复平面上, 如图 3.4.1 所示, 实轴和虚轴分别表示增长和扩散系数. 要使方程稳定, 必须要求随着波数 k 的增加, 所有的解都落在虚轴的左边. 而图 3.4.1 中一些解落在了虚轴的右边, 这说明随着波数的增加, 存在着正的增长系数, 可见用 Euler 方程近似原始 Burnett 方程里的随体导数得到的常规 Burnett 方程是不稳定的.

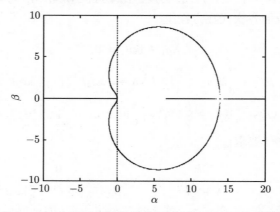

图 3.4.1　采用 Euler 方程近似随体导数的常规 Burnett 方程的稳定性曲线

图 3.4.2 显示了扰动的增长系数随波数的变化, 从图中可以发现, 当波数在 2.455 时, 其中一个解的增长系数变得大于零, 之后, 随着波数的增大, 总存在正的增长系数. 因此, 可以得知, 当波数大于这个值时, 计算就变得不稳定. 运用 Euler 方程近似随体导数得到的常规 Burnett 方程的临界波数就是 2.455. Uribe 等也计算了临界波数, 他们求得的临界波数是 2.5[30]. 而这里由于采用了更小的步长, 所以结果更加精确.

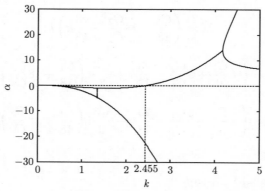

图 3.4.2　用 Euler 方程近似随体导数的常规 Burnett 方程增长系数随波数的变化

以下再分析一下波数与 Kn 数的关系, 在方程 (3.4.10) 中, 采用的特征长度是:

$$L_0 = \frac{\mu_0}{\rho_0\sqrt{RT_0}}, \tag{3.4.27}$$

而分子平均自由程又可以表示成:

$$\lambda = \frac{16\mu_0}{5\rho_0\sqrt{2\pi RT_0}}, \tag{3.4.28}$$

因此, $L_0 = 0.783\lambda$, 波数可以写成:

$$k = \frac{2\pi L_0}{L} = 4.920\frac{\lambda}{L} = 4.920Kn. \tag{3.4.29}$$

可见, 常规 Burnett 方程的临界 Kn 数是 0.499. 当 Kn 数超过这个值时, 采用常规 Burnett 方程求解就会发散.

接下来分析当不采用 Euler 方程来近似原始 Burnett 方程中的随体导数时的结果. 原始 Burnett 方程的应力张量和热通量的表达式见方程 (3.3.1) 与 (3.3.2), 采用上面类似的方法, 可以获得原始 Burnett 方程的稳定性方程:

$$p(\lambda, k) = \lambda^3(12 - 61k^2 + 60k^4) + \lambda^2 k^2(46 - 100k^2) + \lambda k^2(20 - 37k^2 + 32k^4) + 30k^4 = 0 \tag{3.4.30}$$

从这个方程也可以求得三个解, 图 3.4.3 表示了这三个解随着波数从 $0\to\infty$ 时在复平面上的分布. 从图中可以看出, 和传统 Burnett 方程一样, 原始 Burnett 方程也是不稳定的, 随着波数的增大, 存在着正的增长系数. 图 3.4.4 给出了增长系数随波数的变化, 当波数超过 0.516 时, 稳定性方程 (3.4.30) 存在着一个解, 它的实部变得大于零. 根据方程 (3.4.29), 可以求得原始 Burnett 方程的临界 Kn 数为 0.105.

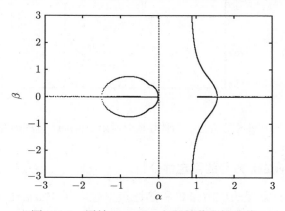

图 3.4.3 原始 Burnett 方程的稳定性曲线

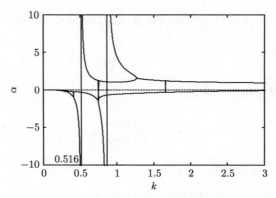

图 3.4.4   原始 Burnett 方程的增长系数随波数的变化

当用 N-S 方程来近似原始 Burnett 方程里的随体导数时, 常规 Burnett 方程的稳定性特征方程可以写成:

$$p\left(\lambda, k\right) = 18\lambda^3 + \lambda^2 k^2 \left(69 + \frac{803}{4}k^2\right) + \lambda k^2 \left(30 + 97k^2 + 291k^4 + 300k^6\right)$$
$$+ k^4 \left(45 + \frac{915}{4}k^2 + 225k^4\right) = 0. \tag{3.4.31}$$

图 3.4.5 表示了这个方程的解随着波数从 $0 \to \infty$ 变化时在复平面上的分布. 从图中可以看出, 与没有近似以及采用 Euler 方程近似时的情况不一样, 采用 N-S 方程来近似随体导数时, 原始 Burnett 方程是无条件稳定的.

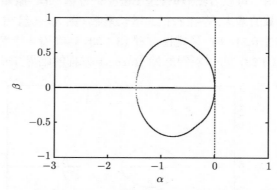

图 3.4.5   用 N-S 方程近似随体导数时原始 Burnett 方程的稳定性曲线

3.4.3   增广 Burnett 方程的稳定性分析

增广 Burnett 方程的应力张量和热通量里包含超 Burnett 方程里的线性三阶项, 具体表达式参见方程 (3.2.15)、(3.2.16)、(3.2.22) 以及 (3.2.23). 通过类似的分析,

当不引入对随体导数的近似时, 原始增广 Burnett 方程的稳定性方程可以写成:

$$p(\lambda, k) = \left(12 - 61k^2 + 60k^4\right)\lambda^3 + \lambda^2 k^2 \left(46 - \frac{551}{6}k^2 - \frac{52}{3}k^4\right)$$
$$+ \lambda k^2 \left(20 - 37k^2 + 46k^4 + \frac{11}{9}k^6\right) + k^4 \left(30 + \frac{21}{2}k^2 - 10k^4\right) = 0$$

$$(3.4.32)$$

图 3.4.6 表示了这个方程的解随着波数从 $0 \to \infty$ 变化时在复平面上的分布, 从图中可以看出, 和原始 Burnett 方程一样, 不引入近似的原始增广 Burnett 方程也是不稳定的, 随着波数的增大, 存在着正的增长系数. 图 3.4.7 给出了增长系数随波数的变化, 当波数大于 0.516 时, 稳定性方程 (3.4.32) 存在着一个解, 它的实部变得大于零. 根据方程 (3.4.29), 可以获得原始增广 Burnett 方程的临界 Kn 数为 0.105. 这个临界 Kn 数和由原始 Burnett 方程中得到的结果一致.

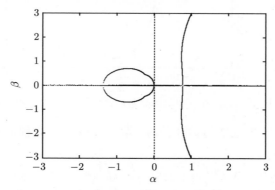

图 3.4.6　原始增广 Burnett 方程的稳定性曲线

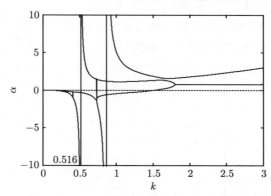

图 3.4.7　原始增广 Burnett 方程的增长系数随波数的变化

当采用 Euler 方程近似随体导数时, 增广 Burnett 方程的稳定性方程可以表示成:

$$p(\lambda, k) = 18\lambda^3 + \lambda^2 k^2 \left(69 + \frac{49}{4}k^2\right) + \lambda k^2 \left(30 + 97k^2 + 7k^4 + \frac{11}{6}k^6\right)$$

$$+ k^4\left(45 + \frac{303}{4}k^2 + 6k^4\right) = 0 \tag{3.4.33}$$

图 3.4.8 表示了这个方程的解随着波数从 $0 \to \infty$ 变化时在复平面上的分布. 从图中可以看出, 采用 Euler 方程近似随体导数的增广 Burnett 方程是无条件稳定的, 这也是 Zhong 等推导出这个方程的初衷.

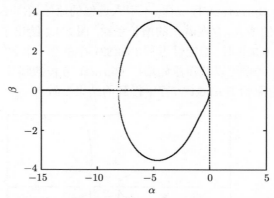

图 3.4.8 用 Euler 方程近似随体导数时增广 Burnett 方程的稳定性曲线

当采用 N-S 方程近似随体导数时, 增广 Burnett 方程的稳定性方程可以表示成:

$$p(\lambda, k) = 18\lambda^3 + \lambda^2 k^2 (69 + 213k^2) + \lambda k^2 (30 + 97k^2 + 312k^4 + 354k^6)$$

$$+ k^4\left(45 + \frac{489}{2}k^2 + 231k^4\right) = 0 \tag{3.4.34}$$

图 3.4.9 表示了这个方程的解随着波数从 $0 \to \infty$ 变化时在复平面上的分布. 从图中可以看出, 采用 N-S 方程近似随体导数的增广 Burnett 方程也是无条件稳定的.

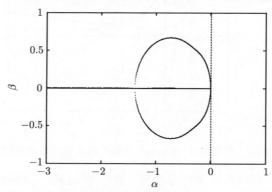

图 3.4.9 用 N-S 方程近似随体导数时增广 Burnett 方程的稳定性曲线

3.4.4 Woods 方程的稳定性分析

Woods 方程的应力张量和热通量的具体表达式参见方程 (3.3.3) 和 (3.3.4). 当保持原来的随体导数不引入近似时, 可以获得 Woods 方程的稳定性方程:

$$p\left(\lambda, k\right) = \lambda^3\left(6 - 45k^2\right) + \lambda^2 k^2\left(23 - 60k^2\right) + \lambda k^2\left(10 - 33k^2\right) + 15k^4 = 0. \quad (3.4.35)$$

图 3.4.10 表示了这个方程的解随着波数从 $0 \to \infty$ 变化时在复平面上的分布. 从图中可以看出, 和原始 Burnett 方程一样, 不引入近似的原始 Woods 方程也是不稳定的, 随着波数的增大, 存在着正的增长系数. 图 3.4.11 给出了增长系数随波数的变化, 由图可见, 当波数超过 0.365 时, 稳定性方程 (3.4.35) 存在着一个解, 它的实部变得大于零. 根据方程 (3.4.29), 可以获得原始 Woods 方程的临界 Kn 数为 0.074.

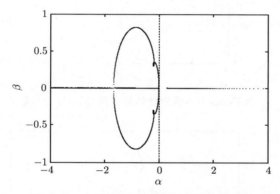

图 3.4.10　原始 Woods 方程的稳定性曲线

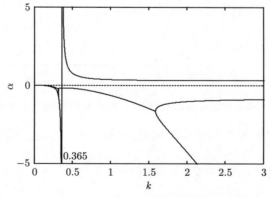

图 3.4.11　原始 Woods 方程的增长系数随波数的变化

当采用 Euler 方程来近似 Woods 方程中的随体导数时, 稳定性方程为:

$$p\left(\lambda, k\right) = 6\lambda^3 + 23\lambda^2 k^2 + \lambda k^2 \left(10 + 42k^2 - 60k^4\right) + 15k^4 = 0. \tag{3.4.36}$$

图 3.4.12 表示了这个方程的解随着波数从 $0 \to \infty$ 变化时在复平面上的分布. 从图中可以看出, 采用 Euler 方程近似随体导数的 Woods 方程是不稳定的, 当波数增大时, 扰动的增长系数会变得大于零. 图 3.4.13 显示了用 Euler 方程近似随体导数时, Woods 方程的增长系数随波数的变化. 从图中可以看出, 当波数大于 0.907 时, 方程就变得不稳定, 相对应的 Kn 数是 0.184.

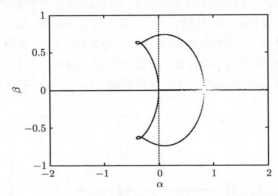

图 3.4.12　用 Euler 方程近似随体导数时 Woods 方程的稳定性曲线

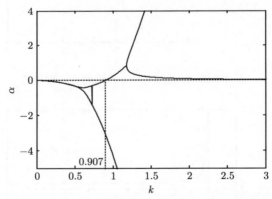

图 3.4.13　用 Euler 方程近似随体导数时 Woods 方程的增长系数随波数的变化

当采用 N-S 方程来近似随体导数时, 可以获得 Woods 方程的稳定性方程:

$$p\left(\lambda, k\right) = 6\lambda^3 + \lambda^2 k^2 \left(18 + 75k^2\right) + \lambda k^2 \left(10 + \frac{106}{3}k^2 + 40k^4\right) + k^4 \left(10 + 75k^2\right) = 0. \tag{3.4.37}$$

图 3.4.14 表示了这个方程的解随着波数从 $0 \to \infty$ 变化时在复平面上的分布. 从图中可以看出, 采用 N-S 方程近似随体导数的 Woods 方程是无条件稳定的.

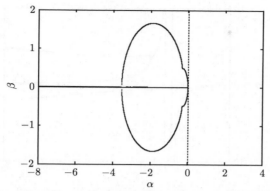

图 3.4.14 用 N-S 方程近似随体导数的一维 Woods 方程的稳定性曲线

3.4.5 BGK Burnett 方程的稳定性分析

BGK Burnett 方程的应力张量和热通量的具体表达式参见方程 (3.3.5) 和 (3.3.6). 当保持原来的随体导数而不引入近似时, 可以获得 BGK Burnett 方程的稳定性方程:

$$p(\lambda, k) = \lambda^3 \left(18 - 54k^2 + 40k^4\right) + \lambda^2 k^2 \left(69 - 100k^2\right)$$
$$+ \lambda k^2 \left(30 + \frac{220}{3}k^2 - 48k^4\right) + 45k^4 = 0 \tag{3.4.38}$$

图 3.4.15 表示了这个方程的解随着波数从 $0 \to \infty$ 变化时在复平面上的分布. 从图中可以看出, 和原始 Burnett 方程一样, 不引入近似的 BGK Burnett 方程也是不稳定的, 随着波数的增大, 存在着正的增长系数. 图 3.4.16 给出了增长系数随波数的变化, 从图中可以看出, 当波数超过 0.775 时, 稳定性方程 (3.4.38) 存在着一个解, 它的实部变得大于零. 根据方程 (3.4.29), 可以获得原始 BGK Burnett 方程的临界 Kn 数为 0.158.

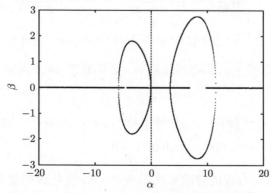

图 3.4.15 原始 BGK Burnett 方程的稳定性曲线

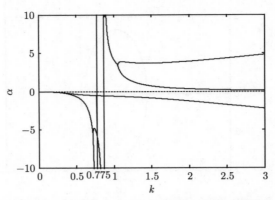

图 3.4.16   原始 BGK Burnett 方程的增长系数随波数的变化

当采用 Euler 方程来近似 BGK Burnett 方程中的随体导数时, 稳定性方程为:

$$p\left(\lambda,k\right)=18\lambda^3+69\lambda^2k^2+\lambda k^2\left(30+130.57k^2+9.86k^4\right)+k^4\left(45+43.50k^2\right)=0.$$
(3.4.39)

图 3.4.17 表示了这个方程的解随着波数从 $0\to\infty$ 变化时在复平面上的分布. 从图中可以看出, 采用 Euler 方程近似随体导数的 BGK Burnett 方程是无条件稳定的.

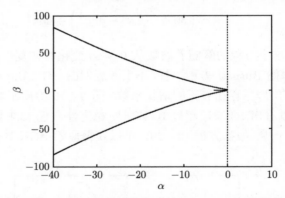

图 3.4.17   用 Euler 方程近似随体导数时 BGK Burnett 方程的稳定性曲线

当采用 N-S 方程来近似随体导数时, 可以获得 BGK Burnett 方程的稳定性方程:

$$\begin{aligned}p\left(\lambda,k\right)=&18\lambda^3+\lambda^2k^2\left(69+53.64k^2\right)+\lambda k^2\left(30+130.57k^2+101.68k^4+35.03k^6\right)\\&+k^4\left(45+79.74k^2+35.03k^4\right)=0\end{aligned}$$
(3.4.40)

图 3.4.18 表示了这个方程的解随着波数从 $0\to\infty$ 变化时在复平面上的分布. 从图中可以看出, 采用 N-S 方程近似随体导数的 BGK Burnett 方程也是无条件稳定的.

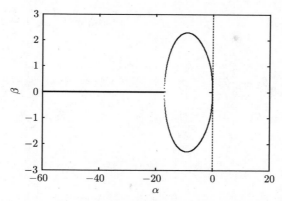

图 3.4.18　用 N-S 方程近似随体导数时 BGK Burnett 方程的稳定性曲线

附　　录

$$\alpha_1 = \frac{2}{3}\omega_1 - \frac{14}{9}\omega_2 + \frac{2}{9}\omega_6 \qquad\qquad \alpha_2 = \frac{1}{3}\omega_2 + \frac{1}{12}\omega_6$$

$$\alpha_4 = -\frac{2}{3}\omega_2 + \frac{1}{12}\omega_6 \qquad\qquad \alpha_5 = -\frac{1}{3}\omega_1 + \frac{7}{9}\omega_2 - \frac{1}{9}\omega_6$$

$$\alpha_{10} = \frac{1}{3}\omega_1 + \frac{2}{9}\omega_2 - \frac{2}{9}\omega_6 \qquad\qquad \alpha_{13} = -\frac{2}{3}\omega_2 + \frac{1}{6}\omega_6$$

$$\alpha_{16} = -\frac{2}{3}\omega_2 + \frac{2}{3}\omega_3 \qquad\qquad \alpha_{17} = \frac{1}{3}\omega_2 - \frac{1}{3}\omega_3$$

$$\alpha_{19} = -\frac{2}{3}\omega_2 \qquad\qquad \alpha_{20} = \frac{1}{3}\omega_2$$

$$\alpha_{22} = \frac{2}{3}\omega_2 \qquad\qquad \alpha_{23} = -\frac{1}{3}\omega_2$$

$$\alpha_{25} = \frac{2}{3}\omega_4 + \frac{2}{3}\omega_5 \qquad\qquad \alpha_{26} = -\frac{1}{3}\omega_4 - \frac{1}{3}\omega_5$$

$$\alpha_{28} = -\frac{2}{3}\omega_2 + \frac{2}{3}\omega_4 \qquad\qquad \alpha_{29} = \frac{1}{3}\omega_2 - \frac{1}{3}\omega_4$$

$$\alpha_{31} = \omega_7 \qquad\qquad \alpha_{34} = -\frac{1}{2}\omega_7$$

$$\beta_1 = \frac{1}{2}\omega_1 - \frac{5}{3}\omega_2 + \frac{1}{6}\omega_6 \qquad\qquad \beta_2 = \frac{1}{2}\omega_1 - \frac{5}{3}\omega_2 + \frac{1}{6}\omega_6$$

$$\beta_4 = \frac{1}{2}\omega_1 - \frac{2}{3}\omega_2 + \frac{1}{6}\omega_6 \qquad\qquad \beta_5 = \frac{1}{2}\omega_1 - \frac{2}{3}\omega_2 + \frac{1}{6}\omega_6$$

$$\beta_{11} = -\omega_2 + \omega_3 \qquad\qquad \beta_{12} = -\omega_2$$

$$\beta_{13} = \omega_4 + \omega_5 \qquad\qquad \beta_{14} = \omega_2$$

$$\beta_{15} = -\frac{1}{2}\omega_2 + \frac{1}{2}\omega_4 \qquad\qquad \beta_{16} = -\frac{1}{2}\omega_2 + \frac{1}{2}\omega_4$$

$$\beta_{17} = \frac{3}{4}\omega_7$$

$$\gamma_1 = \theta_1 + \frac{8}{3}\theta_2 + \frac{2}{3}\theta_3 + \frac{2}{3}\theta_5 \qquad\qquad \gamma_2 = \theta_1 + \frac{2}{3}\theta_2 - \frac{1}{3}\theta_3 - \frac{1}{3}\theta_5$$

$$\gamma_4 = 2\theta_2 + \frac{1}{2}\theta_3 + \frac{1}{2}\theta_5 \qquad\qquad \gamma_5 = \frac{1}{2}\theta_3 + \frac{1}{2}\theta_5$$

$$\gamma_8 = \frac{2}{3}\theta_2 + \frac{2}{3}\theta_4 \qquad\qquad \gamma_9 = \frac{1}{2}\theta_4$$

$$\gamma_{11} = \frac{2}{3}\theta_2 + \frac{1}{6}\theta_4 \qquad\qquad \gamma_{13} = \frac{2}{3}\theta_3$$

$$\gamma_{14} = -\frac{1}{3}\theta_3 \qquad\qquad \gamma_{16} = \frac{1}{2}\theta_3$$

$$\gamma_{17} = \frac{1}{2}\theta_3 \qquad\qquad \gamma_{20} = \theta_7$$

$$\gamma_{23} = \theta_6$$

参 考 文 献

[1] Burnett D. The distribution of velocities and mean motion in a slight nonuniform gas [J]. Proceedings of the London Mathematical Society, 1935, 39: 385–430.

[2] Chapman S, Cowling T G. The mathematical theory of non-uniform gases [M]. Cambridge: Cambridge University Press, 1970.

[3] Wang-Chang C S, Uhlenbeck G E. On the transport phenomena in rarefied gases [J]. Studies in Statistical Mechanics, 1948, 5: 1–17.

[4] Tsien H S. Superaerodynamics, mechanics of rarefied gases [J]. Journal of Aeronautical Science, 1946, 13: 653–664.

[5] Schaaf S A, Chambre P L. Flow of rarefied gas, Part H of fundamentals of gas dynamics [M]. Princeton University Press, 1958.

[6] Foch J D. On higher order hydrodynamic theories of shock structure [J]. Acta Physical Austriaca, 1973, suppl. X.: 123–140.

[7] Resibois P, de Leener M. Classical kinetic theory of fluids [M]. New York: Wiley, 1977.

[8] Fiscko K A, Chapman D R. Comparison of Burnett, super-Burnett and Monte Carlo solutions for hypersonic shock structure[C]. Proceedings of the 16th International Symposium on Rarefied Gas Dynamics, 1988.

[9] Bobylev A V. The Chapman-Enskog and grad methods for solving the Boltzmann equation [J]. Soviet Physics-Doklady, 1982, 27(1): 29–31.

[10] Comeaux K A, Chapman D R, Maccormack R W. An analysis of the Burnett equations based in the second law of thermodynamics [C]. Proceedings of the 26th AIAA Fluid

Dynamics Conference, Paper 95–0415, 1995.

[11] Jin S, Slemrod M. Regularization of the Burnett equations via relaxation[J]. Journal of Statistical Physics, 2001, 103: 1009–1033.

[12] Zhong X L, Maccormack R W, Chapman D R. Stabilization of the Burnett equations and application to high-altitude hypersonic flows [C]. Proceedings of the 22th AIAA Fluid Dynamics Conference, Paper 91–0770, 1991.

[13] Zhong X L, Maccormack R W, Chapman D R. Stabilization of the Burnett equations and application to hypersonic flows [J]. AIAA Journal, 1993, 31(6): 1036–1043.

[14] Zhong X L, Ofurumoto G. Solutions of Burnett equations for exisymmetric hypersonic flow past spherical blunt bodied [C]. Proceedings of the 25th AIAA Fluid Dynamics Conference, Paper 94–2055, 1994.

[15] Yun K Y, Agarwal R K, Balakrishnan R. Augmented Burnett and Bhatnagar-Gross-Krook-Burnett equations for hypersonic flow [J]. Journal of Thermophysics and Heat Transfer, 1998, 12(3): 328–335.

[16] Agarwal R K, Yun K Y, Balakrishnan R. Beyond Navier-Stokes: Burnett equations for flows in the continuum-transition regime [J]. Physics of Fluids, 2001, 13(10): 3061–3085.

[17] Yun K Y, Agarwal R K. Numerical simulation of three-dimensional augmented Burnett equations for hypersonic flow [J]. Journal of Spacecraft and Rockets, 2001, 38(4): 520–533.

[18] Balakrishnan R, Agarwal R K. Numerical simulation of Bhatnagar- Gross- Krook- Burnett equations for hypersonic flows [J]. Journal of Thermophysics and Heat Transfer, 1997, 11(3): 391–399.

[19] Balakrishnan R, Agarwal R K, Yun K Y. BGK-Burnett equations for flows in the continuum-transition regime[J]. Journal of Thermophysics and Heat Transfer, 1999, 13(4): 397–410.

[20] Balakrishnan R. An approach to entropy consistency in second-order hydrodynamic equations[J]. Journal of Fluid Mechanics, 2004, 503: 201–245.

[21] Bhatnagar P L, Gross E P, Krook M. A model for the collision process in gas [J]. Physics Review, 1954, 94(3): 511–525.

[22] Xue H, Ji H M, Shu C. Prediction of flow and heat transfer characteristics in micro-Couette flow [J]. Microscale Thermophysical Engineering, 2003, 7(1): 51–68.

[23] Xue H, Ji H M, Shu C. Analysis of micro-Couette flow using the Burnett equations[J]. International Journal of Heat and Mass Transfer, 2001, 44(21): 4139–4146.

[24] Lockerby D A, Reese J M. High-resolution Burnett simulations of micro Couette flow and heat transfer [J]. Journal of Computational Physics, 2003, 188(2): 333–347.

[25] Uribe F J, Garcia A L. Burnett description for plane Poiseuille flow [J]. Physical Review E, 1999, 60(4): 4063–4078.

[26]　Fang Y C. Parallel simulation of microflows by DSMC and Burnett equations [D]. Ph. D Thesis, Western Michigan University, 2003.

[27]　Xu K, Li Z H. Microchannel flow in the slip regime: gas-kinetic BGK-Burnett solutions[J]. Journal of Fluid Mechanics, 2004, 513: 87–110.

[28]　Woods L C. An introduction to the kinetic theory of gases and magnetoplasmas [M]. Oxford: Oxford University Press, 1993.

[29]　Reese J M, Woods L C, Thivet F J P, et al. A 2nd-order description of shock structure [J]. Journal of Computational Physics, 1995, 117(2): 240–250.

[30]　Uribe F J, Velasco R M, Garcia-Colin L S. Bobylev's instability [J]. Physical Review E, 2000, 62(4): 5835–5838.

[31]　Drzain P G, Reid W H. Hydrodynamic stability[M]. Cambridge: Cambridge University Press, 1981.

第四章　Couette 流及圆管流

本章介绍微纳米尺度下 Couette 流的流动和传热特性以及圆管流的流动特性. 内容包括各种滑移边界条件, Couette 流的特点, 方程推导和边界条件选择, 求解 Burnett 方程的方法以及与其他方法的比较, 壁面热流率和剪切应力随 Kn 的变化特性, 不同马赫数下速度滑移和温度跃变随 Kn 变化的特征. 接着介绍圆管流场以及由固壁分子和液体分子间作用导致的等效厚度.

4.1　滑移边界条件

速度滑移是指流体在固体表面运动时流体和表面之间在界面处的切向速度差. 流体速度与表面的切向速度相等时即为常规流体力学中经常采用的无滑移边界条件. 严格地说, 无滑移边界条件要求固体表面附近的流体和表面处于理想的热力学平衡, 而在实际上这是难以达到的. 早在 20 世纪初期解决稀薄气体流动的问题中, 人们就采用了速度滑移概念, 近年来在处理微纳米尺度流动的问题中, 这个概念用得比较普遍.

早在 1823 年, Navier[1] 就提出了在流体力学中广泛应用的宏观流体的流动控制方程, 同时也指出, 在边界上流体流动相对固体表面存在很小的速度滑移是允许的, 即 Navier 边界条件:

$$u_s = u_f - u_w = L_s \left. \frac{\partial u}{\partial y} \right|_{\text{wall}}, \tag{4.1.1}$$

式中 u_s 是滑移速度, u_f 是流体速度, u_w 是壁面速度, L_s 是滑移长度, 如图 4.1.1 所示. 从流体和表面进行动量交换的本质看, 速度滑移是客观存在的, 而且速度滑移的大小并不依赖于流动系统的尺寸. 然而, 由于常规尺度下的流动实验结果与 N-S 方程无滑移的结果一致, 无滑移边界条件也就成为常规流体力学中 "理所当然" 的假定.

下面以图 4.1.1 所示的二维 Poiseuille 层流充分发展流动为例来分析速度滑移的影响. 考虑边界速度滑移时, 其速度分布为:

$$u_x = \frac{h^2}{2\mu} \left(-\frac{\mathrm{d}p}{\mathrm{d}x} \right) \left[1 - \left(\frac{y}{h} \right)^2 \right] + u_s, \tag{4.1.2}$$

式中的符号如图 4.1.1 所示, p 为压力. 利用 Navier 边界条件 (方程 4.1.1), 有:

$$u_x = \frac{h^2}{2\mu}\left(-\frac{\mathrm{d}p}{\mathrm{d}x}\right)\left[1-\left(\frac{y}{h}\right)^2+2\frac{L_s}{h}\right], \tag{4.1.3}$$

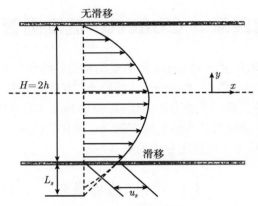

图 4.1.1　速度滑移示意图

这样, 壁面的摩擦阻力系数为:

$$f = \frac{12}{Re}\,\frac{1}{1+6\dfrac{L_s}{h}}. \tag{4.1.4}$$

对于无滑移边界条件的情况有 $L_s=0$, 方程 (4.1.3) 和 (4.1.4) 也就成为常规流体力学中流动的速度分布和摩擦阻力系数 ($f=12/Re$).

从方程 (4.1.3) 和 (4.1.4) 可以看出, 滑移速度对于流动的影响程度取决于滑移长度和流动系统特征尺度的相对大小. 气体流动在固体表面的滑移长度和气体分子的平均自由程相当, 例如标准状况下空气分子的平均自由程约为 65nm, 而液体在固体表面流动的滑移长度和液体分子的直径相当, 例如水分子的直径大约为 0.29nm, 因此, 在常规尺度下虽然也存在速度滑移, 但是速度滑移对流动的影响很微小. 然而, 当流动系统的尺度很小时, 速度滑移的影响就变得非常重要. 对气体流动而言, 流动系统的尺度为微米量级时, 速度滑移的影响已经很大. 例如, 假定气体流动的滑移长度为空气分子的平均自由程 65nm, 流动系统的特征尺度为 1μm 时, 由方程 (4.1.4) 求得的摩擦阻力系数比用无滑移假定求得的系数小 28.1%.

速度滑移对微纳米尺度流动有着重要影响, 流体在通道表面的速度滑移规律成为微纳米尺度流动研究中至关重要的问题, 特别是涉及流体分子和固体壁面动量交换的微观条件和机制时, 滑移现象会表现出更为丰富的性质和复杂的规律.

Maxwell[2] 基于气体动力学理论, 最先导出气体在物体表面处流动时滑移速度的表达式, 其滑移长度为:

$$L_s = \frac{2-\sigma_v}{2}\lambda, \tag{4.1.5}$$

式中 σ_v 为切向动量适应系数, 其意义为气体分子在固体表面发生漫反射的分子数比例.

Maxwell 滑移边界条件引入了切向动量适应系数, 假定气体分子入射到固体表面后会发生两种反射, 即一部分发生漫反射而另一部分发生镜面反射, 从而建立了气体分子和表面之间动量交换行为的较为清晰的物理图像, 并且可以很方便地配合 N-S 方程进行气体滑移流动问题的求解. 所以, Maxwell 滑移边界条件是目前工程和理论分析中应用最为广泛的滑移模型. 在实际应用中, 常常假设表面足够粗糙, 气体分子会发生漫反射, 取经验值 $\sigma_v = 1.0$.

4.1.1 滑移边界条件表达式

一阶滑移边界条件是最常见的速度 u 滑移和温度 T 跃变的边界条件, 可以写成如下的形式 [2,3]:

$$u_s - u_w = \frac{2 - \sigma_v}{\sigma_v} \lambda \left. \frac{\mathrm{d}u}{\mathrm{d}y} \right|_w + \frac{3}{4} \frac{\mu}{\rho T} \left. \frac{\partial T}{\partial x} \right|_w, \tag{4.1.6}$$

$$T_s - T_w = \frac{2 - \sigma_T}{\sigma_T} \frac{2\gamma}{Pr(\gamma + 1)} \lambda \left. \frac{\mathrm{d}T}{\mathrm{d}y} \right|_w, \tag{4.1.7}$$

其中 σ_T 表示温度适应系数. 方程 (4.1.6) 右边第二项表示热蠕动效应, 当壁面存在切向温度梯度时, 必须要考虑该项的作用 [4,5].

当 Kn 数较小时 $(Kn < 0.1)$, 采用一阶滑移边界条件能够获得与实验较符合的结果 [6,7]. 然而, 当 $Kn > 0.1$ 时, 采用一阶滑移边界条件的计算结果与观察到的实验数据不相符 [8], 这导致了很多学者探讨二阶滑移边界条件, 以期能在更大的 Kn 数时依旧能够适用. 当不考虑热蠕动效应时, 二阶速度滑移边界条件一般可以写成如下形式:

$$u_s - u_w = A_1 \lambda \left. \frac{\partial u}{\partial y} \right|_w - A_2 \lambda^2 \left. \frac{\partial^2 u}{\partial y^2} \right|_w, \tag{4.1.8}$$

其中 A_1 和 A_2 分别为一阶和二阶滑移系数. Barber 和 Emerso [9] 总结了各种二阶滑移边界条件如表 4.1.1 所示. 从表中可以看出, 二阶模型都基于 Maxwell 边界条件的简单的泰勒级数展开, 至于哪种二阶滑移边界条件最好, 到目前为止还没有一致的结论.

表 4.1.1 各种二阶滑移边界条件比较

研究者	A_1	A_2
Maxwell[2]	1	0
Schamberg[10]	1	$5\pi/12$
Cercignani 等[11]	1.1466	0.9756
Deissler[12]	1	9/8
Hsia 等[13]	1	0.5
Beskok 等[4]	1	-0.5
Lockerby 等[14]	1	$0.15-0.19$

4.1.2　切向动量适应系数

切向动量适应系数作为表征气体分子同壁面动量交换特性的物理量, 是滑移模型中确定气体在固体表面流动时速度滑移的基本参数, 在涉及气体稀薄效应的工程实际以及相关理论、分析和数值研究中获得了广泛的应用. 正是由于其特殊的重要性, 很多学者对其作了实验、理论分析和分子动力学模拟等研究工作, 表 4.1.2 列出了前人关于气体分子切向动量适应系数的研究结果.

表 4.1.2　前人关于切向动量适应系数的研究结果^[15]

研究者	研究方法	气体/壁面材料	表面状况	温度 (K)	结果
Porodnov 等[16]	自由分子流实验	He、Ne、Ar/玻璃	0.5μm / 1.5μm	293	$0.78 \sim 0.81$ / $0.87 \sim 0.89$
Seidl 和 Steinhei[17]	分子束实验	He/金	很洁净 / 轻微氧化	300	0.25 / 0.80
Thomas[18]	悬浮球旋转实验	He、Ne、Ar、Xe/钢	0.1μm / 非常粗糙	298	$0.82 \sim 0.94$ / $1.04 \sim 1.07$
Tekasakul 等[19]	转子阻尼实验	He/钢 / Ar/钢 / Kr/钢	—	297	0.954 / 0.911 / 0.933
Rettner[20]	分子束实验	N_2/玻璃、磁盘面	—	293	0.96
Veijola 等[21]	气膜响应频率分析	空气/单晶硅 / 空气/铝金属片	1nm / 30nm		0.642 / 0.782
Arkilic 等[7]	滑移流动实验	N_2、Ar、CO_2/单晶硅	0.8nm	293	$0.75\sim0.85$
Bentz 等[22]	转子阻尼实验	He/钢 / Ar/钢	—	293	0.83 / 0.79
Sazhin 等[23]	自由分子流动实验	He、Ne、Ar、Kr/银、Ti / He、Ne、Ar、Kr/Ti	洁净 / 氧吸附层	—	$0.71 \sim 0.92$ / $0.96 \sim 1.00$
Yamamoto[24]	分子动力学模拟	Xe/铂 / Ar/铂	平滑	300	0.91 / 0.19
Jang 等[25]	气体滑移流实验	空气/Pyrex 玻璃 + 硅	35nm	298	0.204
Arya 等[26]	分子动力学模拟	Xe/碳	平滑	—	0.75
Gronych 等[27]	真空黏度计实验	Xe/青铜 / Ar/青铜 / H_2/青铜 / He/青铜	—		0.90 / 0.95 / 0.94 / 1.0

尽管在工程实际应用和科学研究中经常经验性地认为气体分子在固体表面的

切向动量适应系数为 1.0, 但是大多数学者测量得到的切向动量适应系数小于 1.0, 有些甚至比 1.0 小得多. 从目前的研究结果看, 不同学者测量或分析得到的气体分子切向动量适应系数分散度非常大, 气体分子的切向动量适应系数对固体表面的环境条件比较敏感, 如气体的种类以及表面材料的种类、表面的粗糙度、表面氧化和吸附物等.

4.2 Couette 流的方程和边界条件

两无限长平板间的 Couette 流是一简单而经典的问题, 实际应用中经常碰到类似的流动. 微纳机电系统里许多器件中的流动都可以采用 Couette 流来近似, 例如微型马达中基座和定子固定不动, 转子在基座上方几微米处相对运动, 转子与定子以及转子与基座之间就构成近似的 Couette 流动[28]; 又如气体润滑轴承中内外柱体之间的气体流动[29]. 在 Couette 流中, 两个壁面间距很小, 以壁面间距为特征尺度所定义的 Kn 数较大, 有些甚至处于过渡流区的范畴, 因而传统的 N-S 方程无法正确模拟流场[30].

图 4.2.1 是 Couette 流动示意图, 上下两个平板相距 H, 下平板固定, 上平板以速度 V 相对下平板平行运动, 两平板具有相同的壁面温度 T_w, 取流动方向为 x 轴方向.

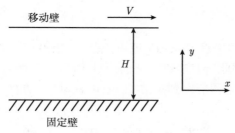

图 4.2.1 Couette 流动示意图

对于宏观尺度下的 Couette 流动, 可采用 N-S 方程模拟, 两平板间的速度呈线性分布. 如果壁面是无滑移的, 那么平板间的气体速度为:

$$u = \frac{y}{H}V. \tag{4.2.1}$$

如果采用滑移理论, 假设壁面上的气体速度为 u_s, 那么平板间气体速度为:

$$u = u_s + \frac{y}{H}(V - 2u_s). \tag{4.2.2}$$

处在过渡流区的稀薄气体流动 Kn 数较高, N-S 方程因为其线性本构关系的本质, 不能用来描述这个区域的气体流动, 而需要采用 Boltzmann 方程描述. 但是迄今为止, 还没有人利用原始 Boltzmann 方程对其进行精确分析.

近年来, 有学者采用 Burnett 方程来模拟微尺度下的 Couette 流动. Xue 等[31,32] 采用 Burnett 方程研究了 Couette 流的流动和传热特性, 并与由直接模拟 Monte Carlo (DSMC) 方法得到的结果作了比较. Shu 等[33] 求解了 Burnett 方程, 但是因为 Burnett 方程存在稳定性问题, 他们的结果只能在较粗的网格上实现, 而且计算不能扩展到过渡区. 他们的研究结果还表明, 采用 Burnett 方程得到的结果要优于由 N-S 方程得到的结果.

Lockerby 和 Reese[14] 同样采用 Burnett 方程研究了 Couette 流的流动特性, 通过在边界上引入松弛技术, 他们成功地获得了 $Kn=1$ 时 Couette 流的收敛解. 在计算中他们采用了一阶滑移边界条件, 得到的结果在 $Kn < 0.1$ 时与 DSMC 的结果符合较好, 但是当 $Kn > 0.1$ 时, Burnett 方程的结果开始偏离 DSMC 的结果, 只能定性地符合. 他们也尝试采用二阶滑移边界条件, 但发现所得结果更偏离由 DSMC 得到的值.

基于上述应用 Burnett 方程存在的问题, Bao 等[34] 在前人的基础上, 采用 Burnett 方程结合高阶滑移边界条件模拟了 Couette 流的流动和传热特性, 获得了任意网格下各种 Kn 数的收敛解, 即便是 Kn 数高达 0.3, 所得的解仍然与 DSMC 的结果符合较好. 此外, Bao 等[35] 还把由求解 Burnett 方程所得的结果与由 DSMC 以及信息保存 (IP) 法所得的结果进行了比较, 发现由解 Burnett 方程得到的结果与由 IP 方法得到的结果符合较好, 但是计算效率更高.

4.2.1　控制方程

在图 4.2.1 所示的平板 Couette 流中, 假设平板沿 x 方向无限大, 流动参数在 x 方向不存在梯度, 因此所有参数对 x 的偏导数都为零, 所有变量都只是 y 的函数. 将二维增广 Burnett 方程应用到定常 Couette 流动中, 方程 (3.2.1) 和 (3.2.2) 变成如下形式:

$$\frac{\mathrm{d}}{\mathrm{d}y}\left(-\mu\frac{\mathrm{d}u}{\mathrm{d}y} + \beta_1\frac{\mu^3}{p^2}RT\frac{\mathrm{d}^3u}{\mathrm{d}y^3}\right) = 0, \tag{4.2.3}$$

$$\frac{\mathrm{d}}{\mathrm{d}y}\left(p + \sigma_{22}^{(2)}\right) = 0, \tag{4.2.4}$$

$$\frac{\mathrm{d}}{\mathrm{d}y}\left(-\mu u\frac{\mathrm{d}u}{\mathrm{d}y} + \beta\frac{\mu^3}{p^2}RTu\frac{\mathrm{d}^3u}{\mathrm{d}y^3} - \kappa\frac{\mathrm{d}T}{\mathrm{d}y} + \frac{\mu^3}{p\rho}R\left(\gamma_1\frac{\mathrm{d}^3u}{\mathrm{d}y^3} + \gamma_2\frac{T}{\rho}\frac{\mathrm{d}^3\rho}{\mathrm{d}y^3}\right)\right) = 0, \tag{4.2.5}$$

其中, 连续性方程自动满足, 方程中的变量与 (3.2.1) 和 (3.2.2) 相同, $\sigma_{22}^{(2)}$ 是二阶黏性应力, 根据方程 (3.2.18), 可以写成:

$$\sigma_{22}^{(2)} = \frac{\mu^2}{p}\left[\alpha_1\left(\frac{\mathrm{d}u}{\mathrm{d}y}\right)^2 + \alpha_2 R\frac{\mathrm{d}^2T}{\mathrm{d}y^2} + \alpha_3\frac{RT}{\rho}\frac{\mathrm{d}^2\rho}{\mathrm{d}y^2}\right.$$
$$\left. + \alpha_4\frac{RT}{\rho^2}\left(\frac{\mathrm{d}\rho}{\mathrm{d}y}\right)^2 + \alpha_5\frac{R}{\rho}\frac{\mathrm{d}\rho}{\mathrm{d}y}\frac{\mathrm{d}T}{\mathrm{d}y} + \alpha_6\frac{R}{T}\left(\frac{\mathrm{d}T}{\mathrm{d}y}\right)^2\right] \tag{4.2.6}$$

方程 (4.2.3)–(4.2.6) 中, α_i, β_i 和 γ_i 是 Burnett 方程中的参数, 当采用 Maxwell 分子时, 其值为: $\alpha_1 = -2/3$, $\alpha_2 = 2/3$, $\alpha_3 = -4/3$, $\alpha_4 = 4/3$, $\alpha_5 = -4/3$, $\alpha_6 = 2$, $\beta_1 = 1/6$, $\gamma_1 = -2/3$, $\gamma_2 = 2/3$.

在 Kn 数比较大的非线性稀薄气体流动中, μ 不再是常数, 而是温度的函数.

上述方程中, 压力满足理想气体定律:

$$p = \rho R T, \qquad (4.2.7)$$

音速可以表示成:

$$c = \sqrt{\gamma R T}. \qquad (4.2.8)$$

在本章中, 假设气体是单原子 Maxwell 气体, 气体的比热比 $\gamma = 5/3$.

Burnett 方程是一个二阶近似方程, 需要一个额外的边界条件[36]. 但是, 迄今为止还没有一个明确定义这个额外边界条件的方法. Xue 等[31] 以及 Lockerby 和 Reese[14] 采用了一种边界条件, 并且得到了较好的结果. 他们积分方程 (4.2.4) 得到:

$$p + \sigma_{22}^{(2)} = C, \qquad (4.2.9)$$

其中 C 是积分常数. 在他们的计算中, 假设这个积分常数等于边界上的压力 p_0, 这样方程 (4.2.9) 可以写成:

$$p + \sigma_{22}^{(2)} = p_0. \qquad (4.2.10)$$

本文的计算也采用这样的边界条件.

计算中的物理量采用如下量纲为一形式:

$$\bar{u} = \frac{u}{c_0}, \ \bar{p} = \frac{p}{p_0}, \bar{T} = \frac{C_p T}{c_0^2}, \ \bar{\rho} = \frac{\rho c_0^2}{p_0}, \ \bar{y} = \frac{p_0 y}{\mu_0 c_0},$$

$$\bar{\mu} = \frac{\mu}{\mu_0}, \ \bar{\kappa} = \frac{\kappa}{\mu_0 C_p}, \ \overline{C_V} = \frac{C_V}{C_p}, \ \bar{R} = \frac{R}{C_p} \qquad (4.2.11)$$

其中, 下标 0 代表静止壁面处的气体属性. 通过 (4.2.11), 可以把方程 (4.2.3), (4.2.10) 以及 (4.2.5) 写成如下量纲为一形式 (方便起见, 去除各量上的横线):

$$-\frac{1}{T}\frac{\mathrm{d}T}{\mathrm{d}y}\frac{\mathrm{d}u}{\mathrm{d}y} - \frac{\mathrm{d}^2 u}{\mathrm{d}y^2} + \frac{10}{27}\frac{1}{\rho^2}\frac{\mathrm{d}^3 u}{\mathrm{d}y^3}\frac{\mathrm{d}T}{\mathrm{d}y} - \frac{10}{27}\frac{T}{\rho^3}\frac{\mathrm{d}^3 u}{\mathrm{d}y^3}\frac{\mathrm{d}\rho}{\mathrm{d}y} + \frac{5}{27}\frac{T}{\rho^2}\frac{\mathrm{d}^4 u}{\mathrm{d}y^4} = 0, \qquad (4.2.12)$$

$$\frac{9}{25}\frac{\rho^3}{T} + \alpha_1\frac{\rho}{T}\left(\frac{\mathrm{d}u}{\mathrm{d}y}\right)^2 + \frac{2}{5}\alpha_2\frac{\rho}{T}\frac{\mathrm{d}^2 T}{\mathrm{d}y^2} + \frac{2}{5}\alpha_3\frac{\mathrm{d}^2\rho}{\mathrm{d}y^2} + \frac{2}{5}\alpha_4\frac{1}{\rho}\left(\frac{\mathrm{d}\rho}{\mathrm{d}y}\right)^2$$

$$+ \frac{2}{5}\alpha_5\frac{1}{T}\frac{\mathrm{d}\rho}{\mathrm{d}y}\frac{\mathrm{d}T}{\mathrm{d}y} + \frac{2}{5}\alpha_6\frac{\rho}{T^2}\left(\frac{\mathrm{d}T}{\mathrm{d}y}\right)^2 - \frac{9}{10}\frac{\rho^2}{T^2} = 0, \qquad (4.2.13)$$

$$-\frac{2}{3}\left(\frac{\mathrm{d}u}{\mathrm{d}y}\right)^2 + \frac{10}{81}\frac{T}{\rho^2}\frac{\mathrm{d}^3u}{\mathrm{d}y^3}\frac{\mathrm{d}u}{\mathrm{d}y} - \frac{1}{T}\left(\frac{\mathrm{d}T}{\mathrm{d}y}\right)^2 - \frac{\mathrm{d}^2T}{\mathrm{d}y^2} + \frac{11}{27}\frac{1}{\rho^2}\frac{\mathrm{d}^3T}{\mathrm{d}y^3}\frac{\mathrm{d}T}{\mathrm{d}y}$$

$$-\frac{11}{27}\frac{T}{\rho^3}\frac{\mathrm{d}^3T}{\mathrm{d}y^3}\frac{\mathrm{d}\rho}{\mathrm{d}y} + \frac{11}{54}\frac{T}{\rho^2}\frac{\mathrm{d}^4T}{\mathrm{d}y^4} - \frac{5}{9}\frac{T}{\rho^3}\frac{\mathrm{d}^3\rho}{\mathrm{d}y^3}\frac{\mathrm{d}T}{\mathrm{d}y} + \frac{5}{9}\frac{T^2}{\rho^4}\frac{\mathrm{d}^3\rho}{\mathrm{d}y^3}\frac{\mathrm{d}\rho}{\mathrm{d}y} - \frac{5}{27}\frac{T^2}{\rho^3}\frac{\mathrm{d}^4\rho}{\mathrm{d}y^4} = 0$$

$$(4.2.14)$$

上面这三个方程是在计算中采用的方程.

对于本文中采用的单原子气体, 壁面上的量纲为一温度为:

$$\bar{T}_w = \frac{C_p T_w}{c_0^2} = \frac{C_p}{\gamma R} = \frac{3}{2}. \tag{4.2.15}$$

4.2.2　边界条件

Lockerby 和 Reese[14] 采用一阶滑移边界条件来模拟 Couette 流的气体流动, 获得了壁面剪切应力和热通量, 通过与 DSMC 结果的比较发现, 当 $Kn < 0.1$ 时, 两者符合很好; 但是, 当 $Kn > 0.1$ 时, 两者定性符合. 一阶滑移边界条件还不足以反映边界上的变化, Lockerby 和 Reese[14] 尝试把二阶滑移边界条件应用到 Couette 流的求解中, 发现采用二阶边界条件得到的结果比用一阶边界条件得到的结果还要差.

在比较了各种类型的二阶滑移边界条件之后, 本章主要采用 Hsia 和 Domoto[13] 由实验测量后提出的二阶滑移模型, 该边界条件可以写成如下形式:

$$u_s = u_w + \frac{2-\sigma_v}{\sigma_v}\lambda\left.\frac{\mathrm{d}u}{\mathrm{d}y}\right|_w - \frac{1}{2}\lambda^2\left.\frac{\mathrm{d}^2u}{\mathrm{d}y^2}\right|_w, \tag{4.2.16}$$

$$T_s = T_w + \frac{2-\sigma_T}{\sigma_T}\left(\frac{2\gamma}{Pr\,(\gamma+1)}\right)\lambda\left.\frac{\mathrm{d}T}{\mathrm{d}y}\right|_w - \frac{1}{2}\lambda^2\left.\frac{\mathrm{d}^2T}{\mathrm{d}y^2}\right|_w. \tag{4.2.17}$$

计算中假设 $\sigma_v = 1$, $\sigma_T = 1$. 采用前面提到的量纲为一化方法, 可以得到如下的二阶滑移边界条件:

$$u_s = \frac{2}{9}\sqrt{6T_s^3}\left.\frac{\mathrm{d}u}{\mathrm{d}y}\right|_w - \frac{4}{27}T_s^3\left.\frac{\mathrm{d}^2u}{\mathrm{d}y^2}\right|_w, \tag{4.2.18}$$

$$T_s = \frac{3}{2} + \frac{5}{12}\sqrt{6T_s^3}\left.\frac{\mathrm{d}T}{\mathrm{d}y}\right|_w - \frac{4}{27}T_s^3\left.\frac{\mathrm{d}^2T}{\mathrm{d}y^2}\right|_w. \tag{4.2.19}$$

下面给出一个简单估算边界速度滑移和温度跃变值的方法. 假设黏性系数是常数, 用 N-S 方程和滑移边界条件求得的 Couette 流动的解可以表示成下面的形式:

$$u = u_s + (M - 2u_s)Kn\,y, \tag{4.2.20}$$

$$T = T_s + \frac{1}{3}(M - 2u_s)^2 \, Kn \, y(1 - Kn \, y). \tag{4.2.21}$$

式中 M 是马赫数. 因此, 速度 v 在壁面上的一阶和二阶导数可以写成:

$$\left.\frac{\mathrm{d}u}{\mathrm{d}y}\right|_w = Kn \, (M - 2u_s), \tag{4.2.22}$$

$$\left.\frac{\mathrm{d}^2 u}{\mathrm{d}y^2}\right|_w = 0. \tag{4.2.23}$$

由方程 (4.2.18)、(4.2.22) 和 (4.2.23) 可以得出:

$$u_s = \frac{2Kn \, M\sqrt{2T_s^3}}{3\sqrt{3} + 4Kn\sqrt{2T_s^3}}, \tag{4.2.24}$$

从而

$$\left.\frac{\mathrm{d}u}{\mathrm{d}y}\right|_w = \frac{27Kn \, M}{3\sqrt{3} + 4Kn\sqrt{2T_s^3}}. \tag{4.2.25}$$

通过方程 (4.2.21), 可以获得 T 的一阶和二阶导数:

$$\left.\frac{\mathrm{d}T}{\mathrm{d}y}\right|_w = \frac{1}{3}(M - 2u_s)\left.\frac{\mathrm{d}u}{\mathrm{d}y}\right|_w, \tag{4.2.26}$$

$$\left.\frac{\mathrm{d}^2 T}{\mathrm{d}y^2}\right|_w = -\frac{2}{3}\left.\frac{\mathrm{d}u}{\mathrm{d}y}\right|_w^2, \tag{4.2.27}$$

把方程 (4.2.24)–(4.2.27) 代入方程 (4.2.19), 可以得到壁面上温度跃变的表达式:

$$32Kn^2 T_s^4 - \left(48 + \frac{8}{3}M^2\right)Kn^2 T_s^3 + 24\sqrt{6}KnT_s^{\frac{5}{2}}$$
$$- \left(36\sqrt{6} + \frac{15}{4}\sqrt{6}M^2\right)KnT_s^{\frac{3}{2}} + 27T_s - \frac{81}{2} = 0. \tag{4.2.28}$$

在气体 Couette 流动中, 由于黏性加热效应, 流场中的温度要比壁面上的温度高, 这个现象也被以往由 DSMC 所得的结果证实[32,37]. 根据方程 (4.2.15), 壁面上的量纲为一温度是 3/2, 因此方程 (4.2.28) 的解只有在 $T_s \geqslant 3/2$ 时才有实际的物理意义[14], 而方程 (4.2.28) 也确实只有一个解是大于 3/2 的. 方程 (4.2.28) 中, 当上平板的速度确定时, 给定一个 Kn 数, 就可以求出壁面上的温度跃变. 图 4.2.2 给出了当马赫数 $M=3$ 时边界上的温度跃变随 Kn 的变化曲线. 通过方程 (4.2.24), 可以得到边界上的速度滑移如图 4.2.3 所示.

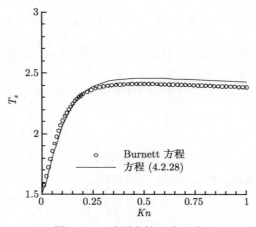

图 4.2.2　壁面上的温度跃变

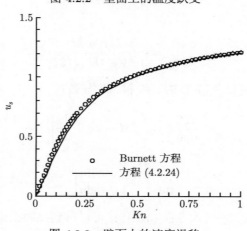

图 4.2.3　壁面上的速度滑移

　　运用这种近似方法, 可以大致估算边界上速度滑移和温度跃变值. 从图 4.2.2 可以看出, 壁面上的温度跃变随着 Kn 数的增大而增大, 且趋向于一个定值. 当 $Kn < 0.2$ 时, 跃变值增加迅速, 而当 $Kn > 0.3$ 时, 跃变值基本不变. 从图 4.2.3 可以看出, 随着 Kn 数的增大, 滑移速度逐渐增大, 在 $Kn < 0.25$ 时变化较迅速.

　　计算边界上的速度滑移和温度跃变还有另外一种方法, 这就是通过求解整个方程, 然后根据滑移边界条件确定边界上的速度滑移和温度跃变. 在求解 Burnett 方程时, Xue 等[31] 发现, 当 $Kn > 0.17$ 时, 就不能获得收敛的解. Lockerby 和 Reese[14] 认为, 在边界条件处理中, 采用滑移边界条件计算的边界滑移值的变化太剧烈, 从而导致了计算的不稳定, 于是他们对边界上的滑移值提出了一种松弛方法:

$$u_s = u_s^{\text{old}} + R_f(u_s^{\text{new}} - u_s^{\text{old}}), \tag{4.2.29}$$

其中 R_f 是松弛系数, 在 0 到 1 之间取值. old 表示上一迭代步的值, new 表示由方程 (4.2.18) 和 (4.2.19) 计算得到的结果.

本章的计算也采用了松弛方法, 计算中发现, 随着 Kn 的增大, 要使计算不发散, R_f 必须减小. 当 $Kn = 1$ 时, 要获得收敛解, R_f 必须小于 0.03. 通过采用松弛技术, 可以得到一维流动时任意网格尺寸下任意 Kn 数时 Burnett 方程的收敛解.

4.3 Couette 流方程的求解和程序验证

4.3.1 方程求解

方程 (4.2.12) 和 (4.2.13) 分别是 x 方向和 y 方向的动量方程, 方程 (4.2.14) 是能量方程. 在每个迭代步中, 利用上一迭代步的结果, 采用 TDMA 算法来分别求解三个方程, 从而获得 u, T 和 ρ, 然后用新求出的流场值求解下一迭代步的值. 从方程特点和方程的物理意义出发, 先由方程 (4.2.12) 求解流场速度 u, 然后由方程 (4.2.14) 求解温度 T, 最后根据方程 (4.2.13) 求解密度 ρ.

在迭代过程中, 对一到四阶导数都采用中心差分, 这样至少保证二阶精度[38]:

$$\left(\frac{\mathrm{d}u}{\mathrm{d}y}\right)_i = \frac{u_{i+1} - u_{i-1}}{2\Delta y} + O\left(\Delta y^2\right),$$

$$\left(\frac{\mathrm{d}^2u}{\mathrm{d}y^2}\right)_i = \frac{u_{i+1} - 2u_i + u_{i-1}}{\Delta y^2} + O\left(\Delta y^2\right),$$

$$\left(\frac{\mathrm{d}^3u}{\mathrm{d}y^3}\right)_i = \frac{u_{i+2} - 2u_{i+1} + 2u_{i-1} + u_{i-2}}{2\Delta y^3} + O\left(\Delta y^4\right),$$

$$\left(\frac{\mathrm{d}^4u}{\mathrm{d}y^4}\right)_i = \frac{u_{i+2} - 4u_{i+1} + 6u_i - 4u_{i-1} + u_{i-2}}{\Delta y^4} + O\left(\Delta y^4\right).$$

而对于边界上的点, 采用单方向的差分形式:

$$\left(\frac{\mathrm{d}u}{\mathrm{d}y}\right)_1 = \frac{-3u_1 + 4u_2 - u_3}{2\Delta y} + O\left(\Delta y^2\right).$$

对于靠近边界的点, 在高阶导数时, 需要采用特殊的差分格式:

$$\left(\frac{\mathrm{d}^3u}{\mathrm{d}y^3}\right)_2 = \frac{-3u_1 + 10u_2 - 12u_3 + 6u_4 - u_5}{2\Delta y^3} + O\left(\Delta y^4\right).$$

下面以方程 (4.2.12) 为例, 简要说明求解过程. 通过重新整理, 方程 (4.2.12) 可以写成如下形式:

$$\frac{\mathrm{d}^2u}{\mathrm{d}y^2} + \frac{1}{T}\frac{\mathrm{d}T}{\mathrm{d}y}\frac{\mathrm{d}u}{\mathrm{d}y} - \frac{10}{27}\frac{1}{\rho^2}\frac{\mathrm{d}^3u}{\mathrm{d}y^3}\frac{\mathrm{d}T}{\mathrm{d}y} + \frac{10}{27}\frac{T}{\rho^3}\frac{\mathrm{d}^3u}{\mathrm{d}y^3}\frac{\mathrm{d}\rho}{\mathrm{d}y} - \frac{5}{27}\frac{T}{\rho^2}\frac{\mathrm{d}^4u}{\mathrm{d}y^4} = 0, \qquad (4.3.1)$$

在点 i 处展开上述方程, 消去两边的 $4\Delta y^4$, 可得:

$$8u_i = 4u_{i+1} + 4u_{i-1} + \frac{1}{T_i}\left(T_{i+1} - T_{i-1}\right)\left(u_{i+1} - u_{i-1}\right)$$
$$- \frac{10}{27}\frac{1}{\rho_i^2}\frac{\left(T_{i+1} - T_{i-1}\right)\left(u_{i+2} - 2u_{i+1} + 2u_{i-1} - u_{i-2}\right)}{\Delta y^2}$$
$$+ \frac{10}{27}\frac{T_i}{\rho_i^3}\frac{\left(\rho_{i+1} - \rho_{i-1}\right)\left(u_{i+2} - 2u_{i+1} + 2u_{i-1} - u_{i-2}\right)}{\Delta y^2}$$
$$- \frac{20}{27}\frac{T_i}{\rho_i^2}\frac{u_{i+2} - 4u_{i+1} + 6u_i - 4u_{i-1} + u_{i-2}}{\Delta y^2}. \tag{4.3.2}$$

方程 (4.3.2) 可以采用 TDMA 算法求解, 于是表示成如下形式:

$$A_i u_i = B_i u_{i+1} + C_i u_{i-1} + D_i, \tag{4.3.3}$$

$i = 2, 3, \cdots, N - 1$, 其中, $i = 1$ 与 $i = N$ 代表边界上的点, 式中:

$$A_i = 8,$$
$$B_i = 4,$$
$$C_i = 4,$$
$$D_i = -\frac{10}{27}\frac{1}{\rho_i^2}\frac{\left(T_{i+1} - T_{i-1}\right)\left(u_{i+2} - 2u_{i+1} + 2u_{i-1} - u_{i-2}\right)}{\Delta y^2}$$
$$+ \frac{10}{27}\frac{T_i}{\rho_i^3}\frac{\left(\rho_{i+1} - \rho_{i-1}\right)\left(u_{i+2} - 2u_{i+1} + 2u_{i-1} - u_{i-2}\right)}{\Delta y^2}$$
$$- \frac{20}{27}\frac{T_i}{\rho_i^2}\frac{u_{i+2} - 4u_{i+1} + 6u_i - 4u_{i-1} + u_{i-2}}{\Delta y^2},$$

D_i 和边界上的速度滑移值采用上一迭代步的结果. 对于方程 (4.3.3) 中 $i = 2$, 有:

$$A_2 u_2 = B_2 u_3 + C_2 u_1 + D_2.$$

因为 u_1 已知, 所以 u_2 仅是 u_3 的函数, 即 u_2 可以用 u_3 表示. 同理, 可以推出 u_i 用 u_{i+1} 表示. 因此, 假设:

$$u_i = P_i u_{i+1} + Q_i. \tag{4.3.4}$$

根据递推关系, 同样有:

$$u_{i-1} = P_{i-1} u_i + Q_{i-1}. \tag{4.3.5}$$

把方程 (4.3.5) 代入方程 (4.3.3), 并且与方程 (4.3.4) 进行对比, 可以得出:

$$P_i = \frac{B_i}{A_i - C_i P_{i-1}}, \tag{4.3.6}$$

$$Q_i = \frac{D_i + C_i Q_{i-1}}{A_i - C_i P_{i-1}}. \tag{4.3.7}$$

根据 $i = 1$ 的边界条件, 有:

$$P_1 = \frac{B_1}{A_1}, \quad Q_1 = \frac{D_1}{A_1}.$$

因为边界上的速度为已知, 根据 $i = N$ 的边界条件就可以从方程 (4.3.5) 求得 u_{N-1}, 依此类推, 可以求得所有网格点上 u 的值; 然后, 再利用上一迭代步的温度和密度值, 结合新求得的速度值, 采用 TDMA 算法求解能量方程 (4.2.14), 获得流场中的温度值; 接着采用同样解法由方程 (4.2.13) 求出密度, 最后根据密度和温度值求出压力, 由此完成一个迭代步. 通过多步迭代, 当达到如下的收敛准则

$$\max\left[u - u^{\text{old}}, T - T^{\text{old}}, \rho - \rho^{\text{old}}\right] \leqslant 10^{-12}, \tag{4.3.8}$$

就可以认为计算已经收敛.

下面验证网格的独立性, 图 4.3.1 给出了三种网格 (Grid=100, 200, 500) 情况下速度剖面的分布图, 从图中可以看出, 用这三种网格计算的结果完全一致, 由于 100 个网格已经足够精确, 所以在本文的计算中, 都采用这种网格.

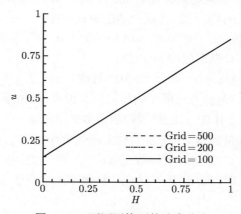

图 4.3.1　不同网格下的速度分布

采用 Burnett 方程得到的速度滑移和温度跃变也表示在图 4.2.2 和图 4.2.3 中. 通过与近似分析结果的比较发现, 当 Kn 数较小时 ($Kn < 0.2$), 采用这两种方法得到的速度滑移和温度跃变值比较一致, 此时, 完全可以采用 N-S 方程来近似计算边界上的滑移值. 但是随着 Kn 的增大, 这两种结果开始有所区别, 特别是温度跃变值的差别比较大.

4.3.2　求解 Burnett 方程和用 IP 方法计算结果的比较

采用 DSMC 方法计算低速流动时, 会遇到噪声与有用信号之比所导致的非常大取样的问题, 于是, 沈青和樊菁提出了信息保存 (IP) 方法 [39,40]. 该方法基于

DSMC 方法, 每一个模拟分子携带两种速度, 其中一种是 DSMC 方法中的分子速度 c, 用来计算分子的运动、碰撞以及在壁面的反射并完全遵循 DSMC 方法; 另一种是所谓的信息速度 u, 用来记录每个模拟分子所代表的极大数目的真实分子的集团速度. 信息速度对分子的运动不产生任何影响, 只用于求和得到宏观速度, 其原始信息取自于气体的来流和物体的表面, 而当分子由表面反射、相互碰撞、受到力的作用以及从边界进入时, 信息速度获得新值.

近年来, 虽然一些学者在沈青和樊菁的基础上, 把 IP 方法应用到各种微纳米尺度的流动中, 获得了一定的成功[41-43], 但 IP 方法还有待完善. 在 IP 方法中, 只增加了信息速度, 通过这种方法, 在速度方面能够较快获得较好的信息, 但是其他变量如温度、密度等值, 仍然存在着很大的统计噪声.

从第一章的介绍中可知, IP 方法是在 DSMC 方法的基础上, 根据低速流动的特点而开发出的一种新方法, 这种方法更适合于模拟微尺度下的低速气体流动[40,42,44].

这里首先采用 DSMC 和 IP 方法计算了 Couette 流动. 在这两种方法中, 均采用了 10^4 个计算粒子, 在流场中设置了 100 个网格, 用来统计各种宏观量, 而在每个网格中设置了五个亚网格, 用来选取合适的碰撞分子对. 在计算中, 选取单原子气体氩气, 采用硬球模型, 分子直径 $d = 4.17 \times 10^{-10}$m, 分子质量 $m = 6.63 \times 10^{-27}$kg, 上壁面的速度为 3m/s, 壁面温度为 273K.

图 4.3.2 给出了 $Kn = 0.1$ 时用 DSMC 方法和 IP 方法所得的速度剖面的比较. 从图中可以发现, 用这两种方法所得的结果符合很好, 但是采用 DSMC 方法得到的结果离散度较大, 而采用 IP 方法得到的结果要光滑很多. 在 IP 方法中, 除了速度, 并没有保存其他宏观量的信息, 所以其他宏观量都跟用 DSMC 方法得到的结果一致. 计算中采用 DSMC 方法的采样数是采用 IP 方法的 10^3 倍, 从而进一步说明, 在模拟低速气体流动时, 采用 IP 方法在计算效率上要高于 DSMC 方法.

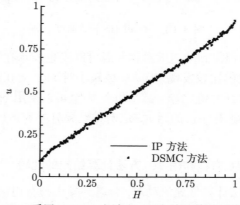

图 4.3.2 采用 DSMC 方法和 IP 方法计算的速度分布

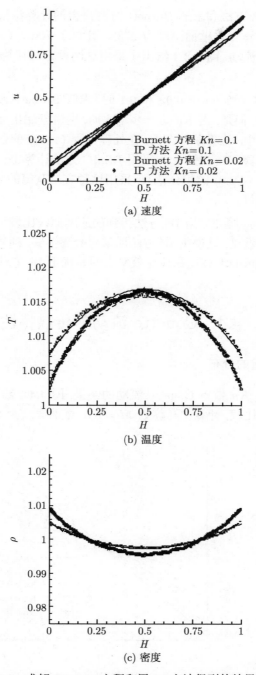

图 4.3.3   求解 Burnett 方程和用 IP 方法得到的结果比较

下面比较用 IP 方法和求解 Burnett 方程所得的计算结果. 计算中采用的气体为氩气, 马赫数 $M = 0.5$, 壁面温度为 273K. 计算了 $Kn = 0.02$ 和 $Kn = 0.1$ 两种情况下的 Couette 流动. 图 4.3.3 给出了采用这两种方法计算得到的速度、温度和密度的比较.

由图 4.3.3 可见, 当 $Kn = 0.02$ 和 0.1 时, 求解 Burnett 方程和用 IP 方法得到的结果符合得较好. 但是, 当 Kn 进一步增大时, 两者开始出现差别, 这可能跟计算 Burnett 方程时采用的边界条件有关, 在处理方程 (4.2.9) 的积分常数时, 引进的假设是否合理有待检验. Xue 等[32] 先采用 DSMC 方法计算出边界上的压力, 然后把这个压力作为方程 (4.2.9) 的积分常数, 采用这种方法获得的结果与用 DSMC 方法得到的结果符合较好.

从图 4.3.3 还可以看出, 用 IP 方法得到的速度曲线比较平滑, 而温度和密度的结果存在着一定的波动, 这说明 IP 方法的采样数还不够. 通过上面的比较说明, 采用连续性模型的 Burnett 方程在计算效率上明显优于 IP 方法.

4.4　Couette 流动和传热特性

4.4.1　基本物理量的分布

首先比较不同 Kn 数下 Couette 流动的结果, 图 4.4.1 给出了不同 Kn 数下速度、温度和密度的比较, 计算中马赫数 $M = 0.5$, 壁面温度为 273K.

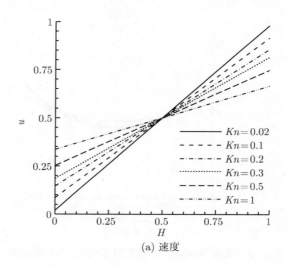

(a) 速度

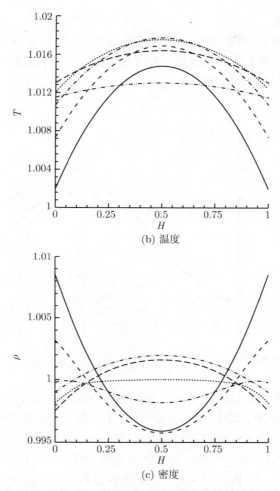

(b) 温度

(c) 密度

图 4.4.1　不同 Kn 数下 Burnett 方程求解结果的比较

从图中可以看出, 随着 Kn 的增大, 壁面上的速度滑移逐渐增大, 但是在中间位置上速度一致, 为上平板速度的一半. 壁面上的温度跃变随着 Kn 的增大, 一开始迅速增大, 到达一定值后开始变小, 这从图 4.4.1(b) 中可以看出, 而且随着 Kn 的增大, 平板间的温度梯度逐渐变小, 趋向于一个常数. 平板间的密度变化较复杂, 当 Kn 数较小时, 因为平板间的压力几乎为一个常数, 而中间部分的温度较高, 所以流场中间部分的密度最低. 随着 Kn 数的增大, 中间区域的量纲为一密度随着 Kn 的增大而增大, 而边界上的密度随着 Kn 的增大先迅速减小, 然后又稍微增大. 在 $Kn = 0.01$ 和 $Kn = 0.1$ 时, 密度的最大值出现在边界上, 而当 $Kn = 0.2$ 时, 流场中在靠近壁面的地方出现两个极大值, 随着 Kn 的进一步增大, 密度的最大值出现在流场的中间部位.

　　在 Couette 流中, 壁面剪应力和热通量是两个非常重要的量. 图 4.4.2 比较了不同计算方法和计算条件下量纲为一壁面热通量随 Kn 数的变化曲线. 为了与其他方法比较, 计算中马赫数为 $M = 3$.

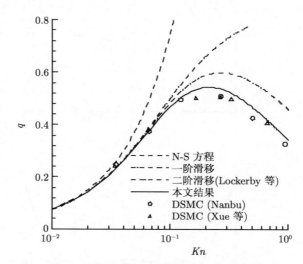

图 4.4.2　用不同方法得到的壁面热通量

　　图 4.4.2 给出了用 DSMC 方法、求解 N-S 方程、求解 Burnett 方程所得计算结果的比较. 从图中可以看出, Nanbu[37] 和 Xue 等[32] 采用 DSMC 方法计算的结果基本一致. 而求解 N-S 方程所得的结果, 在 $Kn < 0.03$ 附近与用 DSMC 所得的结果吻合较好, 但是 Kn 较大时, 则完全偏离用 DSMC 所得的结果, 甚至连变化趋势都不同. Lockerby 和 Reese[14] 采用一阶滑移边界条件求解 Burnett 方程, 获得的壁面热通量在 $Kn < 0.1$ 时能够较好地反映气体的流动, 但是当 Kn 较大时, 其结果开始偏离用 DSMC 所得的结果, 只能定性符合. 他们也采用了二阶滑移边界条件, 但是得出的结果更偏离 DSMC 的结果. 一阶滑移高估了滑移效应, Lockerby 和 Reese 采用的二阶滑移模型更增大了这种效果. 而当前采用 Burnett 方程结合 Hsia 和 Domoto[13] 的二阶滑移边界条件, 能较好地模拟壁面的热通量, 其 Kn 数甚至可以达到 1.

　　图 4.4.3 比较了用各种计算方法得到的壁面剪应力的结果. 求解 N-S 方程得到的速度梯度为一常数, 所以壁面剪应力为一直线, 求解 Burnett 方程得到的壁面剪应力结果要明显优于求解 N-S 方程得到的结果. 当 $Kn > 0.3$ 时, 采用当前形式的二阶滑移边界条件能给出更好的结果. 从图中还可以看出, 无论采用何种边界条件, 求解 Burnett 方程所得的结果都差不多.

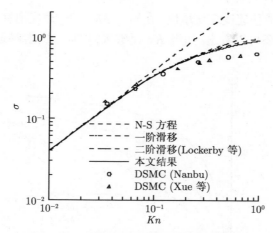

图 4.4.3 用不同方法得到的壁面剪应力

4.4.2 马赫数对流场的影响

图 4.4.4 和图 4.4.5 分别比较了不同马赫数 M 下温度跃变和速度滑移随 Kn 数的变化 (M=1, 2, 3, 5). 从图 4.4.4 中可以看出, 随着 M 数的增大, 壁面上的温度跃变增加非常快. 随着两平板间速度的增加, 气体的黏性加热效应变得重要, 内部气体的温度增加非常快, 从而造成了边界上温度跃变的增加. 对于确定的 M 数, 温度跃变随着 Kn 的增大先迅速增大到最大值, 然后趋向于一个常数. 这个现象在 $M = 5$ 时最明显, 此时最大值出现在 $Kn = 0.2$ 附近.

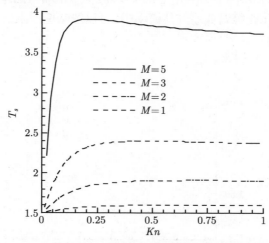

图 4.4.4 不同 M 数下壁面上的温度跃变随 Kn 数的变化 (超音速)

图 4.4.5 是不同 M 数下速度滑移随 Kn 数的变化曲线, 图中的速度采用上壁面的速度进行量纲为一化. 如图所示, 随着 M 数的增大, 壁面上的速度滑移也逐渐

增大. M 数越大, 滑移速度变化越快. 在同一 M 数下, 速度滑移随 Kn 的增大而增大. 从图中的趋势还可以看出, 如果 Kn 足够大, 壁面上的滑移速度将趋向于 0.5.

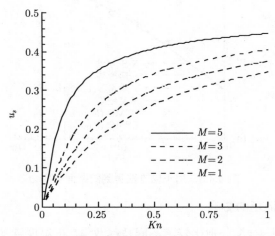

图 4.4.5　不同 M 数下壁面上的速度滑移随 Kn 数的变化 (超音速)

图 4.4.6 和 4.4.7 比较了亚音速时不同 M 数下温度跃变和速度滑移随 Kn 数的变化. 由图可见, 亚音速时壁面上的温度跃变和速度滑移变化趋势与超音速时一样, 只是上壁面速度的变小, 使得流动中的黏性加热效应降低, 以至边界上的温度跃变减小. 从图 4.4.6 中可以看出, 当 $M = 0.1$ 时, 壁面上的最大跃变温度是壁面温度的 0.5 ‰, 因此在等温低速气体流动中, 可以忽略壁面上的温度跃变.

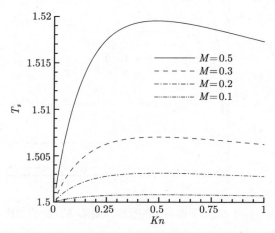

图 4.4.6　不同 M 数下壁面上的温度跃变随 Kn 数的变化 (亚音速)

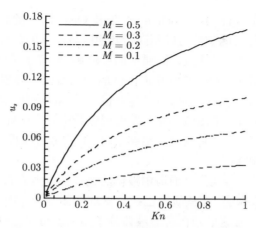

图 4.4.7 不同 M 数下壁面上的速度滑移随 Kn 数的变化 (亚音速)

4.5 圆管流场及等效厚度

液体在微圆管流场中的流动与在常规尺度下的流动有很大不同, Pfahler 等[45] 给出了异丙醇和硅油在微通道中流动时摩擦因子和表观黏度的测量结果, 发现在一定的压差下, 随着通道尺度的减小, 表观黏度开始偏离理论值而变小. Wang 和 Peng[46] 对液体在微通道中强迫对流进行了实验研究, 发现 Re 数为 800 时出现层流向湍流的转捩; 而 Re 数介于 1000 和 1500 之间时, 流场开始变成充分发展的湍流场. Qu 等[47] 对于水流过水力直径为 $51\sim169\mu m$ 的梯形硅材料管道的流动特性进行了研究, 发现由于微管道表面粗糙度的影响, 微管道中的压力梯度和流动阻力高于由常规层流理论给出的值. Mala 和 Li[48] 在 Re 数为 2100 的情况下, 测量了内径为 $50\sim254\mu m$ 的圆管内水流的压力梯度, 发现对于内径大于 $150\mu m$ 的流动, 所得实验结果与常规理论给出的结果基本一致; 对于内径小于 $150\mu m$ 的流动, 所测得的压力梯度比常规理论给出的压力梯度可能高出 35%.

在微通道流动中存在一些影响流动特性的因素, Li 和 Cheng[49] 研究了微通道尺度、流量和热通量对沸腾点的影响, 对微通道中沸腾传热过程的机理给出了进一步的解释. Nagayama 和 Cheng[50] 研究了纳米尺度通道中 Lennard-Jones 流体在压力驱动下界面湿周对流动的影响, 结果说明固液界面上的水动力边界条件依赖于湿周和驱动力的大小, 壁面附近的非均匀温度和压力分布起因于界面湿周的影响. Wu 和 Cheng[51] 由实验发现, 在水力直径为 $25.9\sim291\mu m$ 的梯形截面硅材料光滑壁面管道中, 横截面的长宽比对于去离子水层流运动的摩擦力常数有很大影响, 随着壁面粗糙度和亲水特性的增加, 层流 Nusselt 数和表观摩擦力常数也增加[52].

在影响微通道流动的各种要素中, 通道的尺度非常重要. 随着通道尺度的减小, 壁面特征对流动特性的影响增强. 在胶体和界面科学中, 固壁表面特征对流体黏性的作用已引起人们的关注. Israelachvili[53] 以及 Gee 等[54] 的研究表明, 在非常靠近固壁的很薄一层液体中的黏性可以不同于其他区域液体的黏性, 是高或低取决于液体的特性. Li 等[55] 对于气体流经微通道的层流场, 研究了壁面对于热传导的影响, 从气体分子运动论出发, 对于非常靠近固壁的相当薄的气体层, 他们推导出了气体导热性的变化与壁面距离的关系, 通过建立包含导热性变化的模型来研究热传导的规律, 给出了微圆管和二维微通道充分发展层流场中温度剖面和热传导系数的解析表达式, 研究结果表明, 当通道尺度足够小时, 非常靠近壁面气流层中导热性的变化将对传热有很大影响.

尽管实验结果已经表明, 微通道中液体的速度和压力分布不同于常规尺度的情形, 但是其机理仍未探明. 有些研究已经尝试从液体分子与固壁分子之间的相互作用来解释这一机理, 而这里则在考虑液体分子与固壁分子之间的相互作用基础上, 数值模拟圆管中的流动, 并基于模拟结果, 给出反映分子相互作用效应的等效厚度.

4.5.1　基本方程

由于 Knudsen 数小于 0.1, 所以这里的控制方程仍旧是连续性方程和 Navier–Stokes 方程:

$$\frac{\mathrm{d}\rho}{\mathrm{d}t} + \rho\frac{\partial u_j}{\partial x_j} = 0, \tag{4.5.1}$$

$$\rho\frac{\mathrm{d}u_i}{\mathrm{d}t} = \rho f_i - \frac{\partial}{\partial x_i}\left(p + \frac{2}{3}\mu\frac{\partial u_j}{\partial x_j}\right) + \frac{\partial}{\partial x_j}\left[\mu\left(\frac{\partial u_i}{\partial x_j} + \frac{\partial u_j}{\partial x_i}\right)\right], \tag{4.5.2}$$

当流动是不可压缩时, 以上方程就成为:

$$\frac{\partial u_j}{\partial x_j} = 0, \tag{4.5.3}$$

$$u_j\frac{\partial u_i}{\partial x_j} = -\frac{1}{\rho}\frac{\partial p}{\partial x_i} + \frac{1}{\rho}\frac{\partial}{\partial x_j}\left(\mu\frac{\partial u_i}{\partial x_j}\right). \tag{4.5.4}$$

以上方程可以写成以下形式:

$$\frac{\partial}{\partial x_j}(u_j\varphi) = \frac{\partial}{\partial x_j}\left(\Gamma_\varphi\frac{\partial\varphi}{\partial x_j}\right) + S_\varphi, \tag{4.5.5}$$

式中 φ 是一般的因变量, S_φ 是不能被表示成对流项或扩散项的其他所有源项.

4.5.2　黏性系数公式

不同于常规尺度流场的情形, 考虑到液体分子与固体壁面分子的相互作用, 这里将方程 (4.5.4) 中的黏性系数视为变量, 这样就必须先分析壁面的物理化学特性与黏性系数之间的关系, 因为壁面的物理化学特性直接导致分子力对界面现象的影响. 分子间的作用力由三部分组成, 即 Keesom 相互作用、诱导相互作用和范德华力作用. 相比于化学键, 分子间作用力非常小, 大约是 0.42~4.18kJ/mol. 一般而言, 分子间作用力是短程力, 两个分子的作用距离大约是 0.3~0.5nm, 这大约是 2~3 个水的分子层. 另一方面, 两个宏观物体间这些力的累加作用可以是一个长程力.

由化学知识可知, 固体壁面对于水分子的作用范围依赖于固壁表面的特性, 尤其是表面的极性. 表面极性越强, 作用的范围就越大. 对于亲水材料, 作用范围大约可达 0.01mm 或更大, 而对于疏水材料, 大约是 $10^{-5} \sim 10^{-6}$mm, 这大约是 $10^5 \sim 10^6$ 个分子层. 固壁表面和液体分子间的作用势能可以表示为:

$$V = -\frac{\phi'}{y^n}, \tag{4.5.6}$$

这里 ϕ' 与固壁表面和液体分子的特性相关, 在所有特性中极性是最重要的因素, 如果温度和固壁材料不变, ϕ' 就是常数; 当只考虑分子时, n 是 6. 对于宏观物体, n 在 0 到 6 之间取值, 通常取 2 和 3.

在常规尺度的流动中, 液体的黏性起因于分子的吸引力, 分子吸引力越大, 黏性就越大, 所以黏性与分子吸引力成正比. 而在微通道中, 黏性由两部组成, 一部分是液体的常规黏度, 另一部分是由固壁和液体分子相互作用导致的附加黏度. 因此, 微通道中的黏性系数可以表示为[54]:

$$\mu = \mu_0 + \frac{\phi}{y^n}, \tag{4.5.7}$$

式中 ϕ/y^n 是附加黏度, ϕ 依赖于材料特性, y 是与壁面的距离. 当 y 趋向于 0 即在壁面上时, 黏度为无穷大, 这意味着液体分子将黏附于固壁表面而不移动, 这对应常规尺度理论中的无滑移条件. 当与壁面的距离超过一定的值时, 液体的黏性趋向于一个常数 μ_0. 图 4.5.1 是微圆管中黏度沿径向的分布, 圆管的半径是 50μm.

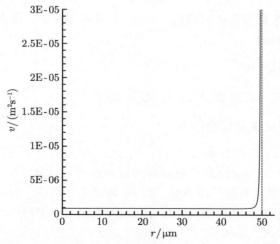

图 4.5.1 微圆管中黏度沿径向的分布 ($\phi = \mu_0$, $n = 3$)

4.5.3 计算方法

这里用 SIMPLE 算法数值计算方程 (4.5.5) 和 (4.5.7).

1. 网格的选择和网格数

在正式计算之前, 先验证计算的结果不依赖于网格以及检验程序的正确性. 对于充分发展的直径为 D 的圆管层流场, 在 $D \times 4D$ 的计算域中变化网格的分布和网格数重复计算, 并将计算的速度分布与圆管层流场的解析解 (4.5.8) 进行比较.

$$u(r) = -\frac{1}{4\mu}\frac{\mathrm{d}P}{\mathrm{d}x}\left(\frac{D^2}{4} - r^2\right). \tag{4.5.8}$$

结果发现用图 4.5.2 所示的 52×8 网格计算, 能够得到足够的精度, 误差小于 0.01%.

图 4.5.2   52×8 的网格数

由于管道几何上的轴对称性, 只计算一半的流场. 靠近壁面处流体的速度和黏度变化较大, 为了更充分反映这样的变化, 由图 4.5.2 可见, 靠近壁面处的网格更密. 还需指出的是, 由于模拟的是充分发展的流场, 所以模拟时流场沿流向采用的是周期性边界条件, 这样沿流向取 8 个节点就足够了.

2. 边界条件

周期性边界条件用在进口和出口部分, 无滑移边界条件用在壁面, 对称边界条件用在圆管的中心线.

4.5.4 计算结果与讨论

计算时采用的流体是水, 流场 Re 数是 1500.

1. 系数 ϕ 对速度分布的影响

图 4.5.3 给出了速度分布与 ϕ 的关系, 此时取 n 等于 3, 管径 D 为 50μm. 由图可见, 随着 ϕ 的增加, 速度分布偏离常规理论变得明显. 当 $\phi=0$ 时, 根据方程 (4.5.7), 全流场的黏性系数保持不变, 这与常规理论的结论一致. 当 $\phi = 10\mu_0$ 时, 固壁分子和液体分子的相互作用对速度分布有很大影响, 非常靠近壁面的水分子几乎黏附在壁面上, 截面上最大速度与平均速度之比达到 2.42, 这个值比常规理论给出的值 2 要大.

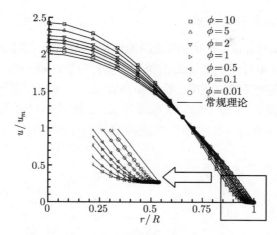

图 4.5.3 ϕ 对速度分布的影响 ($n = 3$, $D = 50\mu m$)

ϕ 的值反映了固壁分子和液体分子相互作用的特性, 当液体保持不变时, 分子间作用对速度分布的影响取决于固体壁面的材料特性. 对亲水性材料, ϕ 值比较大, 固体壁面对于速度分布的影响更明显. 但是, 对于疏水性材料, ϕ 值较小, 固体壁面对于速度分布的影响很小.

2. 指数 n 对速度分布的影响

图 4.5.4 给出了指数 n 对速度分布的影响, 根据方程 (4.5.8), 当 n 趋向于 0 时, 水的黏性 μ 是 $2\mu_0$, 此时水的黏度不依赖于与壁面的距离, 这显然是与实际不符的. 由图可知, 在靠近壁面的区域, 当 n 大于 1 时, n 越大, 则黏性系数 μ 也越大. 在远离壁面的区域即 $y > 1$, n 越大, 黏性系数 μ 则越小. 当 $n = 1$ 时, 相对速度最大. 在下面的计算中, 取 $n = 3$.

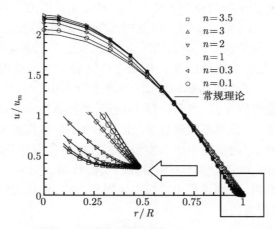

图 4.5.4 指数 n 对速度分布的影响 ($\phi = \mu_0$, $D = 50\mu m$)

3. 速度分布与管径的关系

当管径从 4~300μm 变化时, 沿径向的速度分布如图 4.5.5 所示, 可见当管径为 300μm 时, 速度分布与常规理论的结果差不多. 当管径减小时, 速度分布的曲线严重地偏离常规理论所对应的曲线, 特别是当管径为 4μm 时, 最大相对速度值是 3.7, 该值远大于常规理论的 2. 因此, 在微通道流中, 通道的尺度是很重要的. 事实上, 当管道直径小于 150μm 时, 就应当考虑固壁分子与液体分子间的相互作用对于流动特性的影响.

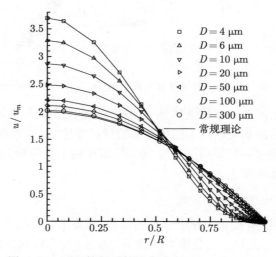

图 4.5.5 不同管径下的速度分布 $(\phi = \mu_0, n = 3)$

4. 压降与管径的关系

微通道中固壁分子和液体分子相互作用对流动特性的影响也可以从单位长度的压降来体现. 图 4.5.6 给出了管径与 $\Delta P/\Delta P_0$ 的关系, 这里 $\Delta P/\Delta P_0$ 是考虑分子作用后的压力梯度与常规理论给出的压力梯度之比. 当管径足够大时, 分子作用的影响不明显, $\Delta P/\Delta P_0$ 的值近似为 1, 例如当管径 $D = 300$μm 时, $\Delta P/\Delta P_0 = 1.040$. 随着管径的减小, 分子作用的影响增加, 当管径为 20μm 时, 考虑分子作用后的压力梯度是常规理论值的 3 倍; 当管径是 4μm 时, $\Delta P/\Delta P_0 = 6.171$, 分子作用的影响非常明显. 在不同 Re 数和不同管径下, 压力梯度的数值模拟和实验结果比较如图 4.5.7 和图 4.5.8 所示, 两幅图中用于实验的圆管材料分别是熔融石英和不锈钢[48], 图中管从 50~205μm 变化时, 不同管径的实验数据分别由不同形状的符号表示, 实线是数值模拟结果, 点划线是由常规理论得到的结果, 压力降与体积流量的关联由 Poiseuille 流方程给出:

$$Q = \frac{\pi R^4}{8\mu l} \Delta P, \tag{4.5.9}$$

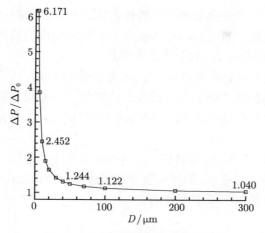

图 4.5.6   不同管径下的相对压降

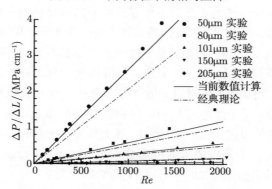

图 4.5.7   不同管径下熔融石英圆管中压降的数值模拟和实验结果 ($n = 3$, $\phi = 2\mu_0$)

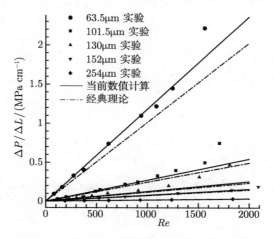

图 4.5.8   不同管径下不锈钢圆管中压降的数值模拟和实验结果 ($n = 3$, $\phi = 1.2\mu_0$)

如图 4.5.7 所示, 理论值曲线在实验值曲线之下, 对大管径情形, 压力梯度近似于常规理论给出的值, 当管径减小, 实验得到的压力梯度值显著地大于常规理论给出的值, 而且两者的差随 Re 数的增加而增加.

对比数值模拟和实验结果可知, 当 Re 数小于 1500 时, 考虑固壁分子和液体分子相互作用对液体黏性影响的压力梯度的计算值与实验结果吻合很好. 在图 4.5.8 中, 圆管材料是不锈钢, 管径从 63.5~254µm 变化, 数值计算结果与实验结果吻合也很好.

在方程 (4.5.7) 中, 对不同的材料, n 的值只有很小的差别, 于是, 依赖于材料和液体特性的 ϕ 显得非常重要, 如果固壁分子和液体分子相互作用很强, 那么 ϕ 的值很大, 迄今为止, ϕ 的值主要由实验确定.

4.5.5　等效厚度

固壁分子和液体分子的相互作用使靠近壁面的液体黏附在壁面上, 导致靠近壁面的流体流动很慢. 因此, 除了液体的黏性之外, 固壁分子和液体分子间的作用导致了流量额外的减少, 这种效应相当于减少了管道的直径, 于是, 可以引入一个等效厚度 δ 来表示管径的减少量. 对于分子与液体分子有很强作用的固壁材料, 等效厚度 δ 就比较大, 例如亲水性材料的等效厚度就小于疏水性材料的等效厚度.

基于实验数据, 对于熔融石英和不锈钢圆管中的微流动进行变换参数的计算, 然后得出相应的等效厚度. 在这些计算中, 等效厚度用来替代变黏度方程 (4.5.7), 最后得到的熔融石英和不锈钢的等效厚度分别是 1.8µm 和 1.5µm. 基于等效厚度和实验数据的计算结果如图 4.5.9 所示, 可见两者吻合较好.

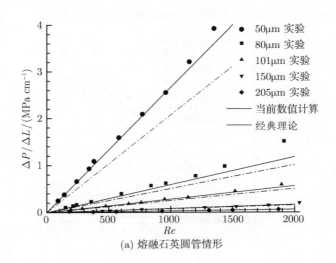

(a) 熔融石英圆管情形

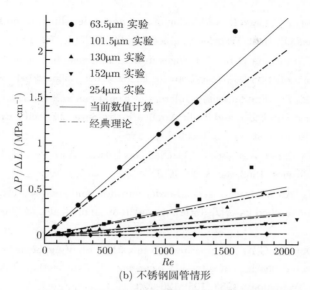

(b) 不锈钢圆管情形

图 4.5.9 基于等效厚度和实验数据的计算结果

对于宏观通道而言, 等效厚度只有几微米, 所以固壁分子和液体分子相互作用对于流场的影响可以忽略. 然而, 对于微通道而言, 这样的影响必须考虑, 否则得到的结果将偏离实际情形.

参 考 文 献

[1] Navier M. Memoire sur les lois du mouvement des fluides [J]. Memoires of Academie Royale des Sciences, 1823, 6: 389–440.

[2] Maxwell J C. On stresses in rarefied gases arising from inequalities of temperature [J]. Philosophical Transactions of the Royal Society, 1879, 170: 231–256.

[3] Smoluchowski M. Veder warmeleitung in verdumteu gasen [J]. Annalen der Physik and Chemie, 1898, 64: 101–130.

[4] Beskok A, Karniadakis G E, Trimmer W. Rarefaction and compressibility effects in gas microflows [J]. Journal of Fluid Engineering, 1996, 118: 448–456.

[5] Huang C M, Tompson R V, Ghosh T K, et al. Measurements of thermal creep in binary gas mixtures [J]. Physics of Fluids, 1999, 11(6): 1662–1672.

[6] Harley J C, Huang Y, Bau H H. Gas flow in micro-channels[J]. Journal of Fluid Mechanics, 1995, 284: 257–274.

[7] Arkilic E B, Breuer K S, Schmidt M A. Measurement of the mass flow and tangential momentum accommodation coefficient in silicon micromachined channels[J]. Journal of Fluid Mechanics, 2001, 437: 29–43.

[8]　Colin S, Lalonde P, Caen R. Validation of a second-order slip flow model in rectangular microchannels [J]. Heat Transfer Engineering, 2004, 25(3): 23–30.

[9]　Barber R W, Emerson D R. Challenges in modeling gas-phase flow in microchannels: From slip to transition [J]. Heat Transfer Engineering, 2006, 27(4): 3–12.

[10]　Schamberg R. The Fundamental Differential Equations and the Boundary Conditions for High Speed Slip-Flow, and Their Application to Several Specific Problems[D]. Ph.D Thesis, California Institute of Technology, 1947.

[11]　Cercignani C, Daneri A. Flow of a Rarefied Gas between Two Parallel Plates[J]. Journal of Applied Physics, 1963, 34: 3509–3513.

[12]　Deissler R G. An analysis of second-order slip flow and temperature jump boundary conditions for rarefied gases[J]. International Journal of Heat and Mass Transfer, 1964, 7: 681–694.

[13]　Hsia Y T, Domoto G A. An experimental investigation of molecular rarefaction effects in gas lubricated bearings at ultra-low clearances[J]. Transaction of ASME, Journal of Lubrication Technology, 1983, 105: 120–130.

[14]　Lockerby D A, Reese J M. High-resolution Burnett simulations of micro Couette flow and heat transfer[J]. Journal of Computational Physics, 2003, 188(2): 333–347.

[15]　曹炳阳. 速度滑移及其对微纳尺度流动影响的分子动力学研究 [D]. 清华大学, 博士论文, 2005.

[16]　Porodnov B T, Suetin P E, Borisov S F. Experimental investigation of rarefied gas flow in different channels[J]. Journal of Fluid Mechanics, 1974, 64: 417–437.

[17]　Seidl M, Steinheil E. Measurement of momentum accommodation coefficients on surfaces characterized by anger spectroscopy, SIMS and LEED[C]. Proceedings of the Ninth International Symposium on Rarefied Gas Dynamics, 1974.

[18]　Thomas L B, Lord R G. Comparative measurements of tangential momentum and thermal accommodations on polished and on roughened steel spheres[C]. Rarefied Gas Dynamics, 1974.

[19]　Tekasakul P, Bentz J A, Tompson R V. The spinning rotor gauge: measurements of viscosity, velocity slip coefficients, and tangential momentum accommodation coefficients[J]. Journal of Vacuum Science and Technology A, 1996, 14(5): 2946–2952.

[20]　Rettner C T. Thermal and tangential-momentum accommodation coefficients for N2 colliding with surfaces of relevance to disk-drive air bearings derived from molecular beam scattering[J]. IEEE Transactions on Magnetics, 1998, 34(4): 2387–2395.

[21]　Veijola T, Kuisma H, Lahdenpera J. The influence of gas-surface interaction on gas-film damping in a silicon accelerometer[J]. Sensors and Actuators A, 1998, 66: 83–92.

[22]　Bentz J A, Tompson R V, Loyalka S K. Measurements of viscosity velocity slip coefficients, and tangential momentum accommodation coefficients using a modified spin-

ning rotor gauge[J]. Journal of Vacuum Science and Technology A, 2001, 19(1): 317–324.

[23] Sazhin O V, Borisov S F, Sharipov F. Accommodation coefficient of tangential momentum on atomically clean and contaminated surfaces[J]. Journal of Vacuum Science and Technology A, 2001, 19(5): 2499–2503.

[24] Yamamoto K. Slip flow over a smooth platinum surface[J]. JSME International Journal Ser. B, 2002, 45(5): 788–795.

[25] Jang J, Zhao Y B, Wereley S T. Pressure distribution and TMAC measurements in near unity aspect ratio, anodically bonded microchannel[C]. Proceeding of IEEE Micro Electro Mechanical Systems MEMS, 2003.

[26] Arya G, Chang H C, Maginn E J. Molecular simulations of Knudsen wall-slip: effect of wall morphology[J]. Molecular Simulation, 2003, 29(10-11): 697–709.

[27] Gronych T, Ulman R, Peksa L. Measurements of the relative momentum accommodation coefficient for differernt gases with a viscosity vacuum guage[J]. Vacuum, 2004, 73: 275–279.

[28] Trimmer W. Micromechanics and MEMS[M]. New York: Wiley, 1997.

[29] Isomura K, Tanaka S, Togo S. Development of high-speed micro-gas bearings for three-dimensional micro-turbo machines[J]. Journal of Micromechanics and Microengineering, 2005, 15: S222–S227.

[30] Agarwal R K, Yun K Y, Balakrishnan R. Beyond Navier-Stokes: Burnett equations for flows in the continuum-transition regime[J]. Physics of Fluids, 2001, 13(10): 3061–3085.

[31] Xue H, Ji H M, Shu C. Analysis of micro-Couette flow using the Burnett equations[J]. International Journal of Heat and Mass Transfer, 2001, 44(21): 4139–4146.

[32] Xue H, Ji H M, Shu C. Prediction of flow and heat transfer characteristics in micro-Couette flow[J]. Microscale Thermophysical Engineering, 2003, 7(1): 51–68.

[33] Shu C, Khoo B C, Yeo K S. Numerical solutions of incompressible Navier-Stokes equations by generalized differential quadrature[J]. Finite Elements in Analysis and Design, 1994, 18: 83–97.

[34] Bao F B, Lin J Z, Shi X. Burnett simulation of flow and heat transfer in micro Couette flow using second-order slip conditions[J]. Heat and Mass Transfer, 2007, 43(6): 559–566.

[35] Bao F B, Lin J Z, Shi X. Simulation of flow and heat transfer in micro Couette flow[C]. Proceedings of IEEE-NEMS, Zhuhai, China, 2007.

[36] Chapman S, Cowling T G. The mathematical theory of non-uniform gases[M]. Cambridge: Cambridge University Press, 1970.

[37] Nanbu K. Analysis of the Couette flow by means of the new direct-simulation method[J]. Journal of the Physical Society of Japan, 1983, 5: 1602–1608.

[38] Anderson J D. Computational Fluid Dynamics: The Basics with Applications [M]: McGraw-Hill Companies, Inc, 1995.

[39] 沈青. MEMS 稀薄气体内部流动模拟中的信息保存法 [J]. 力学进展, 2006, 36(1): 142–150.

[40] Fan J, Shen C. Statistical simulation of low-speed rarefied gas flows[J]. Journal of computational physics, 2000, 167: 393–412.

[41] Sun Q H, Boyd I D. A direct simulation method for subsonic, microscale gas flows[J]. Journal of Computational Physics, 2002, 179: 400–425.

[42] Shen C, Fan J, Xie C. Statistical simulation of rarefied gas flows in micro-channels[J]. Journal of Computational Physics, 2003, 189: 512–526.

[43] Cai G, Boyd I, Fan J. Direct simulation methods for lowspeed microchannel flows[J]. Journal of Thermophysics and heat transfer 2000, 14(3): 368–378.

[44] 沈青. 稀薄气体动力学 [M]. 北京: 国防工业出版社, 2003.

[45] Pfahler J, Harley J, Bau H, Zemel J. Gas and liquid flow in small channels [J]. ASME DSC, 1991, 32: 49–60.

[46] Wang B W, Peng X F. Experimental investigation on forced flow convection of liquid flow through microchannels [J]. Int. J. Heat Mass Transfer, 1994, 37(S1): 73–82.

[47] Qu W L, Mala G M, Li D Q. Pressure-driven water flows in trapezoidal silicon microchannels [J]. Int. J. Heat Mass Transfer, 2000, 43: 353–364.

[48] Mala G M, Li D Q. Flow characteristics of water in microtubes [J]. Int. J. Heat Fluid Flow, 1999, 20: 142–148.

[49] Li J, Cheng P. Bubble cavitation in a micro- channel [J]. Int. J. Heat Mass Transfer, 2004, 47 (12-13): 2689–2698.

[50] Nagayama G, Cheng P. Effects of interface wettability on microscale flow by molecular dynamics simulation [J]. Int. J. Heat Mass Transfer, 2004, 47(3): 501–513.

[51] Wu H Y, Cheng P. Friction factors in smooth trapezoidal silicon microchannels with different aspect ratios [J]. Int. J. Heat Mass Transfer, 2003, 46 (14): 2519–2525.

[52] Wu H Y, Cheng P. An experimental study of convective heat transfer in silicon microchannels with different surface conditions [J]. Int. J. Heat Mass Transfer, 2003, 46 (14): 2547–2556.

[53] Israelachvili J N. Measurement of the viscosity of liquids in very thin films [J]. J. Colloid and Interface Science, 2986, 110(1): 263–271.

[54] Gee M L. Liquid to solidlike transition of molecular thin films under shear [J]. J. Chem. Phys., 1990, 93(3): 1895–1906.

[55] Li J M, Wang B X, Peng X F. "Wall-adjacent layer" analysis for developed-flow laminar heat transfer of gases in microchannels [J]. Int. J. Heat Mass Transfer, 2000, 43: 839–847.

第五章　Poiseuille 流及后向台阶流与空腔流

本章叙述微纳米尺度的 Poiseuille 流、后向台阶流和空腔流的流动和传热特性, 这些流动在实际应用中较为常见. 本章给出了二维 Burnett 方程的求解过程以及求解结果, 分析了入口与壁面具有相同温度和不同温度时气体的流动和传热特性; 给出了后向台阶流动的模拟结果以及不同压力比、Kn 数以及台阶比对流动的影响; 介绍了三维空腔流各种因素对流动特性的影响.

5.1　Burnett 方程的求解

5.1.1　求解方法

这里的计算采用有限体积法, 把求解区域划分为互不重叠的控制体积, 每一个网格点都位于控制体积的中心, 将连续性方程、动量方程和能量方程在围绕该节点的控制体积上积分, 对无黏项采用二阶迎风 Roe 通量差分裂格式[1], 对应力张量和热通量项采用二阶中心差分格式, 由此可以得到一组由速度、压力、温度等未知量构成的代数方程组, 通过求解这个方程组就可以获得各个节点上的新值. 在有限体积法中, 可以把方程写成如下的通用形式:

$$\frac{\partial (\rho \phi)}{\partial t} + \nabla \cdot (\rho \boldsymbol{u} \phi) = \nabla \cdot (\Gamma_\phi \nabla \phi) + S_\phi, \tag{5.1.1}$$

其中, ϕ 为通用变量, Γ_ϕ 为广义扩散系数, S_ϕ 为广义源项. 这里引入的 "广义" 二字, 表示处在 Γ_ϕ 和 S_ϕ 位置上的项不必是原来物理意义上的量, 而是数值模型方程中的一种定义. 当 $\phi=1$ 时, 上述方程就是连续性方程; 当 $\phi=u, v$ 和 T 时, 上述方程就分别成为了 x 和 y 方向的动量方程以及能量方程.

计算时, 从给定的初始条件出发, 通过迭代求解由速度、温度、压力等未知量构成的代数方程组, 直到给出稳定状态的解. 因为并不需要时间精确, 所以一阶时间精度的推进已经足够, 计算中所有网格点采用一致的时间步长, 并且时间步长满足收敛所必须的条件.

在每个迭代步中, 首先根据当前解更新流体属性, 接着采用 Gauss-Seidel 迭代法耦合求解由连续性方程、动量方程和能量方程组成的方程组, 获得各个位置上的新值, 最后判断是否达到收敛判据, 如果没达到, 则重新开始迭代求解.

5.1.2　源项的处理

结合方程 (5.1.1) 的形式, 可以把笛卡尔坐标系下的二维增广 Burnett 方程写成如下形式:

$$\frac{\partial \rho}{\partial t} + \frac{\partial \rho u}{\partial x} + \frac{\partial \rho v}{\partial y} = 0, \tag{5.1.2}$$

$$\frac{\partial \rho u}{\partial t} + \frac{\partial \rho u^2}{\partial x} + \frac{\partial \rho uv}{\partial y} = -\frac{\partial p}{\partial x} - \frac{\partial \sigma_{11}}{\partial x} - \frac{\partial \sigma_{12}}{\partial y}, \tag{5.1.3}$$

$$\frac{\partial \rho v}{\partial t} + \frac{\partial \rho uv}{\partial x} + \frac{\partial \rho v^2}{\partial y} = -\frac{\partial p}{\partial y} - \frac{\partial \sigma_{21}}{\partial x} - \frac{\partial \sigma_{22}}{\partial y}, \tag{5.1.4}$$

$$\frac{\partial e_t}{\partial t} + \frac{\partial e_t u}{\partial x} + \frac{\partial e_t v}{\partial y} = -\frac{\partial pu}{\partial x} - \frac{\partial pv}{\partial y} - \frac{\partial \sigma_{21}}{\partial x} - \frac{\partial \sigma_{11} u + \sigma_{12} v + q_1}{\partial x} - \frac{\partial \sigma_{21} u + \sigma_{22} v + q_2}{\partial y} \tag{5.1.5}$$

其中

$$\sigma_{ij} = \sigma_{ij}^{(0)} + \sigma_{ij}^{(1)} + \sigma_{ij}^{(2)} + \sigma_{ij}^{(a)},$$

$$q_i = q_i^{(0)} + q_i^{(1)} + q_i^{(2)} + q_i^{(a)}.$$

通过与方程 (5.1.1) 对比, 可以发现连续性方程的源项为零, x 方向动量方程的源项为:

$$S_u = -\frac{\partial \left(\sigma_{11}^{(2)} + \sigma_{11}^{(a)} \right)}{\partial x} - \frac{\partial \left(\sigma_{12}^{(2)} + \sigma_{12}^{(a)} \right)}{\partial y}, \tag{5.1.6}$$

y 方向动量方程的源项为:

$$S_v = -\frac{\partial \left(\sigma_{21}^{(2)} + \sigma_{21}^{(a)} \right)}{\partial x} - \frac{\partial \left(\sigma_{22}^{(2)} + \sigma_{22}^{(a)} \right)}{\partial y}, \tag{5.1.7}$$

能量方程的源项为:

$$S_T = -\frac{\partial \left(\left(\sigma_{11}^{(2)} + \sigma_{11}^{(a)} \right) u + \left(\sigma_{12}^{(2)} + \sigma_{12}^{(a)} \right) v + \left(q_1^{(2)} + q_1^{(a)} \right) \right)}{\partial x}$$
$$- \frac{\partial \left(\left(\sigma_{21}^{(2)} + \sigma_{21}^{(a)} \right) u + \left(\sigma_{22}^{(2)} + \sigma_{22}^{(a)} \right) v + \left(q_2^{(2)} + q_2^{(a)} \right) \right)}{\partial y} \tag{5.1.8}$$

在计算流场时, 这三个源项都采用中心差分, 在求解方程之前, 首先利用上一迭代步的结果求出源项的值.

5.1.3 边界条件

这里的计算采用一种由 Beskok 提出的通用滑移边界条件[2], 这种边界条件可以通过气体分子在等温壁面运动的近似分析得到. 考虑表面附近的切向动量通量时, 假设大约一半的分子来自于距离表面一个平均分子自由程的地方, 并且具有切向速度 u_λ, 同时, 另外一半分子从壁面反射回来. 此外, Beskok 还假设气体中 σ_v 的分子是漫反射的, 而剩余的 $(1-\sigma_v)$ 的气体是镜面反射. 因此, 等温表面的滑移速度是:

$$u_s = \frac{1}{2}u_\lambda + \frac{1}{2}\left[(1-\sigma_v)u_\lambda + \sigma_v u_w\right] = \frac{1}{2}\left[(2-\sigma_v)u_\lambda + \sigma_v u_w\right]. \tag{5.1.9}$$

这种类型的边界条件对应于一种高阶的滑移边界条件, 只要采用泰勒级数, 把 u_λ 在 u_s 处展开即可获得:

$$u_\lambda = u_w + \lambda\left.\frac{\partial u}{\partial y}\right|_w + \frac{\lambda^2}{2}\left.\frac{\partial^2 u}{\partial y^2}\right|_w + \frac{\lambda^3}{3}\left.\frac{\partial^3 u}{\partial y^3}\right|_w + \cdots. \tag{5.1.10}$$

如果只考虑方程 (5.1.10) 右边的前三项, 就获得了 Beskok 推荐的二阶滑移形式.

当考虑边界上的热蠕动效应时, 速度滑移边界条件可以写成:

$$u_s = \frac{1}{2}\left[(2-\sigma_v)u_\lambda + \sigma_v u_w\right] + \frac{3}{4}\frac{\mu}{\rho T}\left.\frac{\partial T}{\partial x}\right|_w. \tag{5.1.11}$$

当壁面上存在切向温度梯度时, 必须要考虑热蠕动效应. 例如, 在平板 Poiseuille 流动中, 当入口温度与壁面温度不同时, 在入口附近, 壁面存在着切向温度梯度. 图 5.1.1 表示平板 Poiseuille 流动中入口和壁面具有不同温度时壁面上的速度滑移, 其中实线表示考虑热蠕动效应的结果, 虚线是忽略热蠕动效应的结果. 计算中设定入口温度是 300K, 壁面温度是 400K. 从图中可以看出, 热蠕动效应主要体现在入口附近, 这一现象可以通过图 5.1.2 获得一个直观的理解, 图 5.1.2 是壁面气体温度、中心线上的温度以及平均温度沿通道的分布.

因为温度跃变的存在, 壁面上的气体温度要小于壁面温度, 特别是在靠近入口的地方. 入口附近较大的切向温度梯度导致了较大的热蠕动效应. 随着气体的流动, 切向的温度梯度降低, 热蠕动效应也逐渐降低. 热蠕动效应的结果是使得气体从温度低的一侧流向温度高的一侧, 所以, 热蠕动增加了边界上的滑移速度. 在这里的计算中, 考虑了热蠕动效应.

对应的壁面上的气体跃变温度可以写成:

$$T_s = \frac{\dfrac{2-\sigma_T}{Pr}\dfrac{2\gamma}{\gamma+1}T_\lambda + \sigma_T T_w}{\sigma_T + \dfrac{2-\sigma_T}{Pr}\dfrac{2\gamma}{\gamma+1}}. \tag{5.1.12}$$

根据 Colin 等人的结果[3], 计算中 σ_v 与 σ_T 都设为 0.93.

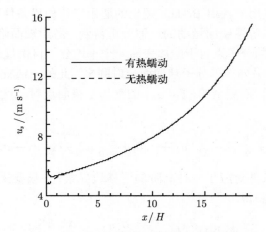

图 5.1.1　热蠕动效应对滑移速度的影响

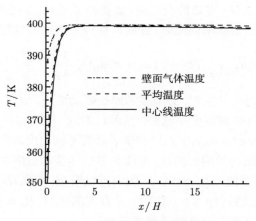

图 5.1.2　流场中的温度分布

5.1.4　松弛方法

　　研究结果表明, Burnett 方程很难收敛, 在数值计算时非常不稳定, 当网格尺寸较小时, 计算容易发散[4-6]. 这里的计算采用的是增广 Burnett 方程, 计算中也碰到了类似的稳定性问题. 由第三章的一维稳定性分析可知, 增广 Burnett 方程是无条件稳定的, 但是当时只是分析了一维方程, 采用的是线性小扰动方法, 而在稀薄程度较高的过渡流中, 非线性现象比较严重, 仅仅用线性小扰动方法来分析可能是不够的[7].

　　为了增加计算的稳定性, 这里首先参照 Lockerby 和 Reese[8] 的思想, 在边界值

上引入了松弛方法:

$$u_s = u_s^{\text{old}} + R_f \left(u_s^{\text{new}} - u_s^{\text{old}} \right).\tag{5.1.13}$$

在边界值上采用松弛方法, 能够有效提高计算的稳定性. 但是当 $Kn > 0.4$ 时, 无论 R_f 多小, 计算都不能再收敛, 这是因为 Burnett 方程中有速度的三阶和四阶导数项, 这些高阶导数项变化非常剧烈, 很容易导致计算的发散. 因此, 这里在 Burnett 项中也引入了松弛方法, 计算中 Burnett 项的值可以通过如下方法计算:

$$B = B^{\text{old}} + R_f \left(B^{\text{new}} - B^{\text{old}} \right).\tag{5.1.14}$$

其中 B 代表方程中的 Burnett 和超 Burnett 项, old 代表上一迭代步的值, new 代表新计算的值. 通过在 Burnett 项中采用松弛方法, 能够进一步增加计算的稳定性. 计算中比较了不同的松弛因子, 发现较小的松弛因子有利于计算的稳定. 当采用 $R_f = 0.01$ 时, 可以获得 $Kn = 0.5$ 的收敛解.

5.2 二维 Poiseuille 流动和传热模拟

本节考虑的 Poiseuille 流问题和第四章研究的 Couette 流动虽然都是简单而经典的槽道流问题, 但它们却常见于微机电/纳机电系统的应用中. 由于对这类流动的研究相对透彻, 所以低速条件下的求解结果可以作为检验新算法的参照基准.

图 5.2.1 是压力驱动的平板 Poiseuille 流动示意图, 通道长 L, 高 H, 流动由入口压力 p_i 和出口压力 p_o 之间的压差 $\Delta p = (p_i - p_o)$ 所驱动, 入口和出口的压比定义为 Π, $\Pi = p_i/p_o$. 取流动方向为 x 轴方向, 垂直方向为 y 轴方向.

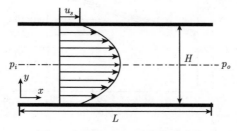

图 5.2.1 Poiseuille 流动示意图

以往许多学者都研究了微纳通道中的 Poiseuille 流动. Harley 等[9] 采用实验和分析方法研究了微通道内亚音速气体流动的特性, 发现必须在边界上引入速度滑移. Arkilic 等[10] 采用摄动法求解了微通道中描述气体流动的 N-S 方程, 在 Kn 较小时, 发现计算结果与实验值符合较好. Beskok[11] 采用 N-S 方程和高阶滑移边界条件研究了 Poiseuille 流动的特性, 同时也用 DSMC 方法进行了数值模拟, 发现在

Kn 较小时, 两种方法的结果符合得较好, 而当 $Kn > 0.1$ 时, N-S 方程的计算结果开始逐渐偏离用 DSMC 得到的结果.

近年来, 有些学者开始采用 Burnett 方程来模拟微纳通道中的气体流动. Agarwal 等[12] 采用增广 Burnett 方程研究了平面 Poiseuille 流, 他们发现相对于 N-S 方程, 由求解 Burnett 方程得到的结果与用 DSMC 得到的结果符合得更好. Fang[6] 同样采用增广 Burnett 方程, 模拟了微通道里的流动和传热, 由于在计算中碰到了稳定性问题, 他们只给出了 $Kn=0.02$ 的结果. 因为求解 Burnett 方程存在数值稳定性问题[4,5], 在以往的研究中, 用 Burnett 方程求解二维平板 Poiseuille 流的收敛解只能在小 Kn 数 ($Kn \leqslant 0.2$) 下才能获得[12]. 但是, 微纳机电系统中很多气体流动都处在 $Kn > 0.2$ 的范围内[13], 而采用 DSMC 方法又需要耗费大量的计算时间, 所以, 有必要进一步探索在更大 Kn 数范围内使用 Burnett 方程来描述微流动的可行性.

5.2.1　程序的验证

首先通过计算 $40\mu m \times 2\mu m$ 微通道中的氮气流动来验证网格的独立性. 计算中入口和出口的压力分别为 150kPa 和 100kPa, 图 5.2.2 中比较了 5 种网格数下求解 Burnett 方程的计算结果. 从图中可以看出, 300×30 的网格就已经可以提供独立于网格的结果. 在后面的计算中, 除特别指出外, 都采用 300×30 的网格计算.

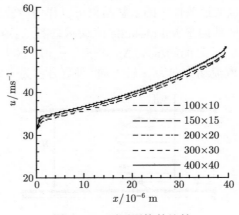

图 5.2.2　不同网格的比较

首先把求解 Burnett 方程的结果与分析解进行比较. 在平板 Poiseuille 流动中, 泊肃叶 (Poiseuille) 数 Po 是一个重要的量纲为一参数, 它可以表示成如下形式:

$$Po = fRe. \tag{5.2.1}$$

对于不可压缩稀薄气体流动, 在不同 Kn 数下二维平板 Poiseuille 流动的 Po 数有

如下结果:

$$Po = \frac{12}{1 + 6Kn}.$$ 　　　　　(5.2.2)

随着 Kn 数的增大, Po 数逐渐减小. 表 5.2.1 比较了求解 Burnett 方程的 Po 数结果与不可压缩分析解的结果. 为便于比较, 假设气体为不可压缩. 当 Kn 数较小时, 两种方法的结果符合得很好; 但是随着 Kn 数的增大, 可压缩效应逐渐明显, 不可压缩假设逐渐失效, 两种方法也开始出现偏差.

表 5.2.1　充分发展平板 Poiseuille 流动的 Po 数

Kn	Po	
	当前结果	分析解
0	11.99	12.00
0.01	11.31	11.32
0.02	10.73	10.71
0.05	9.32	9.23
0.1	7.78	7.50

在热传导分析中, 努塞尔 (Nusselt) 数 Nu 是一个重要的量纲为一量, 它可以表示成:

$$Nu = \frac{hH}{\kappa},$$ 　　　　　(5.2.3)

其中 h 是对流热传导系数, Nu 采用如下的表达式计算:

$$Nu = \frac{H \left. \frac{\partial T}{\partial n} \right|_w}{T_w - T_m}.$$ 　　　　　(5.2.4)

其中 T_m 是截面上的平均温度, $\left. \frac{\partial T}{\partial n} \right|_w$ 是壁面上的法向温度梯度. 表 5.2.2 是 $Kn=0$ 时不同 Re 数下充分发展的 Nu 数的计算结果. 可见, 在无滑移边界条件的假设下, 固定壁面温度的分析结果只在极限情况 $Re = 0.1$[14] 或者 $Re = 1000$[15] 才有解. 从表中还可以看出, 用两种方法得到的结果符合得较好. 这说明, 当 $Kn=0$ 时, Burnett 方程收敛于宏观解.

下面将求解 Burnett 方程的结果与一些实验结果进行比较. Pong 等[16] 通过在微通道表面布置一系列压阻式表面压力传感器, 测得了沿通道流动方向的压力分布, 发现由于流动的可压缩性效应, 微通道中的压力分布不再是线性的. 图 5.2.3 比较了五种入口压力下 (p_i=135, 170, 205, 240, 275kPa) 计算结果和 Pong 等人的实验结果. 从图中可以看出, 求解 Burnett 方程的结果与实验结果符合得较好, 当入口压力较小时, 压缩性效果不明显, 压力梯度几乎是常数; 当入口压力变大时, 压力分布的非线性变强.

表 5.2.2   充分发展平板 Poiseuille 流动的 Nu 数

Re	Nu	
	本文结果	分析解
0.1	4.063	4.047
1	4.023	
5	3.906	
10	3.840	
50	3.776	
100	3.773	
500	3.772	
1000	3.772	3.770

Shih 等[17] 测量了氮气和氦气在微通道中的流动, 他们给出了不同入口压力下流过通道的气体质量流量的变化情况. 图 5.2.4 比较了求解 Burnett 方程的计算结果和实验结果, 图中同时还给出了采用同样边界条件求解 N-S 方程的结果. 可见,

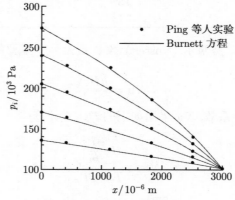

图 5.2.3   沿着通道的压力分布

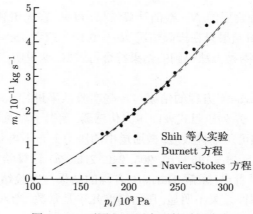

图 5.2.4   不同入口压力下的质量流率

求解这两个方程所得的结果与实验结果符合得较好. 相比 N-S 方程, 求解 Burnett 方程得到的质量流率要稍微大些. 根据出口条件计算的 Kn 数是 0.056, 该值已落在滑移流区, 在该区中, 求解 Burnett 方程和求解 N-S 方程给出了几乎一致的结果. 当 Kn 数较小时, 求解 Burnett 方程所得结果收敛于求解 N-S 方程所得结果.

5.2.2 与其他方法所得结果的比较

现有的实验技术和条件还不能获得常压下 $Kn > 0.1$ 时微纳通道里流场的速度、温度分布等详细信息. 因此, 在过渡流区中, 基于粒子模型的 DSMC 方法经常被用来验证其他方法的准确性[13,18]. Beskok[11] 采用 DSMC 方法模拟了平板间的 Poiseuille 流动, 这里首先比较求解 Burnett 方程与 Beskok 用 DSMC 所得的结果.

图 5.2.5 比较了压力比 $\Pi = 2.28$ 时三个流向位置的速度剖面, 同时也给出了求解 N-S 方程的结果, 为了便于比较, 采用入口速度对流场速度进行量纲为一化. 计算中基于出口压力的 Kn 数是 0.2, 流动属于过渡流区. 从图中可以看出, 相对于用 DSMC 的计算结果, 求解 N-S 方程所得计算结果偏小, 而求解 Burnett 所得计算结果在这三个位置都符合得很好.

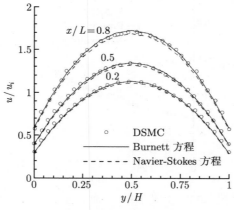

图 5.2.5　不同位置的速度分布 ($x/L = 0.2, 0.5, 0.8$)

为了更好地进行比较, 图 5.2.6 给出了采用这三种方法所得的中心线上的速度. 同样可以发现, 求解 N-S 方程所得的结果相比用 DSMC 方法所得的结果偏小, 而求解 Burnett 方程所得的结果符合得更好, 这说明在过渡流区, 采用 Burnett 方程比采用 N-S 方程能更好地描述流体运动.

图 5.2.7 比较了采用这三种方法所得的壁面上的滑移速度. 可见, 求解 Burnett 方程所得的结果与用 DSMC 方法所得的结果符合较好, 只是在入口附近稍微偏小, 而求解 N-S 方程所得结果在整个流场都偏小. 从图中还可以看出, 求解 Burnett 方程得到的壁面上的滑移速度比求解 N-S 方程得到的结果大, 两者之差在入口处较

小, 但沿通道逐渐增大. 沿流动方向, 气体压力逐渐降低, 分子平均自由程逐渐增大, 在通道尺度不变的情况下, Kn 也逐渐增大. 可见, Kn 数越大, 采用两种方法得到的结果偏离也越大.

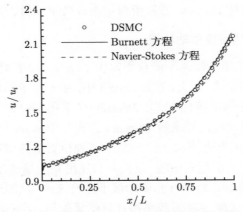

图 5.2.6　不同方法下中心线上的速度比较

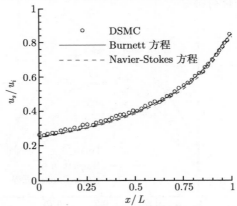

图 5.2.7　不同方法下壁面上的滑移速度比较

文中也采用 DSMC 方法模拟了微通道中的氮气流动. 计算中的通道高度 $H = 0.91\mu m$, 出口压力是一个大气压, 压力比是 2, 入口温度是 300K, 壁面温度是 400K, 基于出口压力和壁面温度的 Kn 数是 0.1. 在 DSMC 方法中, 采用了 60000 个计算粒子, 流场中设置 200×30 个均匀矩形网格, 每个网格中两个方向上采用 2 个亚网格, 计算时间步长是 $5×10^{-12}$s.

图 5.2.8 比较了求解 Burnett 方程和用 DSMC 方法得到的在通道中心线上的速度和壁面上的滑移速度, 图 5.2.9 比较了用这两种方法得到的在五个不同位置上的速度剖面 (x/L=0.1, 0.3, 0.5, 0.7, 0.9), 图 5.2.10 是中心线上的温度和壁面上的气体温度比较, 从这些图中可以发现, 用这两种方法所得的结果符合很好.

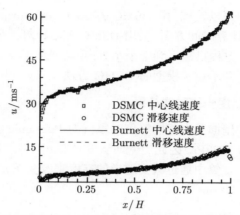

图 5.2.8 求解 Burnett 方程和用 DSMC 方法所得中心线上的速度和滑移速度比较 (Kn=0.1)

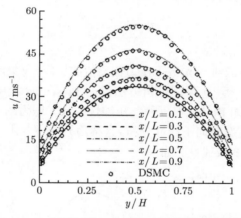

图 5.2.9 求解 Burnett 方程和用 DSMC 方法所得速度剖面的比较 (Kn=0.1)

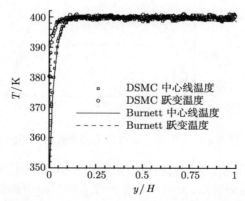

图 5.2.10 求解 Burnett 方程和用 DSMC 方法所得中心线上的温度和跃变温度比较 (Kn=0.1)

从上面的比较中可以发现, 用 DSMC 方法和求解 Burnett 方程可以给出基本一致的结果, 但是在计算时间方面, 采用 DSMC 方法计算一个算例需要 48 个小时, 而数值求解 Burnett 方程只需不到半个小时, 所以求解基于连续性模型的 Burnett 方程计算效率远高于基于粒子模型的 DSMC 方法.

5.2.3 入口与壁面温度一致时的结果

这里模拟入口和壁面具有相同温度时氮气的 Poiseuille 流动. 计算中通道长宽比为 20, 出口压力为 100kPa, 因此当壁面温度是 300K 时, 基于出口压力的平均分子自由程是 68.1nm. 计算中通过改变通道的高度来改变 Kn 数.

1. 压力分布

计算结果说明, 压力驱动的微通道中压力分布是非线性的, 如图 5.2.3 所示. 压力偏离线性分布的程度可以通过下面式子表示:

$$p' = \frac{p - \left(p_o + \dfrac{x}{L}\Delta p\right)}{\Delta p}. \tag{5.2.5}$$

图 5.2.11 给出了三种 Kn 数下压力偏离值的比较, 可见随着 Kn 数的增大, 偏离值越来越小. Jang 等[19] 采用分析方法讨论 Poiseuille 流中的压力分布时, 也发现了同样的现象. 正如 Beskok[11] 所言, 压缩性导致了压力的非线性分布, 而稀薄效应却使得压力分布重新趋向于线性分布. 当稀薄效应进一步增强时, 流动进入自由分子区, 压力又重新变成线性分布.

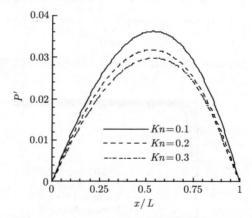

图 5.2.11   不同 Kn 时压力偏离线性分布的值

由图 5.2.3 可以发现, 入口处的压力梯度比较小, 而出口处的梯度比较大. 这是因为通道中的气体运动时, 压力损失是由壁面上的摩擦引起的. 随着气体沿着通道运动, 压力逐渐变小, 根据理想气体定律, 在温度不变的情况下, 密度也逐渐变小,而要保证质量守恒, 气体速度必定会增大. 速度的增大进一步增大了壁面上的剪应力, 从而更进一步造成了压力的降低. 从图 5.2.11 中还可以看出, 压力的最大偏离点不是位于通道的中间位置, 而是靠近进出口, 最大偏离点的位置在不同 Kn 数时基本不变.

2. 滑移速度分布

图 5.2.12 比较了不同 Kn 数时求解 Burnett 方程和求解 N-S 方程所得的滑移速度沿壁面的分布, 速度滑移采用入口速度 u_i 量纲为一化. 从图中可以发现, 当 Kn 数比较小时 ($Kn=0.01$), 壁面上的滑移速度很小, 而且求解这两个方程所得的结果几乎一致. 当 Kn 增大时, 求解这两个方程所得的滑移速度迅速增大, 并且由 Burnett 方程得到的滑移速度要大于由 N-S 方程得到的结果. 同时还可以发现, 随着气体的流动, 壁面上的滑移速度沿着流向逐渐增大, 出口处的滑移速度要大于入口附近的值, 这跟流动的局部 Kn 数有关. 局部 Kn 数与压力成反比, 出口处的 Kn 数要大于入口处的 Kn 数.

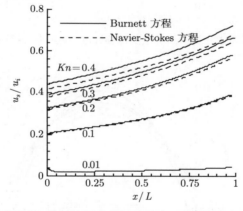

图 5.2.12 不同 Kn 数时边界上的滑移速度 (采用入口速度量纲为一化)

边界上的滑移速度也可以通过相应位置通道中心线上的速度进行量纲为一化, 量纲为一化后的滑移速度表示占最大速度的百分比, 通过这种量纲为一速度可以很直观地看出滑移速度所占的比重. 图 5.2.13 给出了各种 Kn 数下采用这种量纲为一化的滑移速度, 从图中可以看出, 随着 Kn 的增大, 滑移速度所占的比重越来越大, 当 $Kn=0.4$ 时, 边界上的滑移速度几乎是中间速度的一半. 同时也可以发现, 随着气体在通道中的运动, 这个比重也逐渐增大.

3. 速度剖面

图 5.2.14 比较了 $x/L=0.5$ 时不同 Kn 数下的速度剖面, 该速度由相应位置上

的平均速度量纲为一化. 从图中可以看出, 当 Kn 比较小时 (Kn=0.01), 最大的速度是平均速度的 1.5 倍, 这与宏观情况下不可压缩流动的结果一致. 而当 Kn=0.4 时, 最大速度只有平均速度的 1.1 倍, 随着 Kn 的增大, 速度剖面变得平坦. 同时也可以看出, 求解 Burnett 方程与 N-S 方程所得结果的差别随着 Kn 数的增大而增大.

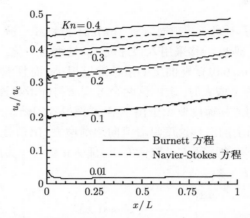

图 5.2.13 不同 Kn 数时边界上的滑移速度 (采用中心线速度量纲为一化)

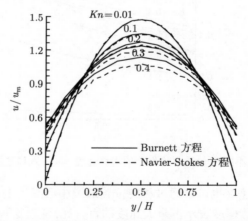

图 5.2.14 不同 Kn 数时 x/L=0.5 处的速度剖面

4. 压力比的影响

下面比较不同压力比对流动的影响, 计算中出口压力为 100kPa, 通道尺寸是 12μm×0.6μm, 入口温度是 300K, 基于出口压力的 Kn 数是 0.114, 这里研究了五种压力比 ($\Pi = 1.2, 1.5, 2, 3, 5$) 的情况.

图 5.2.15 比较了不同压力比时压力偏离线性分布的情况, 从图中可以发现, 当

压力比的值较小时, 偏离值也较小. 随着压力比的增大, 偏离值逐渐增大. 从图中还可以看出, 压力的最大偏离值同样并不出现在管道的中间位置, 而是偏向出口位置. 图 5.2.16 是最大偏离值出现的位置随压力比的变化, 随着压力比的增大, 最大偏离值出现的位置更加偏向出口. 通过对比图 5.2.16 和图 5.2.11 可以发现, 压力比对最大偏离位置的影响要超过 Kn 数, 最大偏离值的位置更多地依赖于压缩性, 而不是稀薄效应, Jang 等[19] 的结果也证明了这一点.

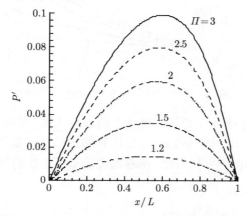

图 5.2.15　不同压力比时压力偏离线性分布的值

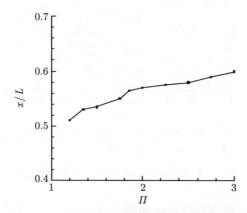

图 5.2.16　最大偏离点位置随压力比的变化

图 5.2.17 比较了不同压力比下求解 Burnett 方程和 N-S 方程得到的中心线上的速度, 采用相应的入口速度进行量纲为一化. 可见, 随着气体向出口运动, 中心线上的速度由于压力的降低而增大. 速度的增大可以通过出口速度和入口速度的比值来表示, 当压力比增大时, 速度比也随着增大. 从图中可以看出, 压力比越小, 求解 Burnett 方程和 N-S 方程得到的结果相差越大, 这与前面得到的结论一致.

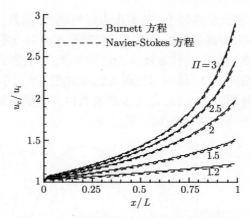

图 5.2.17　不同压力比下中心线上的速度

图 5.2.18 比较了不同压力比下壁面上的滑移速度, 采用中心线上的速度量纲为一化. 因为出口压力一致, 所以出口处所有的局部 Kn 数都相同, 量纲为一滑移速度也趋向一致. 从图中可以看出, 滑移速度随着压力比的增大而减小, 而沿着通道, 滑移速度逐渐增大.

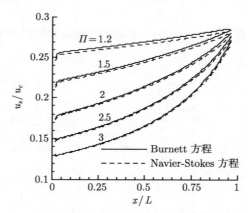

图 5.2.18　不同压力比下滑移速度的比较

5.2.4　入口与壁面温度不一致时的结果

这里模拟了入口与壁面具有不同温度时氮气的 Poiseuille 流动, 计算中通道的长宽比是 20, 入口气体温度 300K, 壁面温度 400K, 出口压力 100kPa, 由出口条件所得的氮气的分子平均自由程是 90.7nm, 计算中通过改变通道高度来改变 Kn 数.

1. Kn 数的影响

图 5.2.19 和图 5.2.20 分别比较了不同 Kn 数下的 Po 数和 Nu 数沿着通道的

变化. 计算中 Re 数固定为 2.2, 因为通道尺寸的不同, 通过调整入口压力来保持 Re 数的一致. 从图 5.2.19 和图 5.2.20 可以看出, 在入口附近, 流动变化剧烈, 在一个通道高度距离之后, 流动开始稳定. 在小 Kn 数时 (例如 Kn=0.01), 沿着通道, Po 数慢慢趋向于一个定值, 这跟不可压缩气体的结果 (方程 (5.2.2)) 吻合. 在 Kn 数较小时, 通道尺寸较大, 而为了保证 Re 数不变, 入口压力小, 此时压缩性不明显, 所以 Po 基本是一个常数. 随着 Kn 数的增大, 入口压力也不断增大, 压缩性逐渐明显, Po 数沿通道不再是个常数, 而是逐渐变小, 图 5.2.9 可以更好地说明这一点. 图 5.2.9 比较了 Kn=0.1 时五个位置处的速度剖面 (x/L=0.1, 0.3, 0.5, 0.7, 0.9), 沿流动方向压力的降低导致了密度降低, 流体在通道中加速, 垂向的速度梯度相应也增大. 而根据 Po 数的定义 $Po \propto u_y|_w/u$, 当 $Kn > 0.1$ 时, u 的增大要大于垂向速度梯度的增大, 所以 Po 数逐渐变小.

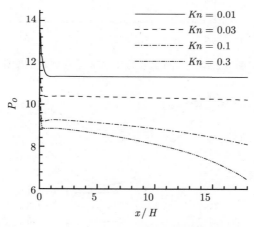

图 5.2.19 不同 Kn 数下 Po 数沿管道的变化

从图 5.2.19 还可以看出, 随着 Kn 的增大, Po 数逐渐变小, 这跟不可压缩结果定性符合. 壁面上的滑移速度随着 Kn 的增大而增大, 从而较大 Kn 数下的速度梯度要小于较小 Kn 数时的结果, 这可以从图 5.2.14 看出.

从图 5.2.20 中可以发现, 可压缩流动中的 Nu 数沿着通道的变化不同于不可压缩气体的情形, Chen 等[20] 采用 N-S 方程研究了三维微通道中的可压缩气体流动, 也给出了类似的结论. 当 $Kn \leqslant 0.1$ 时, Nu 数一开始迅速下降, 直到 x/H=5 左右, 接着慢慢增大. 但是, 当 Kn=0.3 时, Nu 数在整个通道下降. 这个现象可以通过图 5.1.2 和图 5.2.21 来解释, 在通道入口附近, $T_y|_w$ 和 $T_w - T_m$ 都迅速下降, 但是 $T_y|_w$ 下降得更快, 所以 Nu 数一开始下降. 随着气体在通道中的加速, 更多的能量从内能 ($C_V T$) 和流动做功 (p/ρ) 转换到动能 ($u^2/2$), 因此, 温度逐渐降低, 最大的温度大约出现在 x/H=2.2 附近, 从这个位置之后, $T_y|_w$ 和 $T_w - T_m$ 都逐渐增

大. 当 $Kn \leqslant 0.1$ 时, $T_y|_w$ 比 $T_w - T_m$ 增大得快, 所以 Nu 数逐渐增大. 但是, 当 $Kn=0.3$ 时, $T_y|_w$ 比 $T_w - T_m$ 增大得慢, 所以 Nu 数继续降低. 从图中还可以看出, Nu 数随着 Kn 数的增大而增大.

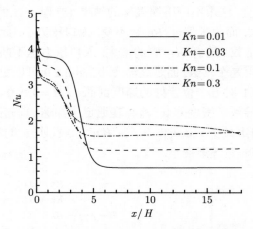

图 5.2.20　不同 Kn 数下 Nu 数沿管道的变化

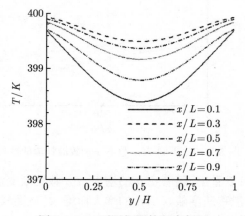

图 5.2.21　不同位置的温度剖面

2. Re 数的影响

下面比较不同 Re 数下 Po 数和 Nu 数沿轴向的变化, 计算中 $Kn=0.1$. 图 5.2.22 给出不同 Re 数时 Po 数沿轴向的变化, 从图中可以看出, Po 数随着 Re 数的增大而增大, 而因为局部 Kn 数逐渐增大, 沿通道 Po 数逐渐降低. 图 5.2.23 比较了不同 Re 数时 Nu 数沿通道轴向的变化, 可见 Nu 数随 Re 数的变化没有 Kn 那么明显.

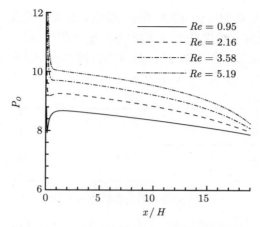

图 5.2.22　不同 Re 数时 Po 数沿管道的变化

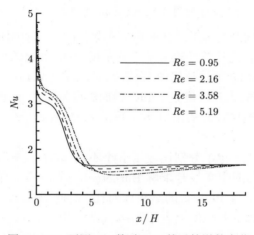

图 5.2.23　不同 Re 数时 Nu 数沿管道的变化

5.3　后向台阶流动的模拟

后向台阶流动是一种常见的分离流, 许多学者对其进行了深入的研究[21-22]. 微纳米尺度的后向台阶流动存在许多与宏观流动不同的现象, 近年来逐渐引起了学者的注意. 针对微尺度流动的特点, 不少学者采用各种方法研究了微尺度下的后向台阶流动[23-27]. 但是, 对于 $0.1 < Kn < 1$ 范围内的低速后向台阶流动, N-S 方程不再适用, DSMC 方法的计算量又太大, 目前还没有合适的研究方法. 根据 Burnett 方程能够描述轻微偏离热力学平衡的稀薄流动以及计算量小的特点, 这里采用 Burnett 方程研究这一范围内的后向台阶流动.

后向台阶流动示意图如图 5.3.1 所示, 通道总长度定义为 L, 总高度定义为 H, 台阶高度是 s, 台阶前的长度是 l. 流动由入口压力和出口压力差所驱动, 入口压力与出口压力的比值定义为压力比 $\Pi = P_i/P_o$, 台阶高度与通道整体高度之比定义为台阶比 (s/H).

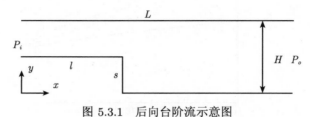

图 5.3.1   后向台阶流示意图

5.3.1   与其他方法的比较

1. 求解 Burnett 方程与采用 DSMC 方法所得结果的比较

微纳米尺度后向台阶流动的实验研究不多, 缺乏合适的实验数据. 因此, 首先把求解 Burnett 方程的计算结果与基于分子模型的 DSMC 方法的结果进行对比. 在 Beskok[11] 的 DSMC 方法计算中, 台阶比 (s/H) 为 0.467, 通道长度为 L=5.6H, 入口马赫数 M=0.45, 入口温度是 330K, 壁面温度维持在 300K, 压力比是 2.32. 根据出口压力和壁面温度计算的出口 Kn 数是 0.04, 根据单位通道厚度质量流量计算的 Re 数为 80.

图 5.3.2(a) 和 5.3.2(b) 分别比较了五个不同 y/H 位置用两种方法计算的流向压力和速度分布. 图中实线是求解 Burnett 方程的结果, 符号表示用 DSMC 方法计算的结果. 为了与 Beskok 的结果作对比, 根据 Beskok 在文献中的约定, 上壁表示 y/h=0.98325, 中心偏上表示 y/h=0.75, 中心表示 y/h=0.48325, 中心偏下表示 y/h=0.25, 下壁表示 y/h=0.01675. 从图中可以看出, 求解 Burnett 方程的计算结果和用 DSMC 方法计算的结果符合得很好, 这说明 Burnett 方程能够给出正确的结果. 台阶处的通道突扩导致了突然的压降, 从而形成了逆向的压力梯度, 这个逆向的压力梯度一直延续到 x/H=3.25 附近. 由于这个逆向的压力梯度, 流速也出现迅速下降, 在靠近底面附近, 流动出现分离与再附, 如图 5.3.2(b) 所示.

2. 求解 Burnett 方程与求解 N-S 方程所得结果的比较

下面比较求解 Burnett 方程和 N-S 方程得到的结果. 求解时采用了相同的壁面滑移边界条件. 计算中通道高度为 0.5μm, 出口压力为 100KPa, 压力比为 2, 台阶比为 0.5. 图 5.3.3(a) 和 5.3.3(b) 分别比较了两种方法三个不同 y/H 位置的流向压力和速度分布. 图中, 中心偏上表示 y/H=0.75, 中心表示 y/H=0.5, 而中心偏下

表示 y/H=0.25. 因为入口和出口的压力给定, 所以在大部分区域这两种方法给出的压力分布非常相似. 而在台阶附近区域, 由求解这两种方程得到的压力存在着一定的区别, 在流向速度上则区别较大. 由于 Burnett 方程中高阶导数项的存在, 在大部分区域, 求解 Burnett 方程得到的速度比求解 N-S 方程得到的速度高 3% 左右, 但是在台阶后面位置, 差别可以达到 50%. 两种结果的偏差随着 Kn 数的增加而增加.

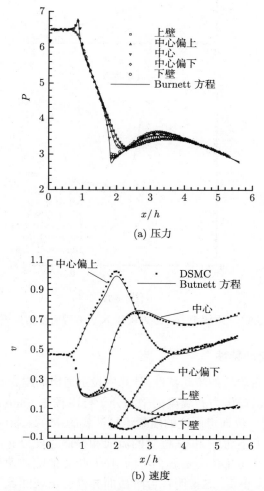

(a) 压力

(b) 速度

图 5.3.2 求解 Burnett 方程的结果与用 DSMC 方法计算的结果比较

在下面的所有计算中, 都采用双原子的氮气, 入口和壁面温度都是 300K, 出口压力是 100KPa, 通道总长度 L=8H, 台阶位置是 l/H=3.

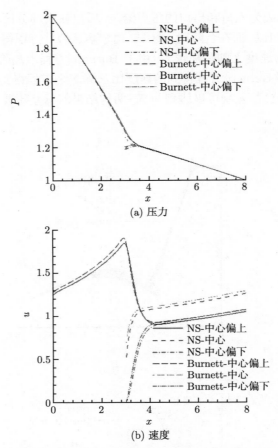

(a) 压力

(b) 速度

图 5.3.3   求解 Burnett 方程和 N-S 方程所得结果的比较

5.3.2   后向台阶流动特性

首先研究后向台阶流的流动特性, 计算中设定通道高度为 0.5μm, 台阶比为 0.5, 压力比为 2. 基于出口压力和温度的平均分子自由程是 68nm, 入口和出口的 Kn 数都是 0.136, 根据单位通道厚度的质量流量计算的 Re 数为 0.74.

图 5.3.4 比较了不同 x 和 y 位置的流向和横向速度分布, 采用出口平均速度进行量纲为一化. 图 5.3.4(a) 是五个不同 y/H 位置的流向速度分布, 从图中可以看出, 流向速度恒为正值, 这说明在台阶后面并没有出现回流. 而从图 5.3.3(a) 中发现, 在台阶后面区域存在着逆向的压力梯度, 但是这个压力梯度太小, 不足以让流动滞止并回流, 所以流场没有出现回流, 这一现象与 Re 数有关, 计算中 Re 数为 0.74. 从图 5.3.4 中还可以看出, 除了台阶附近以外, 上下壁面的滑移速度在大部分区域都是重合的.

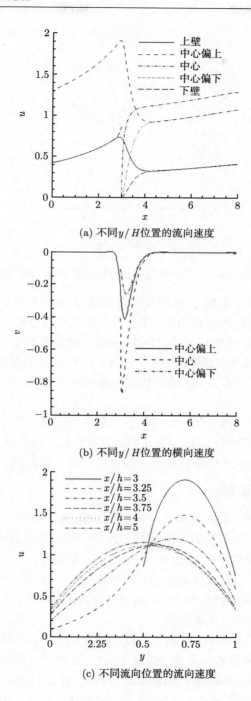

(a) 不同 y/H 位置的流向速度

(b) 不同 y/H 位置的横向速度

(c) 不同流向位置的流向速度

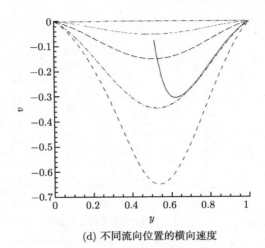

(d) 不同流向位置的横向速度

图 5.3.4　不同横向与流向位置处的横向与流向速度

图 5.3.4(b) 比较了不同 y/H 位置的横向速度. 由于通道的向下突扩, 流体整体向下运动, 所以横向速度都是负的, 在台阶后面几个网格处达到最大值, 最大的量纲为一横向速度可达到 0.9. 在 x/H=4.5 附近, 横向速度基本为零. 图 5.3.4(c) 显示了不同流向位置的流向速度剖面, 当 x/H=5 时, 速度剖面变得对称, 流动达到稳定状态. 图 5.3.4(d) 显示了不同流向位置的横向速度剖面, 当 x/H=5 时, 横向速度恒为 0.

在当前的算例中, 当 x/H=4.5 时, 台阶后的流动达到稳定状态, 基本不受台阶影响, 这一流向位置随着压力比、Kn 数以及台阶比的变化而变化. 在这里的计算中, 为了确保各种情况下台阶后的流动能够达到充分发展, 取 x/H=8.

5.3.3　不同压力比的影响

以下比较不同压力比对后向台阶流动的影响. 通道高度为 0.5μm, 台阶比为 0.5. 不同压力比情况下, 出口压力和温度是一致的, 所以出口 Kn 数都是 0.136. 入口 Kn 随着入口压力的变化而变化, 压力越大, Kn 数越小.

图 5.3.5 给出了质量流量随压力比变化的情况. 随着压力比的增大, 流经单位厚度通道的质量流量也逐渐增大, 从图中可以看出, 两者不是线性关系. 随着压力比的增大, 质量流量的变化率也增大.

图 5.3.6 比较了不同压力比时中心线上的速度分布, 采用出口平均速度进行量纲为一化. 计算中这四种压力比 (Π = 1.5, 2, 2.5 和 3) 下的出口平均速度分别为 9.85、21.68、35.18 和 50.07m/s. 由前面的分析可知, 出口处的速度剖面呈抛物线分布, 同时, 由于出口处的 Kn 一致, 壁面上的速度滑移计算于出口的相同位置, 因此, 量纲为一化的中心线上的速度也是一致的. 从图中可以看出, 中心线的速度不再是

传统无滑移流动的 1.5, 而是 1.29, 这是因为壁面上速度滑移的存在使得沿着截面的速度剖面变得平坦, 如图 5.3.4(c) 所示.

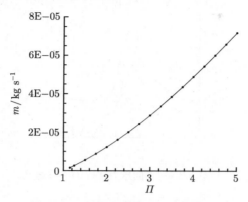

图 5.3.5 质量流量随压力比的变化

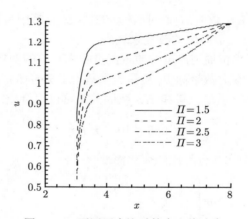

图 5.3.6 不同压力比时的中心线速度

从图中还可以看出, 压力比越大, 中心线上的速度变化越迅速, 出口与入口速度比也越大. 当 $\Pi = 1.5$ 时, 在 $x/H = 4.5$ 之后, 中心线上的速度基本上随着 x 线性变化, 但是当 $\Pi = 3$ 时, 中心线上的速度不再随着 x 线性变化, 压缩性也越来越明显. 随着压力比的增大, 这个现象也越明显.

图 5.3.7 比较了不同压力比时上壁面的滑移速度分布, 采用出口平均速度进行量纲为一化. 在不同的压力比下, 出口处的 Kn 数相同, 所以滑移速度通过同一个位置来计算, 而出口的速度剖面又是一致的, 所以, 不同压力比下出口处的滑移速度都一致. 在入口处, 因为压力的不一样, Kn 数也不一样, 壁面上的滑移速度通过不同位置的速度值来计算求得, 因此, 入口处的滑移速度也不一样. 压力比越大, 分子平均自由程越小, Kn 越小, 量纲为一滑移速度也越小.

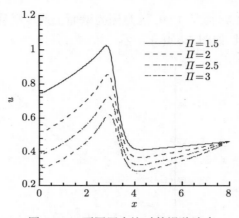

图 5.3.7　不同压力比时的滑移速度

5.3.4　不同 Kn 数的影响

以下研究不同 Kn 数时后向台阶流动的情况, 计算中台阶比为 0.5, 压力比为 2, Kn 数的变化通过通道高度的改变来达到.

图 5.3.8 给出了单位通道厚度的质量流量随 Kn 数的变化, 采用了双对数坐标. 从图中可以看出, 在双对数坐标中, 质量流量基本上随着 Kn 数的增加而线性下降. 根据数值计算的结果, 质量流量和 Kn 数的关系可以拟合成:

$$m = 4.56 \times 10^{-7} \times Kn^{-1.64},$$

这个关系式随着压力比和台阶比的变化而变化.

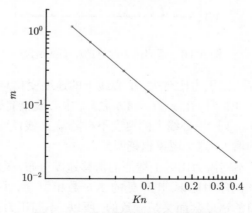

图 5.3.8　质量流量随 Kn 数的变化

图 5.3.9 比较了不同 Kn 数时中心线上的速度分布, 采用出口平均速度量纲为一化. 四种 Kn 数下 (Kn=0.1, 0.2, 0.3 和 0.4) 的出口平均速度分别为 26.23, 17.15,

13.36 和 11.31m/s. 从图中可以看出, Kn 数越大, 中心线上的量纲为一速度越小, 截面上的速度剖面越平坦. 这是因为 Kn 越大, 壁面上的滑移速度越大, 从而速度剖面也越平坦, 如图 5.3.10 所示.

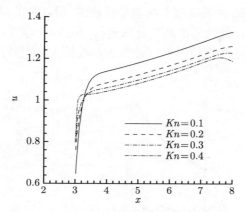

图 5.3.9   不同 Kn 数时的中心线速度

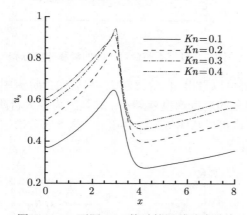

图 5.3.10   不同 Kn 数时的滑移速度分布

图 5.3.10 比较了不同 Kn 数时上壁面的滑移速度沿着通道的分布, 采用出口平均速度量纲为一化. 可见, Kn 数越大, 滑移速度也越大. 从图 5.3.9 和图 5.3.10 还可以看出, 当 Kn 数比较大时, 滑移速度在台阶处的变化也较快, 这是由于当 Kn 数比较大时, 滑移速度比较大, 而通道尺寸比较小, 流动更容易混合, 所以变化也越快.

5.3.5   不同台阶比的影响

下面比较不同台阶比对后向台阶流动的影响, 计算中通道高度为 0.5μm, 压力比为 2, 出口 Kn 数为 0.136.

　　图 5.3.11 比较了不同台阶比时上壁面的滑移速度沿着通道的变化, 采用相应的出口平均速度量纲为一化. 这 7 个不同台阶比 (s/H=0.2, 0.3, 0.4, 0.5, 0.6, 0.7 和 0.8) 下的出口平均速度分别是: 49.80, 40.63, 30.01, 21.68, 13.38, 6.83 和 2.42m/s. 在出口处, Kn 数一致, 并且速度分布都呈抛物线, 所以在出口处的滑移速度都是一致的即 u_s=0.42. 出口处的通道高度是固定的, 所以当台阶比 s/H 比较大时, 入口处的通道宽度就较小, 从而使得入口处的 Kn 数较大, 滑移速度也比较大.

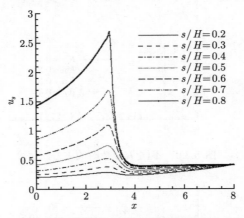

图 5.3.11　　不同台阶比时的滑移速度分布

　　从图 5.3.11 中还可以看出, 台阶比越大, 在后向台阶流中前半部分通道的速度梯度也越大, 后半部分的速度梯度就越小. 这是因为在大台阶比时, 压力损失主要耗费在前半部分上, 这可以从图 5.3.12 中看出. 前半部分通道的压力梯度明显高于后半部分的压力梯度.

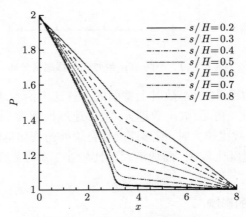

图 5.3.12　　不同台阶比时的压力分布

5.4 三维空腔流动的模拟

如图 5.4.1 所示, 微流控芯片中液–液萃取的一种新方法是在微通道的边上开空腔, 在空腔中实现萃取, 于是空腔内液体的流体特性对萃取就有很重要的影响. 二维情况下的空腔流场特性如流动结构、流线分布等已有较多的研究结果. 由于液体黏性的作用, 图 5.4.1 中空腔内与由左向右流动的主流接触部分的液体会被主流带动起来, 从而在空腔中形成一个沿逆时针方向旋转的主涡[28]. 当空腔的厚度相对于长度以及深度较小时, 这种二维近似是合理的, 计算得到的空腔内的旋涡也确实是逆时针旋转. 然而, 当空腔厚度相对于长度和深度较大时, 就必须考虑由厚度导致的流场的三维性. 关于宏观尺度和速度下空腔内的三维流动, 已经有了一些研究结果, 其中的结果表明空腔中的流体仍旧形成一个沿逆时针方向旋转的主涡[29].

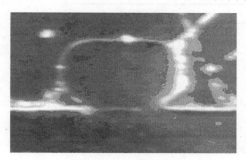

图 5.4.1   实验拍摄的微通道和空腔

然而, 在微通道和空腔内的萃取实验中, 却发现空腔内的流体会出现与常规不一样的顺时针方向旋转的现象. 由于空腔中涡流的旋转方向对萃取过程起着重要作用, 所以有必要研究影响涡流旋转方向的因素, 找出其中的内在规律. 虽然已有一些研究空腔流动的结果[30-33], 但微通道空腔内的研究结果尚未见报道. 这里采用数值计算方法, 研究微通道空腔中液体从逆时针方向流动转变为顺时针方向的临界条件, 得出控制流动状况的量纲为一参数, 判断空腔中液体的流动方向.

5.4.1   方程及求解

1. 方程及边界条件

图 5.4.1 所示的空腔与微通道可以由图 5.4.2 示意, 图中 L_1 为空腔长度, L_2 为空腔深度, L_3 为空腔厚度, L_4 为微通道宽度, L_5 为计算区域的长度.

方程与边界条件必须根据相应的 Kn 数来决定是否需要修正. 这里考虑的流动介质的分子自由程为 $0.001\mu m$, 空腔的特征长度为 $25\mu m$, 于是 $Kn < 0.001$, 这样无需对流体力学的动量方程和无滑移边界条件做修正. 假设流场为定常不可压缩,

忽略质量力, 则连续性方程和运动方程为:

$$\frac{\partial v_i}{\partial x_i} = 0,$$ (5.4.1)

$$v_j \frac{\partial v_i}{\partial x_j} = -\frac{1}{\rho} \frac{\partial p}{\partial x_i} + \nu \frac{\partial^2 v_i}{\partial x_j^2},$$ (5.4.2)

其中 v_i, p 分别为速度和压力, ν 为黏性系数.

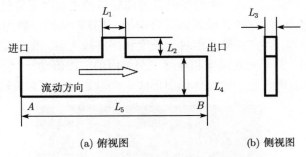

(a) 俯视图　　　　　　　　　　　(b) 侧视图

图 5.4.2　空腔流场示意图

边界条件提入口处给定速度, 出口给定大气压力, 固壁采用无滑移条件, AB 边采用对称条件.

2. 求解条件及网格数确定

流动介质为 20°C 的水, 密度为 998.23kg/m^3, 运动黏度为 1.006×10^{-6}m^2/s, 入口平均速度约 2m/s, 雷诺数 $Re \approx 50$, 流场处在层流状态.

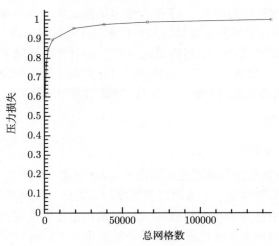

图 5.4.3　不同网格数下的相对压力损失

进行计算之前, 首先考虑了网格疏密对结果的影响. 为使结果更精确, 在空腔及附近区域加密网格, 然后计算各种不同疏密程度网格下的流场. 计算时的流场参数为: $L_1=L_2=100\mu m$, $L_3=25\mu m$, $L_4=250\mu m$, $L_5=2000\mu m$. 图 5.4.3 给出了全流场压力损失随总网格数变化的情况, 图中的横坐标是总网格数, 纵坐标是用最大网格数时的压力损失量纲为一化后的全流场压力损失. 从图中可以看出, 当总体网格数超过 20000 之后, 所得结果基本上保持不变, 再增加网格, 对结果影响不大. 因此, 为了兼顾计算精度和计算时间, 本文选择的总网格数为 20000.

5.4.2 计算结果及分析

通过计算发现, 同样形状和尺寸的空腔, 其中的流动状况与主流的入口平均速度有很大关系. 入口速度存在一个临界值, 当入口平均速度大于这个临界值时, 空腔中出现常规的沿逆时针方向的主涡, 如图 5.4.4(a) 所示; 而当入口平均速度小于这个临界值时, 空腔中就会出现非常规的沿顺时针方向的流动, 如图 5.4.4(b) 所示; 当速度在临界值附近时, 则同时存在沿逆时针和顺时针的流动, 如图 5.4.4(c) 所示, 左边为逆时针, 右边是顺时针. 因此, 把速度的这个临界值称为临界速度, 记为 V_{cr}. 下面分别单独考虑各种因素对临界速度 V_{cr} 的影响.

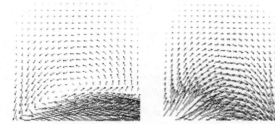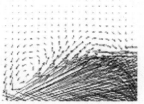

(a) 入口平均速度小于临界值 (b) 入口平均速度在临界值附近 (c) 入口平均速度为临界速度

图 5.4.4　不同入口速度下空腔中的流动

1. 流体黏性的影响

只变化流体的黏性系数而其他参数保持不变, 设 $L_1=L_2=100\mu m$, $L_3=25\mu m$, $L_4=250\mu m$, $L_5=2000\mu m$. 给定一个黏性系数, 通过调整入口速度来让空腔中液体从逆时针方向流动向顺时针方向变化, 从而得到临界速度 V_{cr}, 如图 5.4.5 所示, 图中横坐标为液体的运动黏性系数, 纵坐标为临界速度. 由图可见, 临界速度与黏性系数成线性关系, 黏性系数越大, 空腔中流动方向改变时的临界速度也越大, 即空腔中越容易出现这种非常规的顺时针流动的现象.

2. 空腔厚度的影响

由于在二维空腔流场的计算中, 涡流没有出现顺时针旋转的情况, 因此这种情况必定与流场的三维性有关, 而体现三维性的是空腔的厚度即 L_3. 这里对不同空腔厚度的流场进行了计算, 计算时先假定 L_1 和 L_2 相等且保持不变, 然后考虑不同的厚度 L_3 对 V_{cr} 的影响. 图 5.4.6 是 $L_1 = L_2 = 100\mu m$, $L_5 = 2000\mu m$ 时, V_{cr} 随 L_3 的变化. 可见当 $L_3 > L_1$ 时, V_{cr} 几乎为零, 即不会出现涡流顺时针旋转. 随着 L_3 的变小, 沿厚度方向两个壁面的作用逐渐明显, 流场的三维性增强, 涡流顺时针方向旋转的情况将出现, 而且 L_3 越小, V_{cr} 越大, 即涡流顺时针方向旋转越容易出现. 图中 V_{cr} 与 L_3 的平方大致成反比. 计算时还发现, 当 $L_3 > 50\mu m$, 即 $L_3/L_1 > 0.5$ 时, 若速度低于一定值, 空腔中将出现下半部分为顺时针流动、上半部分为逆时针流动的情况.

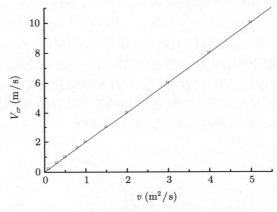

图 5.4.5　　不同黏性系数下的临界速度

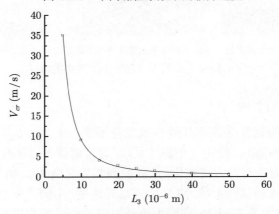

图 5.4.6　　不同空腔厚度下的临界速度

3. 空腔大小的影响

从上面的分析可知, 要使空腔中出现涡流顺时针方向流动, 必须保证 $L_3 < L_1$,

空腔厚度对流动的影响很大. 因此, 取 L_3 为特征尺度, 给出不同大小的空腔与 V_{cr} 的关系. 假设空腔形状固定, $L_1 : L_2 : L_3 = 4 : 4 : 1$. 为了使图像分辨率增加, 在图 5.4.7 中给出了 L_3 从 25μm 到 500μm 的情况, 当空腔尺寸较大时如 $L_3 = 0.25$m, 所得到的临界速度为 2.2mm/s, 也落在图中的曲线上. 从图中可以看出, V_{cr} 与空腔的尺寸成反比. 也就是说, 形状一定时, 空腔的尺寸越小, 临界速度就越大, 也就越容易出现这种顺时针流动的涡流. 这就是为什么在宏观尺寸的空腔中没有观察到这种现象的原因, 因为若空腔厚度为 0.25m, 入口平均速度要低于 2.2mm/s, 而空腔中的速度又要比主流速度低一个数量级, 所以很难观察到.

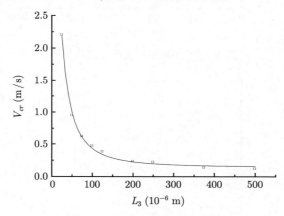

图 5.4.7　不同空腔大小时的临界速度

4. 微通道宽度的影响

不同的微通道宽度也可能对 V_{cr} 造成影响, 固定空腔的长度、深度和厚度, 这里 $L_1 = L_2 = 100$μm , $L_3 = 25$μm , $L_5 = 2000$μm. 通过改变微通道的宽度 L_4, 观察 V_{cr} 与 L_4 的关系. 图 5.4.8 给出了结果, 这里 AB 边取无滑移条件. 由图可见, 微通道宽度对临界速度的影响不大, 不管微通道宽度如何变化, V_{cr} 总在 1.5~2.0 的范围内. 当微通道宽度与 L_1 相近时, 临界速度稍微大一点, 当微通道尺寸相对于空腔尺寸较小或较大时, 同样的条件下临界速度会下降, 但是这种变化并不明显.

5. 截面大小的影响

固定厚度亦即 L_3 不变时, 考虑不同的截面大小对 V_{cr} 的影响, 此时将厚度 L_3 固定为 25μm, $L_1 = L_2$, 即截面为正方形. 图 5.4.9 给出了两者的关系, 从图中可见, V_{cr} 与 L_1 基本上成线性正比关系. 当 L_1/L_3 稍大时, 有一点偏离; 截面越大, 即 L_3 相对于 L_1 越小, 越容易出现顺时针流动的涡流, 这与前面关于厚度的结论是一致的.

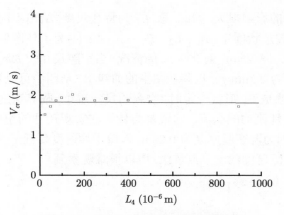

图 5.4.8　　不同主流宽度下的临界速度

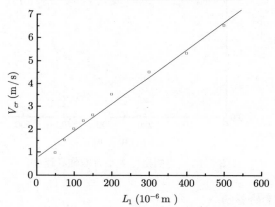

图 5.4.9　　不同空腔截面大小下的临界速度

6. 截面形状的影响

当空腔厚度不变时, 不同的截面形状对 V_{cr} 也有影响. 对于 $L_1 + L_2 =$ 常数, 且 $L_1/L_2 = 0.5 \sim 2$ 的情况, 图 5.4.10 给出了临界速度与截面长深比的关系曲线, 由图可见, 长深比越大即空腔与主流接触的面积越大, 临界速度也越大, 也就越容易出现顺时针旋转的涡流.

7. 各因素的综合作用

综合上面的分析, 在 $L_1 = L_2$ 时, 可以得到一个量纲为一参数 Re':

$$Re' = \frac{UL_3}{\nu} \cdot \frac{L_3}{L_1} = Re \cdot \lambda, \tag{5.4.3}$$

其中 Re 为空腔流动雷诺数, λ 为空腔形状因子, 用来表征相对厚度.

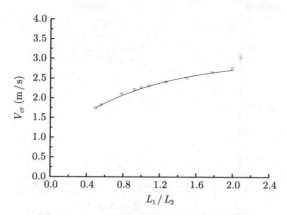

图 5.4.10 不同截面长深比下的临界速度

图 5.4.11 是在固定截面大小、变化厚度时的 Re 数与 λ 的关系. 图中的曲线为区分流动状况的临界曲线, 在曲线上方, 空腔中涡流逆时针方向旋转, 而在曲线下方, 则为顺时针方向旋转. 更一般地, 可以用量纲为一参数 Re' 来判断空腔中的流动是逆时针还是顺时针, 即确定一个临界值 Re'_{cr}. 图 5.4.12 为不同厚度、截面大小、空腔尺寸、黏性系数下的 Re'_{cr}. 从图中可以看出 $Re'_{cr} \approx 11.8$. 于是当 $L_1 = L_2$ 时, 可以用 Re'_{cr} 来判断流动状况, 当 $Re' > Re'_{cr}$ 时, 空腔中存在逆时针方向旋转的主涡, 而当 $Re' < Re'_{cr}$ 时, 空腔中存在顺时针方向旋转的主涡.

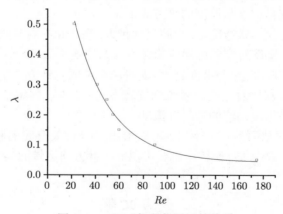

图 5.4.11 Re 与形状因子的关系

当 L_1 不等于 L_2 即截面不是正方形时, 可以通过两个步骤来判断流动状况. 首先, 由空腔长度和厚度的值, 计算出 $L = (L_1 + L_2)/2$, 接着根据 L、深度 L_3, 由入口速度值算出 Re', 然后结合图 5.4.10, 对 Re' 做一定的修正, 再与 Re'_{cr} 作比较, 就可以判断流动处于什么运动状态.

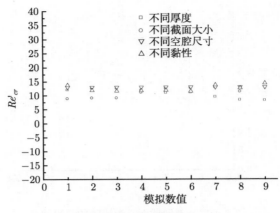

图 5.4.12　各种因素下的 Re'_{cr}

通过以上数值模拟, 研究了各种因素对微通道空腔内涡流的旋转特性, 得出以下结论:

(1) 微通道空腔中, 在特定的情况下, 会出现宏观少见的涡流顺时针方向旋转的流动现象. 这种现象主要是由于通道厚度变小、壁面效应增强造成的, 这是三维空腔特有的流动现象.

(2) 在其他条件不变的前提下, 液体的黏性越大, 涡流越容易顺时针方向旋转.

(3) 空腔的厚度对涡流旋转方向的影响很大, 空腔越薄, 涡流越容易顺时针方向旋转, 而且其容易程度与厚度的平方成正比.

(4) 在给定空腔形状情况下, 空腔尺寸越大, 涡流越不容易顺时针方向旋转.

(5) 微通道的宽度对空腔内涡流旋转方向的影响不大.

(6) 固定空腔厚度, 空腔截面越大, 涡流越容易顺时针方向旋转.

(7) 空腔的长深比对空腔内涡流的旋转方向有影响. 固定空腔厚度时, 截面长深比越大, 越容易出现涡流的顺时针流动.

(8) 当空腔的截面为正方形时, 可以给出一个有关空腔的临界量纲为一参数 Re'_{cr}, 当 Re' 小于 Re'_{cr} 时, 空腔中就会出现顺时针方向旋转的涡流, 经计算, $Re'_{cr} \approx 11.8$.

参 考 文 献

[1] Roe P L. Characteristic based schemes for the Euler equations[J]. Annual Review of Fluid Mechanics, 1986, 18: 337–365.

[2] Beskok A, Karniadakis G E, Trimmer W. Rarefaction and compressibility effects in gas microflows[J]. Journal of Fluid Engineering, 1996, 118: 448–456.

[3] Colin S, Lalonde P, Caen R. Validation of a second-order slip flow model in rectangular microchannels[J]. Heat Transfer Engineering, 2004, 25(3): 23–30.

[4] Zhong X L, Maccormack R W, Chapman D R. Stabilization of the Burnett equations and application to hypersonic flows[J]. AIAA Journal, 1993, 31(6): 1036–1043.

[5] Bao F B, Lin J Z. Linear stability analysis for various forms of one-dimensional burnett equations[J]. International Journal of Nonlinear Sciences and Numerical Simulation, 2005, 6(3): 295–303.

[6] Fang Y C. Parallel simulation of microflows by DSMC and Burnett equations[D]. Ph. D Thesis, Western Michigan University, 2003.

[7] Welder W T, Chapman D R, Maccormark R W. Evaluation of various forms of the Burnett equations [C]. Proceedings of the 26th AIAA Fluid Dynamics Conference, Paper 93–3094, 1993.

[8] Lockerby D A, Reese J M. High-resolution Burnett simulations of micro Couette flow and heat transfer[J]. Journal of Computational Physics, 2003, 188(2): 333–347.

[9] Harley J C, Huang Y, Bau H H. Gas flow in micro-channels[J]. Journal of Fluid Mechanics, 1995, 284: 257–274.

[10] Arkilic E B, Schmidt M A, Breuer K S. Gaseous slip flow in long microchannels[J]. Journal of Microelectromechanical Systems, 1997, 6(2): 167–178.

[11] Beskok A. Simulations and models for gas flows in microgeometries[D]. Ph. D thesis, Prineeton University, 1996.

[12] Agarwal R K, Yun K Y, Balakrishnan R. Beyond Navier-Stokes: Burnett equations for flows in the continuum–transition regime[J]. Physics of Fluids, 2001, 13(10): 3061-3085.

[13] Ho C M, Tai Y C. Micro-Electro-Mechanical-Systems(MEMS) and fluid Flows[J]. Annual Review of Fluid Mechanics, 1998, 30(579–612).

[14] Shah R K, London A L. Laminar flow forced convection in ducts, Advances in heat transfer [M]. New York: Academic Press, 1978.

[15] Pahor S, Strnad J. A note on heat transfer in laminar flow through a gap [J]. Applied Scientific Research Section A, 1960, 10: 81–84.

[16] Pong K C, Ho C M, Liu J Q. Non-linear pressure distribution in uniform microchannels[J]. Applications of Microfabrication to fluid Mechanics ASME FED, 1994, 197: 51–56.

[17] Shih J C, Ho C M, Liu J Q. Monatomic and polyatomic gas flow through uniform microchannels[J]. ASME MEMS DSC, 1996, 59: 197–203.

[18] GAD-EL-HAK M. The fluid mechanics of microdevices-The Freeman Scholar Lecture[J]. Journal of Fluids Engineering-Transactions of the ASME, 1999, 121(1): 5–33.

[19] Jang J, Zhao Y B, Wereley S T. Pressure distribution and TMAC measurements in near unity aspect ratio, anodically bonded microchannel[C]. Proceeding of IEEE Micro Electro Mechanical Systems MEMS, 2003.

[20] Chen C S, Lee S M, Sheu J D. Numerical analysis of gas flow in microchannels[J]. Numerical Heat Transfer, A, 1998, 33: 749–762.

[21] Armaly B F, Durst F, Pereira J C F. Experimental and theoretical investigation of backward-facing step flow[J]. Journal of Fluid Mechanics, 1983, 127: 473–796.

[22] Le H, Moin P, Kim J. Direct numerical simulation of turbulent flow over a backward-facing step[J]. Journal of Fluid Mechanics, 1997, 330: 349–374.

[23] Biswas G, Breuer M, Durst F. Backward-facing step flows for various expansion ratios at low and moderate Reynolds numbers[J]. Journal of Fluids Engineering, 2004, 126(3): 362–374.

[24] Xue H, Chen S H. Dsmc Simulation of microscale backward-facing step flow[J]. Microscale Thermophysical Engineering, 2003, 7: 69–86.

[25] Kursun U, Kapat J S. Modeling of microscale gas flows in transition regime Part I: flow over backward facing steps[J]. Nanoscale and Microscale Thermophysical Engineering, 2007, 11: 15–30.

[26] Celik B, Edis F O. Computational Investigation of Micro Bacward-Facing Step Duct Flow in Slip Regime[J]. Nanoscale and Microscale Thermophysical Engineering, 2007, 11(3): 319–331.

[27] Choi H I, Lee D. Computations of gas microflows using pressure correction method with Langmuir slip model[J]. Computers and Fluids, 2008, 37(10): 1309–1319.

[28] Sinha S N, Gupta A K, Oberai MM. Laminar separating flow over backsteps and cavities part II: Cavities[J]. AIAA Journal, 1982, 20: 370–375.

[29] Takehiro Y, Masakazu I, Masaki N. Three-dimensional viscoelastic flows through a rectangular channel with a cavity [J]. J. Non-Newtonian Fluid Mech., 2003, 114: 13–31.

[30] Chen C J, Naseri N H, Ho KS. Finite analytic numerical solution of heat transfer in 2-D cavity flow [J]. Numerical heat transfer, 1981, 4: 179–197.

[31] Cheng H K, Huang S H. Effect of surface mounting of upper plate on oscillating flow structure within cavity [J]. Experimental Thermal and Fluid Science, 2003, 27: 755–768.

[32] Zdanski P S B, Ortega M A, Nide G C R. Numerical study of the flow over shallow cavities[J]. Computers & Fluids, 2003, 32: 953–974.

[33] Aung W, Bhatti A. Finite difference analysis of laminar separated forced convection in cavities [J]. J. Heat Transfer, 1984, 106: 49–54.

第六章　压力驱动下微流动的扩散、混合和分离

流体在流动过程中的扩散、分离和混合是流体运动的基本特征, 掌握这些特征既有助于对流动机理的了解, 又对实际应用有指导意义. 微通道中流体的扩散、分离和混合与常规尺度通道中的情形不同, 而压力驱动下的流动又有其特殊之处, 所以本章叙述压力驱动下微流动的扩散、混合和分离.

6.1　概　　述

当前微通道流动研究的一个重要领域就是小分子、大分子、粒子、气泡和液滴等的扩散, 这里的扩散意义比较广泛, 主要包括分子扩散和对流扩散. 根据扩散在微通道流中的应用, 可以把扩散问题分为三类: 一是要求相邻的两层流体之间的对流引起的扩散最小, 以便层流之间的物质的沉降与萃取, 此时层流运动对于这种情况比较适合, 物质间的输运主要通过分子扩散进行; 二是要求相邻的两层流体之间快速而充分地混合, 以便进行高效的化学反应, 此时层流运动对于这种情况不利, 必须促使流场对流混合; 三是要求控制流体的轴向扩散, 从而使经过较长距离的输运后介质的浓度仍然较高, 以取得到较好的检测信号.

为了描述扩散的特性, 定义量纲为一佩克莱 (Peclet) 数如下:

$$Pe = UD_h/D_m, \tag{6.1.1}$$

其中 U 为特征速度, D_m 为分子扩散系数, D_h 为特征长度可表示为:

$$D_h = 4A/S, \tag{6.1.2}$$

其中 A 为微管道的截面积, S 为截面的湿周. 微管道的特征速度一般为 $U \in (0.1, 1\text{cm})$, $D_h \in (10^{-3}, 10^{-2}\text{cm})$, $D_m \in (10^{-7}, 10^{-5} \text{ cm}^2/\text{s})$, 从而得到 $Pe \in (10, 10^5)$.

根据 Pe 数的大小可以将扩散问题分成三种类型:

(1) $Pe < 1$, 属于轴向扩散问题, 此时分子扩散处于主导地位.

(2) $1 < Pe < 10$, 属于 Taylor-Aris 扩散问题, 此时对流和分子扩散同时存在, 流体的横向扩散使其分布更加均匀. Taylor 和 Aris 等人对这一问题做了深入的研究, 采用一个有效的扩散系数来描述其扩散过程.

(3) $Pe > 10$, 属于纯对流问题, 对流扩散处于主导地位.

6.1.1 微通道内物质扩散理论和数值模拟基本方法

1. 控制方程

由于流体在微通道中的流速较慢, 即马赫数极低, 可以将流体视为不可压, 所以连续性方程为:

$$\nabla \cdot \boldsymbol{V} = 0, \tag{6.1.3}$$

其中 $\boldsymbol{V}$ 为流体速度, 由于微通道的特征尺寸很小, 在不考虑电场力、磁场力和离心力时, 其他体积力很小. 假设流体为牛顿流体, 其本构关系为:

$$\sigma_{ij} = -p\delta_{ij} + \lambda\delta_{ij}\nabla \cdot \boldsymbol{V} + 2\mu e_{ij}, \tag{6.1.4}$$

其中 $\lambda = -2\mu/3$, e_{ij} 为单位向量, p 为压力, μ 为流体黏性系数. 将 (6.1.3) 代入上式得:

$$\sigma_{ij} = -p\delta_{ij} + 2\mu e_{ij}, \tag{6.1.5}$$

将 (6.1.5) 代入动量方程并忽略重力项, 则动量方程为:

$$\rho\left[\frac{\partial \boldsymbol{V}}{\partial t} + (\boldsymbol{V} \cdot \nabla \boldsymbol{V})\right] = -\nabla p + \mu\nabla^2 \boldsymbol{V}. \tag{6.1.6}$$

用特征速度 U、水动半径 D_h、D_h/U 及出口压力 p_{out}, 分别对速度、长度、时间和压力进行量纲为一化, 保持原来的符号不变, 则方程 (6.1.6) 变为:

$$\left[\frac{\partial \boldsymbol{V}}{\partial t} + (\boldsymbol{V} \cdot \nabla \boldsymbol{V})\right] = -\nabla p + \frac{1}{Re}\nabla^2 \boldsymbol{V}. \tag{6.1.7}$$

如果不考虑流体的传导热、辐射热和化学反应的吸热和放热, 也不考虑流体流动中液–液及液–固的摩擦热等, 能量方程可以不考虑. 又因为流体的密度和黏度是常数, 这样 (6.1.3) 和 (6.1.7) 共有 4 个方程 (1 个连续性方程, 3 个动量方程), 未知量也是 4 个 (1 个压力, 3 个速度), 方程是适定的.

多种物质间扩散的控制方程如下:

$$\frac{\partial C}{\partial t} + (\boldsymbol{V} \cdot \nabla)\, C = D\nabla^2 C, \tag{6.1.8}$$

其中 C 是物质浓度, $\boldsymbol{V}$ 是流动速度, D 是扩散系数. 设特征流动速度为 U, 水动力半径为:

$$D_h = \frac{Hw}{H + w}, \tag{6.1.9}$$

其中 H 为微通道的深度, w 为宽度, 用 U、D_h 和 D_h/U 分别对速度、长度和时间进行量纲为一化, 保持原来的符号不变, 则方程 (6.1.8) 变成:

$$\frac{\partial C}{\partial t} + (\boldsymbol{V} \cdot \nabla)\, C = \frac{1}{ScRe}\nabla^2 C, \tag{6.1.10}$$

其中 $Sc = \nu/D$ 为施密特数, $Re = UD_h/\nu$ 为雷诺数, ν 为流体运动黏度. 对于典型的微流控系统, 通道尺寸一般为 $10\sim1000\mu m$ 数量级[1-3], 特征速度一般为 $10^{-5} \sim 10^{-1}m/s$, 这里所要模拟的对象, 扩散系数 D 为 $10^{-9} \sim 10^{-11}m^2/s$ 数量级, ν 为 $10^{-6}m^2/s$ 数量级, 所以相应的 Sc 数为 $10^3 \sim 10^5$ 数量级, Re 数为 $10^{-4} \sim 10$ 数量级. 因此, 在 Sc 和 Re 都比较小的时候, 扩散项与对流项相比不算小, 不可忽略[4].

对于控制方程 (6.1.8), 需要确定物质间的扩散系数. 对层流情况, 质量扩散系数常用来计算扩散通量, 根据 Fick 定律[5-6] 有:

$$J = -\rho D \nabla C, \tag{6.1.11}$$

其中 J 为扩散通量, ρ 为密度. 基于 Brownian 运动的扩散系数 D 写为:

$$D = \frac{k_B T}{6\mu \pi d_p}, \tag{6.1.12}$$

式中 k_B 为 Boltzmann 常数, T 为流体的绝对温度, d_p 为粒子直径, μ 为流体动力黏度. 扩散的时间常数可以写为

$$\tau_D = s^2/D, \tag{6.1.13}$$

其中 s 为扩散的尺度. 对于水溶性离子或粒子而言, 扩散系数 D 为 10^{-9} 数量级, 这时若扩散 $100\mu m$ 的空间, 需要约 $\tau_D = 10s$. 而对于如生物分子、磁性微粒和荧光粉粒等大颗粒, 扩散很慢, 如直径为 $0.1\ \mu m$ 的粒子同样扩散 $100\ \mu m$ 的空间, 约需 $1000s$ 的时间, 这在实际应用中是无法接受的, 所以在化学分析和生物分析中, 需要采用一些方法来减小扩散时间, 以达到快速混合、加速反应的目的. 从式 (6.1.13) 可以看出, 减小扩散时间的办法有两个: 一是增大扩散系数, 由于扩散系数由流体的性质所确定, 从而这种方法不可行; 二是减小扩散尺寸, 这种方法可以极大地减小扩散时间, 但如何减小扩散尺寸是个难题, 由有关参考文献[7-9] 可知, 典型的办法是让微通道中的流体产生混沌对流, 从而使流体所需要扩散的距离减短, 这在关于混合器的章节中有详细介绍.

在对微流体扩散的数值模拟中, 一般采用如下步骤: 求解流场从而得到速度信息, 把得到的速度代入方程 (6.1.8) 求出浓度分布, 方程 (6.1.8) 中的 Sc 和 Re 数都可作为参量进行赋值. 如果只有两个组分, 则求解方程 (6.1.8) 可得到一个组分的浓度, 另一组分浓度也就可以相应得到, 这样方程也是适定的. 如果有三个组分, 则方程 (6.1.8) 由两个方程构成, 求解这两个方程得到两个组分的浓度, 另一组分浓度可以通过求得的两个组分浓度计算得到, 方程同样也是适定的[10,11].

2. 初始条件和边界条件

对于多组分的对流扩散问题, 其边界条件的提法除了边界动量传递条件比较麻烦外, 其余的比较简单, 这里先考虑壁面的情况.

首先, 对于方程 (6.1.7), 要考虑无滑移边界条件是否满足, 即 Kn 数是否小于 10^{-3}[12,13]. 一般情况下, 若分子运动自由程约为 $0.001\ \mu m$ 数量级, 特征长度为 $100\ \mu m$ 数量级, 则 Kn 数约为 10^{-5} 的数量级, 完全满足无滑移边界条件. 所以在壁面上有[14]:

$$v = 0, \tag{6.1.14}$$

$$\frac{\partial C_i}{\partial n} = 0. \tag{6.1.15}$$

其次, 对入口和出口的边界条件可以提得相对简单, 对入口有:

$$v_y = 常数, \quad \frac{\partial v}{\partial x} = 0, \quad C_i = 常数, \quad \frac{\partial C}{\partial x} = \frac{1}{2}. \tag{6.1.16}$$

其中 v_y 为入口的法向速度, x 为出、入口的切向, y 为出、入口的法向. 对于出口有:

$$p = p_{out} = 常数, \quad \frac{\partial v}{\partial y} = 0. \tag{6.1.17}$$

最后考虑初始条件, 由于这里考虑的是横向混合和扩散问题, 可以认为是一个定常问题, 不必提初始条件. 但对纵向扩散问题则要提具体的初始条件, 即浓度和速度条件:

$$C_i(x_1 \leqslant x \leqslant x_2)|_{t=0} = C_{i0}, \tag{6.1.18}$$

$$v(x)|_{t=0} = v_0(x), \tag{6.1.19}$$

这里的 x 指的是空间坐标, $x_1 \leqslant x \leqslant x_2$ 表示空间坐标的某个区间, $v_0(x)$ 表示初始速度.

6.1.2　微通道内物质扩散的实验研究方法

1. Micro-PIV 原理介绍

PIV (particle image velocimetry) 技术是一种非接触、瞬态的流场速度测量方法[15]. 在流场中加入示踪粒子后, 在流动过程中, 用脉冲激光片光源照射流场区域, 在旁侧安装照相装置, 通过连续曝光, 获得 PIV 底片或连续帧数字图像 (数字图像与连续曝光底片相比, 处理比较容易, 缺点是测量速度受图像传输速度限制), 然后经过相关图像处理或杨氏条纹法计算粒子速度, 从而获得示踪粒子速度场; 当粒子浓度适中时, 粒子速度场可以精确反映流场状态. PIV 技术可以无接触地测量全流场速度, 是一种广泛应用于研究宏观流体流动特性的实验技术. Micro-PIV 系统是专门用于微通道流场测量的 PIV 系统, 该系统由显微镜、CCD 摄像机、照明光源等组成. 加入流场的示踪粒子表面涂有荧光染料, 吸收激发光源发出的激发光, 并发射一定波长的荧光, 经显微镜过滤和放大成像, 通过 CCD 摄像装置拍摄, 就可以获得这一时刻粒子图像; 采用相关技术处理连续两帧经 CCD 拍摄的粒子图像, 就可以计算出流场速度.

2. 实验设备及图像处理算法

(1) 显微成像单元

为了提高显微粒子图像的对比度和清晰度, 应选用荧光显微镜作为光学系统, 与普通光学显微镜相比, 荧光显微镜上附加了激发光滤光片和吸收光滤光片. 激发光滤光片安装在照明光路中, 可以选择性地吸收光谱, 只让特定谱线的激发光通过; 吸收光滤光片安装在成像光路上, 滤除杂散光, 只让示踪粒子受激发发射的荧光透过. 荧光显微镜放大倍率为 4~100 倍, 通常在 10~100 倍放大倍率下进行微流体 PIV 观测.

(2) 激发光源

Micro-PIV 激发光源用于激发示踪粒子发荧光, 主要有 UV 汞灯、Ar4 激光器和 Nd:YAG 双脉冲激光器 3 种.

UV 汞灯经蓝色激发块后, 发射波长为 450~490 nm 的紫外光, 可以激发吸收这一谱段的示踪粒子发荧光; 缺点是光强比较低, 激发出的荧光也很弱, 要获得清晰的图像, 必须增加曝光拍摄时间或者提高数值孔径, 只适用于低速微流场测量.

Ar^+ 激光器发射的波长为 476~514 nm, 是一种连续气体激光器. 用于 Micro-PIV 的 Ar^+ 激光器发射功率约几十毫瓦, 具有单色性好和工作稳定的优点; 但其属于连续激光器, 较高的激光光强容易导致曝光过度, 需要采用一定措施控制激光照射时间和光强, 也可以控制摄像机曝光时间调节 CCD 的感光时间.

Nd:YAG 双脉冲激光器是目前 Micro-PIV 系统中应用最多的激发光源, 倍频后发射波长约为 532 nm, 通过光纤与显微镜接口相连, 脉冲宽度可控制在 ns 范围, 脉冲间隔 1~0.1s 可调, 通过同步脉冲发生器控制照明与摄像同步, 可以精确地获取流场示踪粒子图像. 由于 Nd:YAG 双脉冲激光器发射的激光强度非常高, 为防止破坏设备和样品, 照明时间一般为 1~5ns, 而且不能直接聚焦使用, 需要经过预先发散. 该激光器缺点是功率密度高, 容易破坏生物溶液的性质, 并且价格昂贵.

(3) CCD 摄像单元

CCD 摄像单元的响应时间、敏感度、暗噪声等指标影响 Micro-PIV 的测速范围和图像清晰度, 目前国外各公司生产的制冷 CCD 最低冷却温度可达 $-20°C$, 暗电流指标为 10~15e, 是普通 CCD 摄像机的 1/10~1/20, 量子效率 60%~80%, 比较适合 Micro-PIV 系统的使用, 传输频率与像元数有关, 为 7.5~30 Hz.

(4) 示踪粒子

示踪粒子呈球形, 表面涂有荧光物质, 示踪粒子尺寸要足够小, 避免对流场流动状态的干扰, 但又必须大于光学分辨率, 以便能被记录在图像上. 另外, 粒子越小, 扩散速度越快, 对测量精度有一定影响. 常用的 Micro-PIV 示踪粒子为球形聚苯乙烯粒子, 直径为 170~500 nm, 密度约为 1.005 kg/m^3, 与水溶液密度相近, 以保证粒子悬浮在溶液中. 吸收光和发射光的波长和强度取决于表面荧光物质和入射光的性质.

(5) 图像处理技术

Micro-PIV 是通过计算相邻两帧图像显示的区域内流场粒子在一定时间内的位移来实现测速的, 即 $v = s/\Delta t$. 在这过程中, 需要从两帧图像中匹配对应粒子像构成的特征区域的位置, 通过相关性计算可以完成匹配, 灰度分布相关性计算是比较常用的算法[16], 对数字图像相关计算的表达式为:

$$R(k,l) = \sum_{k=-\infty}^{\infty} \sum_{l=-\infty}^{\infty} (f(x_0,y_0) g(x_0+k, y_0+l)), \qquad (6.1.20)$$

式中 $f(x_0, y_0)$ 为在第一幅图像区域内信号的分布函数, $g(x,y)$ 是在第二幅图像区域内信号分布函数, 当 $R(k,l)$ 达到最大值时, 认为匹配成功. 拍摄时间间隔 Δt 内, (x_0, y_0) 坐标处的粒子像在图像空间沿 x 和 y 方向分别移动了 k 和 l 个像素.

3. 关键技术问题

(1) 测量分辨率

粒子测速要保证粒子成像尺寸大于 CCD 像素尺寸, 即光学成像分辨率大于 CCD 分辨率. 粒子像包括粒子几何放大像和衍射效应引起的衍射晕或衍射环, 粒子像的直径可以用几何像与衍射晕响应函数卷积表示, 可近似为:

$$d_i = \sqrt{(M^2 d_p^2 + d_s^2)}, \qquad (6.1.21)$$

$$d_s = 1.22(1+M)\lambda/A_n, \qquad (6.1.22)$$

式中 d_i 为粒子像直径, d_p 为粒子直径, d_s 为衍射环径, M 为显微镜放大倍数, λ 为入射光波长, A_n 为数值孔径. 令 d_p=300 nm, 对几种物镜成粒子像的直径进行计算, 结果如表 6.1.1 所示, 其中 40 倍和 60 倍物镜的 A_n 值包含了油浸物镜和普通物镜的 A_n 值. 高分辨率 CCD 的像元尺寸 d_p 为 4~8μm, 从表 6.1.1 可知, 每个粒子像直径在十倍放大条件下就约等于三个像元尺寸, 能够在图像中分辨出来, 满足粒子测速要求.

(2) 测速动态范围

如图 6.1.1 所示, Y 形混合通道是一种典型的微流控芯片, Y 形的两个入口进样和在有阻碍物的扩散通道扩散, 它的合并区域的速度和阻碍物区域的速度分布和浓度分布是研究的重点. 根据表 6.1.1, 选放大倍率 40 倍条件下观测比较理想.

测速动态范围可用下式计算:

$$d_p = v_{\max} M \Delta t / \left(0.04 \left(\sqrt{d_i^2 + d_p^2}\right)\right), \qquad (6.1.23)$$

式中 Δt 为采样间隔, 取 $40\sim80$ ms, d_i 和 d_p 取计算结果, $v_{\max}$ 为系统最大测速. 系统最大测速与算法、曝光时间、放大倍率等多种因素有关, 难以通过理论精确计算, 这里采用文献 [17]–[19] 的方法, 动态测速范围计算结果见表 6.1.2. 文献 [20] 前期采用电流法粗测宽度 50μm、沟道内 10mmol/L 硼砂溶液的电渗流流速, 在单位电压 100 V/mm 条件下, 电渗速度为 220μm/s, 采用 Micro-PIV 测速满足流场测速要求.

表 **6.1.1**　不同放大倍数下粒子像直径

M	λ/nm	A_n	d_i/μm
10	490	0.3	22
	560	0.4	25
20	490	$0.6\sim1.25$	32
	560	$0.7\sim1.4$	36
40	490	0.3	$42\sim23$
	560	0.4	$48\sim25$
60	490	$0.6\sim1.25$	$55\sim31$
	560	$0.7\sim1.4$	$62\sim35$

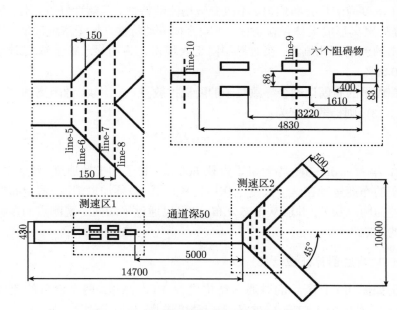

图 6.1.1　PIV 实验用微通道的结构和尺寸

(3) 测量精度的影响

光学系统影响测量精度的因素主要有焦深 δz、数值孔径 A_n、放大倍率 M 等. 焦深越短, 焦平面成像与焦平面外成像的清晰度差异越大, 焦平面外的粒子像对后

继相关性匹配影响就越小. 焦深可以用下式计算:

$$\delta z = n\lambda/A_n + nd_p/MA_n. \tag{6.1.24}$$

由此可知, A_n 越大, δz 越小, 则增大 A_n 可以改进粒子像质量. A_n 和 M 对粒子像亮度也有影响.

表 6.1.2　测速动态范围计算

M	$v_{\max}/\mu m \cdot s^{-1}$	$v_d/\mu m \cdot s^{-1}$
10	400	278
20	300	288
40	200	279
60	50	79

图像处理方法也会影响测量精度, 基于相邻两帧图像计算流场速度分布的过程中, 标定误差、二值化误差、相关性匹配误差、图像噪声干扰会对测速精度有一定影响[16].

粒子浓度应满足分布均匀、不改变流场流动特性、跟随性好等条件, 粒子浓度过大, 容易聚集形成大体积粒子团, 影响流体流动特性. 粒子浓度过低, 从粒子图像计算出的流场变化剧烈, 在边界层附近表现得尤为明显. 粒子浓度适宜范围为 0.05%~0.20%.

示踪粒子的布朗运动会导致粒子的随机扩散, 粒子平均扩散距离的二次方表达式为 (6.1.13), 则扩散速度为:

$$v_{di} = s/\Delta t. \tag{6.1.25}$$

1977 年, Friedlander 等测量了直径 500 nm 粒子的扩散速度, 约为 5.86μm/s, 可见粒子的布朗运动在这一尺度下作用比较显著, 必须加以消除. 假定布朗运动引起的误差为随机误差, 并服从正态分布, 则可以通过平均同一观测点的多幅图像来消除它的影响[21].

4. PIV 实验图像处理结果

对于如图 6.1.1 所示的微通道结构进行 PIV 测量, 两个入口的流体密度为 1.02 g/cm³、黏度为 1.12 mm²/s, 对入口速度进行控制, 分别取 0.5 和 1.0 mm/s.

图 6.1.2 为两股流体合并处的两幅图片, 经过对应粒子的位置进行处理后, 可以得到速度矢量图. 图 6.1.3 为合并处的速度矢量图, 同时也可以得到速度等值线如图 6.1.4 所示. 图 6.1.5 为实验数据和数值模拟结果的比较, 可见两者符合较好.

6.1.3　扩散、混合、分离程度的衡量指标

在模拟和分析微通道中流体的横向扩散情况之前, 首先要明确衡量横向扩散程度的指标, 下面将针对如何衡量横向扩散程度进行讨论.

T-sensor 是一种确定微流体中物质扩散后浓度的装置[22-24], 在该装置中从并排的两个或三个流体通道注入压力流或电渗流, 其中之一为含有备测物质的样品液, 另外分别为检测液和参考液如抗体、pH 指示液、荧光指示液、反应物等. 物质的扩散会产生一些信号, 这些信号可以用光或磁等方法测量, 从而计算相关的参数如物质的浓度、扩散系数和物质的亲和性等, 具体是将测得的信号与标定曲线比较, 或将测量点和计算点比较, 得到所求的参数[25-32]. 可见, T-sensor 的品质与 T-sensor 中的扩散特性密切相关. 为了优化设计 T-sensor, 就必须掌握物质在微通道中的扩散规律及其相关因素对扩散的影响. T-sensor 通道结构通常为 "T" 型和 "Y" 型, 对于这种结构可以用扩散后的浓度场进行分析和计算.

(a) 第一帧　　　　　　　　　　　　　　　(b) 第二帧

图 6.1.2　流体合并处的连续两帧 CCD 图像

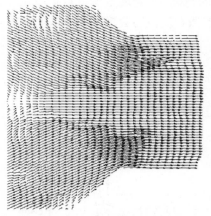 

图 6.1.3　流体合并处的速度矢量图　　　　图 6.1.4　流体合并处的速度等值线图

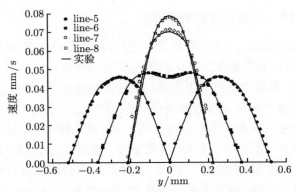

图 6.1.5　流体合并区域的速度分布图比较

1. 扩散长度

如图 6.1.6 所示, 对于 T-sensor 中一定宽度的扩散通道, 可以将扩散长度定义为从不同组分流体开始接触点 (驻点) 到下游中央样品液的质量分数小于 1 的地方的距离, 或者说是从驻点到第一个参考液 (或检测液) 的组分粒子扩散到通道中央处的距离[10,13]. 扩散快则扩散长度小, 反之, 扩散慢则扩散长度大. 这种定义对数值模拟结果的处理既直观又很简单, 对于结构类似但参数变化情况的比较也很方便. 但这种定义方法也有弱点, 一是对于大粒子, 由于扩散系数很小, 扩散很慢, 可能到出口的时候第一个参考液 (或检测液) 的粒子也无法达到通道中央, 这样就无法获得扩散长度值; 二是这个定义对不同的结构会有不同的表述, 如对图 6.1.7 所示的 "T" 型通道, 其定义应当是从不同组分流体开始接触点 (驻点) 到第一个检测液粒子扩散到样品液侧的壁面处的距离, 或者说是从不同流体组分开始接触点到样品液侧的壁面的样品液质量分数小于 1 的点的距离; 三是通道宽度对扩散长度有明显影响, 当通道宽度增大到原来的一倍时, 扩散长度值将会增大到原来的四倍左右[4], 这样会使第一方面的问题更突出.

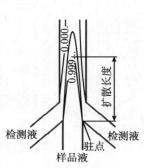

图 6.1.6　扩散长度定义表示图

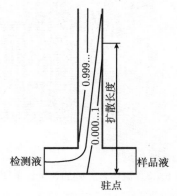

图 6.1.7　T 型通道扩散长度的定义

2. 方差度

方差是一个概率统计的概念, 它在误差分析中有广泛的应用, 这里运用这个概念是基于浓度分布的均匀程度, 也就是作为一个混合指标引入的, 因为如果扩散程度越大, 则混合越充分, 方差值将会趋向于零. 相反, 如果混合很差, 则方差值就很大.

为了给出样品液或检测液浓度或质量分数的均匀程度, 根据数理统计的原理, 衡量扩散程度 (混合效果) 的指标可以表示为[33]:

$$\sigma = \sqrt{\frac{1}{N}\sum_{i=1}^{N}\left(C_i - \overline{C}\right)^2}, \tag{6.1.26}$$

式中 C_i 为统计区域的浓度或质量分数, N 为统计区域中的被统计量的数量, $\overline{C} = \frac{1}{N}\sum_{i=1}^{N}C_i$ 为统计区域中被统计量的平均值. 对于这里的数值模拟的对象而言, σ 值在 0~0.5 范围内变化, 0 表示扩散很充分, 混合完全, 1 表示完全没有扩散和混合.

3. 灰度

灰度是针对 PIV 或激光诱导荧光 (LIF) 所得的实验数据进行处理的一个衡量扩散或混合程度的指标. 在由 LIF 或 PIV 得到的图像计算扩散程度的过程中, 可以用图像的灰度指标将整个测量范围划分成若个小区域, 然后计算每个小区域 i 上示踪粒子的密度 ρ_i. 引入灰度 σ 的概念, 其定义为[5,34]:

$$\sigma = \sqrt{\frac{1}{N}\sum_{i=1}^{N}\left(\frac{A_i}{\overline{A}}\right)\left(\frac{\rho_i - \overline{\rho}}{\overline{\rho}}\right)^2}, \tag{6.1.27}$$

式中 A_i 为每个小区域的面积, $A_i = \frac{1}{N}\sum A_i$ 即每个小区域上面积的平均值, $\rho_i = \frac{1}{N}\sum \rho_i$ 为每个小区域上示踪粒子密度的平均值.

4. 样品峰值

进行数值计算时, 微通道沿着轴向被分成很多截面 (此处以 x-y 截面为例), 计算中可以得到这些截面中的网格节点上的物理量, 比如浓度分布表达式 $C(x,y,s)$, 其中 x、y、s 表示网格节点的空间坐标值. 如图 6.1.8 和图 6.1.9 所示, 为了描述方便, 定义 M_f 为管道的某个 x-y 矩形截面上的量纲为一浓度的平均值, 表达式为 $M_f = \int_0^a \int_0^b C(x,y,s)\mathrm{d}x\mathrm{d}y/ab$; peakvalue 1 是沿轴向分布的各个 x-y 截面上的量纲为一浓度平均值中的最大值; M'_f 为管道的某个 x-y 矩形截面的下半部分的量纲为一浓度的平均值, 表达式为 $M'_f = 2\displaystyle\int_0^a \int_0^{b/2} C(x,y,s)\mathrm{d}x\mathrm{d}y/ab$; peakvalue 2 是沿轴向分布的各个 x-y 截面下半部分的量纲为一浓度平均值中的最大值, M_{low} 是所有 x-y 矩形截面的下半部分的量纲为一浓度平均值与初始时刻管道中总的量纲为一浓度的比值, 其表达式为: $M_{low} = \displaystyle\int_0^L \int_0^a \int_0^{b/2} C(x,y,s)\mathrm{d}x\mathrm{d}y\mathrm{d}s \Big/ \int_0^L \int_0^a \int_0^b C_0(x,y,s)\mathrm{d}x\mathrm{d}y\mathrm{d}s$, 其中 $C_0(x,y,s)$ 表示初始时刻管道中量纲为一浓度的分布表达式, $C(x,y,s)$ 为特定时刻的量纲为一浓度的分布表达式, 利用 M_{low} 这个变量可以考查浓度向下半部分扩散的程度.

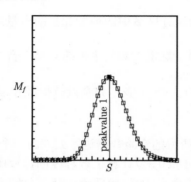
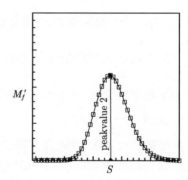

图 6.1.8　M_f 和参数 peakvalue1 的定义　　　　图 6.1.9　M'_f 和参数 peakvalue2 的定义

6.2　压力驱动下微流动的扩散

6.2.1　二维微通道中横向扩散

1. 二维 T-sensor 结构模型

这里模拟的 T-sensor 结构如图 6.2.1 所示, 三个入口分别导入样品液、参考液和检测液, 三者在扩散通道中汇合并且相互扩散和混合. 入流角度 α 在 15~90° 之间变化, 入口宽度为 200μm, 出口 (即扩散通道) 宽度为 150~250μm, 这是典型的微流器件的尺寸. T-sensor 左边导入的是密度为 1.25 g/cm³、黏度为 1.2 mm²/s 的参考液, 中间导入的是密度为 1.0g/cm³、黏度为 1.0mm²/s 的检测液, 右边导入的是密度为 1.25g/cm³、黏度为 1.2mm²/s 的样品液[10-11,35], 扩散通道的长约为 1600μm. 这里在不同的 T-sensor 结构参数和 Re 数情况下, 数值模拟扩散后的速度场和物质浓度场, 以说明 T-sensor 结构和 Re 数对微通道中物质扩散的影响.

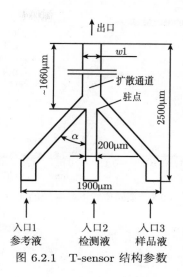

图 6.2.1 T-sensor 结构参数

2. 不同截面处的质量分数分布

为了认识不同位置的质量分数的分布规律, 对图 6.2.1 的 T-sensor 结构在 $Re = 0.02$ 和扩散系数 $D=10^{-9}\mathrm{m}^2/\mathrm{s}$ 的情况进行模拟, 得到不同位置的质量分数的分布如图 6.2.2 所示. 而图 6.2.3 和图 6.2.4 分别给出各个位置下参考液和样品液的质量分数, 从图可以看出, 在第 1 根线 (也即驻点所在的连线) 处, 由于流体各组分刚接触, 没有时间进行相互扩散, 质量分数的分布应该是条垂直于 x 轴的直线, 但由图 6.2.3 和图 6.2.4 可见, 中央区域的质量分数已经有明显的变化, 其原因是刚接触时各流体组分的流动方向不同. 另外, 在出口处已经明显产生了扩散, 因为出口处参考液和样品液的质量分数分布已经比较均匀了[11].

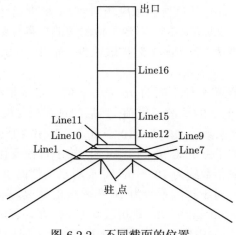

图 6.2.2 不同截面的位置

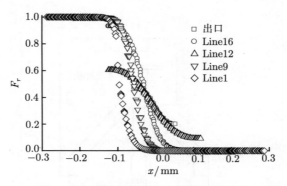

图 6.2.3　不同位置下参考液的质量分数

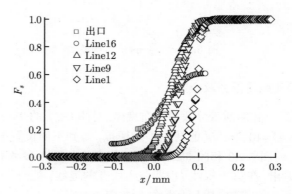

图 6.2.4　不同位置下样品液的质量分数

3. Re 数对扩散的影响

为了得到 Re 数对微通道中流体的扩散规律, 针对图 6.2.1 的 T-sensor 结构, 在不同的 Re 数情况下, 计算速度场和浓度场, 再根据浓度场计算扩散程度指标 —— 扩散长度和方差. 图 6.2.5 是不同 Re 数下检测液的质量分数等值线. 可见随着 Re 数的减小, 扩散速度增大, 当 $Re=2$ 时扩散很少, 而 $Re=0.02$ 时检测液已经扩散到两侧的壁面了[1,11,14].

对于 0.0002～2 之间十种不同的 Re 数, 数值计算了扩散情况, 根据获得的浓度场, 计算出各种情况下的扩散长度值, 然后绘成图 6.2.6, 扩散长度的定义如前面所述. 计算时扩散系数为 10^{-9} ～$10^{-11}\mathrm{m^2/s}$, 其中 $10^{-11}\mathrm{m^2/s}$ 对应较大粒子, $10^{-9}\mathrm{m^2/s}$ 对应较小粒子. 由式 (6.1.12) 可知, 粒子直径变化会引起扩散系数的变化, 如纳米粒子的扩散系数约为 $10^{-11}\mathrm{m^2/s}$, 而对水溶性的小分子或离子, 扩散系数约为 $10^{-9}\mathrm{m^2/s}$. 此外, 对于扩散系数为 $10^{-9}\mathrm{m^2/s}$ 的情况, 只要 Re 数不大于 0.002, 扩散距离就不会超过 $400\mu\mathrm{m}$, 而 Re 数超过 0.02 时, 在计算区域内两边的液体还是没有任何粒子达到通道的中央. 扩散系数为 $10^{-11}\mathrm{m^2/s}$ 时的扩散长度和 Re 数的关

系曲线几乎与 $10^{-9}\mathrm{m}^2/\mathrm{s}$ 时的情况相同, 只是平移了一个位置, 说明 Re 数控制下的扩散规律基本一致.

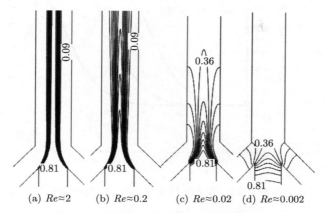

(a) $Re\approx2$ (b) $Re\approx0.2$ (c) $Re\approx0.02$ (d) $Re\approx0.002$

图 6.2.5   不同 Re 数下检测液的质量分数

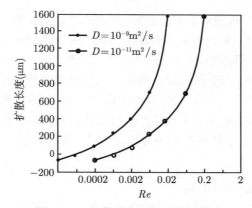

图 6.2.6   扩散长度和 Re 数的关系

从图 6.2.6 和图 6.2.5(d) 中还可以发现一个有趣的现象, 当 Re 数很小时, 扩散长度居然是负的, 对此的解释为, 当流动速度很慢时, 物质间的扩散有充分的时间, 使两边的样品液或参考液有很多的粒子跑到检测液中, 有些粒子的扩散迁移速度甚至超过流动的速度. 而当速度趋于零时, 这种现象会十分明显.

由图 6.2.7 可见, 当 Re 数小于 0.0002 时, 三种物质在扩散系数为 $10^{-9}\mathrm{m}^2/\mathrm{s}$ 时出口处的体积分数为 0.33 左右, 说明三种流体扩散几乎完全混合. 反之, 当 Re 数大于 0.02 时, 出口处检测液的体积分数接近 1, 说明三种液体间扩散很少. 扩散系数从 10^{-10} 到 $10^{-11}\mathrm{m}^2/\mathrm{s}$ 的情况也类似, 只是 Re 数的转折点也分别从 0.0002 和 0.02 增加到 0.02 和 2 左右, 但曲线的形状几乎相同.

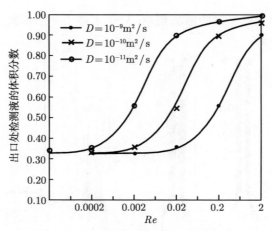

图 6.2.7　检测液体积分数与 Re 数的关系

4. 微通道宽度对扩散的影响

作为 T-sensor 结构的重要参数, 通道宽度会对物质扩散产生一定的影响. 在其他参数不变的情况下, 对通道宽度分别为 150、200 和 250μm 的 3 种情况进行了数值模拟, 模拟中扩散系数 D 取 $10^{-9}\mathrm{m}^2/\mathrm{s}$, Re 数为 0.2. 图 6.2.8 为通道中检测液的质量分数等值线, 由于模拟时认为样品液和参考液的性质相同, 所以等值线关于空间对称. 由图可见, 通道越窄, 扩散则越快. 在数据处理时发现, 模拟结果与式 (6.1.13) 的估计结果有明显差别, 由式 (6.1.13) 可得到通道宽度平方应当与扩散长度成正比, 但图 6.2.8 所示的结果则明显要小, 其原因是 Re 数中也包含了通道宽度[10,14].

5. 入流角度对扩散的影响

入流角度是 T-sensor 结构的另一重要参数, 也会对扩散产生影响. 对入流角 (图 6.2.1 的 α) 分别为 15°、30°、45°、60°、75°、90° 的情况进行模拟, 扩散系数 $D=10^{-9}\mathrm{m}^2/\mathrm{s}$. 图 6.2.9 是 $Re=0.02$、$\alpha=15°$、30°、45° 时的检测液的质量分数等值线, 从图中可以看出, 扩散混合情况有明显的差异, 其中 15° 的情况扩散最小, 而 45° 的情况扩散最大. 图 6.2.10 是 Re 数分别为 0.002 和 0.02 时, 扩散长度与入流角的关系. 由图可见, 当入流角度超过 45° 时, 扩散结果几乎没有什么变化, 而当入流角较小时, 扩散结果则有明显差别. 此外, Re 数的大小与入流角的影响也有关系, 当 Re 数较大的时候, 入流角的影响明显; 反之, 当 Re 数较小时, 入流角的影响不那么明显, 其原因是 Re 数大的时候, 流体流动的速度大, 这时如果入流角大, 流体接触时的速度方向相差就大, 所以对流引起的质量分数的变化就大. 因此, 在微混合器、微反应器等器件设计时, 入流角要尽量大, 采用正交入口即 $\alpha=90°$ 时比较合理. 对于扩散系数测量的微器件, 则 $\alpha = 0°$ 比较合理, 因为这样可以削弱对流的作用, 使扩散完全占据控制地位.

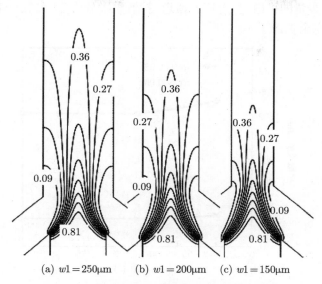

(a) $w1 = 250\mu m$ (b) $w1 = 200\mu m$ (c) $w1 = 150\mu m$

图 6.2.8 扩散通道中检测液的质量分数等值线

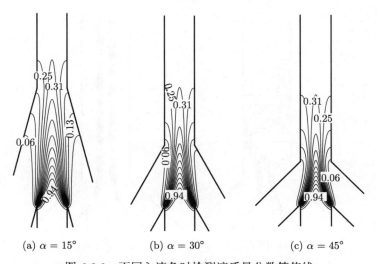

(a) $\alpha = 15°$ (b) $\alpha = 30°$ (c) $\alpha = 45°$

图 6.2.9 不同入流角时检测液质量分数等值线

6. 弯曲通道对扩散的影响

一般而言, 扩散通道越长, 扩散就越充分, 而扩散通道越小, 则扩散越好, 所以图 6.2.11(a) 所示的弯曲通道应当具有较好的扩散效果, 因为其不但加长了流动路径, 而且减小了通道宽度. 对图 6.2.9 (c) 通道的数值模拟结果见图 6.2.11(b), 扩散系数 D 为 $10^{-9} \mathrm{m}^2/\mathrm{s}$. 由图可见, 在同样条件下, 对普通的通道, 扩散极为微弱, 到出口时也只有少量的扩散; 但对弯曲通道, 扩散则十分强烈, 离驻点不到 $1200 \mu\mathrm{m}$ 的距离, 就几乎完全扩散了.

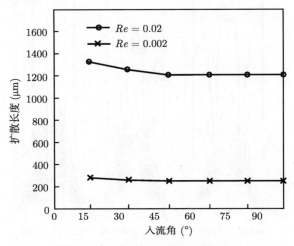

图 6.2.10　入流角与扩散长度的关系

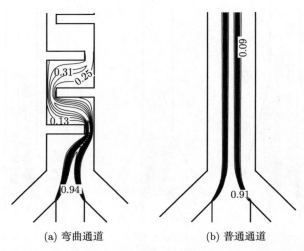

图 6.2.11　弯曲通道和普通通道检测液的质量分数等值线

　　图 6.2.12 是扩散系数 D 为 $10^{-9} \mathrm{m}^2/\mathrm{s}$, Re 数在 $0.0002 \sim 2$ 范围内, 普通通道和弯曲通道出口中间的检测液的质量分数分布. 从图可见, 对普通扩散通道, 只有在 Re 数小于 0.0002 时才扩散充分, 而 Re 数大于 0.02 时扩散极为微弱, 但对于弯曲

通道, 无论 Re 数多大, 扩散都很充分.

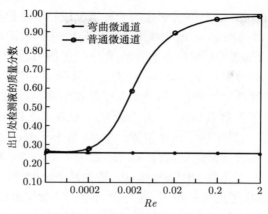

图 6.2.12　弯曲通道和普通通道出口检测液质量分散与 Re 数的关系

6.2.2　三维矩形微通道的横向扩散

前面对二维微通道内流体扩散的规律进行了研究, 但由于在实际应用中基本上都是三维的情况. 与二维微通道相比, 三维微通道多了上下壁面, 而这会对流体的扩散产生影响.

1. 三维 T-sensor 结构模型

为了说明三维矩形通道结构对流体扩散的影响, 采用了如图 6.2.13 所示的典型的 "十" 字形通道结构, 该结构有三个入口, 分别导入样品液、参考液和检测液, 三者在扩散通道中汇合并且相互扩散和混合[36]. 左边导入的是密度为 1.25 g/cm³、黏度为 1.2mm²/s 的参考液, 中间导入的是密度为 1.0 g/cm³、黏度为 1.0 mm²/s 的检测液, 右边导入的是密度为 1.25 g/cm³、黏度为 1.2 mm²/s 的样品液. 三个入口的高度和宽度都分别为 $w1$ 和 $d1$ (取 50μm 和 450μm), 扩散通道高度和宽度分别为 w 和 d (取 50μm 和 450μm), 扩散通道长为 2500μm.

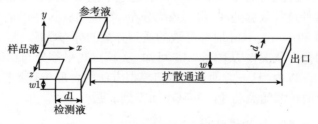

图 6.2.13　三维微通道的结构和尺寸

2. Re 数对扩散的影响

对 Re 数在 0.00002~2 范围内变化的十种情况进行了数值模拟, 这里出口处检测液质量分数为出口面和 $x-y$ 面交线上的质量分数的平均值 F_d. 图 6.2.14 所示的是 Re 数与出口处检测液的质量分数的关系, 图中的扩散系数 D 为 $10^{-9} \sim 10^{-11}\mathrm{m}^2/\mathrm{s}$, 其中 $10^{-11}\mathrm{m}^2/\mathrm{s}$ 对应较大粒子, $10^{-9}\mathrm{m}^2/\mathrm{s}$ 对应较小粒子. 由式 (6.1.12) 可知, 粒子直径变化会引起扩散系数的变化, 如纳米粒子的扩散系数约为 $10^{-11}\mathrm{m}^2/\mathrm{s}$, 而对水溶性的小分子或离子扩散系数约为 $10^{-9}\mathrm{m}^2 /\mathrm{s}$. 从图 6.2.14 可知, 不同扩散系数下的曲线几乎相同, 只是平移了一个位置. 当 Re 数小于 0.0002 时, 三种物质在扩散系数为 $10^{-9}\mathrm{m}^2 /\mathrm{s}$ 时几乎完全混合, 而 Re 数大于 0.02 时, 物质间扩散很少, 随着扩散系数从 10^{-11} 变化到 $10^{-9}\mathrm{m}^2 /\mathrm{s}$, Re 数也从 0.0002 和 0.02 增加到 0.02 和 2 左右, 但曲线的形状还是几乎相同, 这与前面对二维微通道模拟所得的结果是一致的.

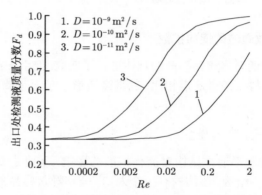

图 6.2.14 检测液质量分数与 Re 数的关系

为了检验数值模拟方法的正确性, 分别对不同入口样品液流量情况进行数值模拟, 并与 Matthew 等[37] 的实验进行比较, 数值模拟的扩散通道尺寸与实验的相同 (w/d=50μm/450μm), 入口速度根据文献的流量进行换算, 实验中用 Micro-max 1024 CCD(Princeton 公司) 测出扩散通道下游 2500μm 处的荧光强度, 再用 Metamorph 软件进行数据处理, 得到浓度分布. 图 6.2.15(a)~(d) 是入口流量分别为 500、250、100 和 50 nL/min 时样品液的质量分数的分布状况 (与 x-z 平面平行的对称平面内的分布状况). 从图 6.2.15 可知, 实验点几乎都分布在数值模拟曲线的两侧, 误差在 3%以内, 这一方面说明数值模拟方法的合理与有效性, 另一方面也揭示了微通道中的扩散随流动速度的减小而得到加强.

3. 上下壁面影响的蝴蝶效应

对于三维微槽道, 由于微槽道中压力驱动流受左右上下壁面的影响, 速度分布

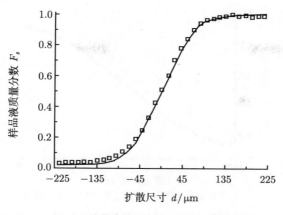

(a) 入口流量为 500 nl/min (点—实验,线—模拟)

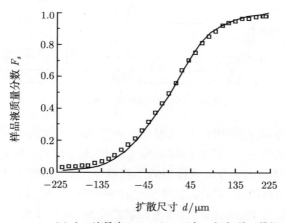

(b) 入口流量为 250 nl/min (点—实验,线—模拟)

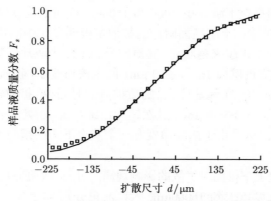

(c) 入口流量为 100 nl/min (点—实验,线—模拟)

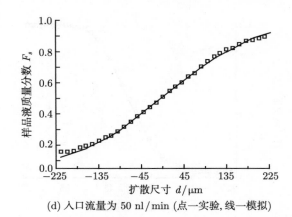

(d) 入口流量为 50 nl/min (点—实验, 线—模拟)

图 6.2.15　出口处的样品液的质量分数分布与入口流量的关系

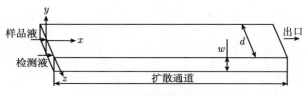

图 6.2.16　微槽道的结构和尺寸

不但在通道宽度方向是抛物线, 而且沿高度的分布也为抛物线, 从而影响壁面附近的扩散速度和扩散方向, 这就是蝴蝶效应 (butterfly effect). 为了研究蝴蝶效应, 设计了图 6.2.16 的微槽道扩散数值模拟的结构模型, 因为这时入流角度为零, 对流引起的浓度变化基本被消除, 扩散占据了完全控制地位. 另外, 这种结构可以消除样品液和检测液刚接触时抛物线速度分布对扩散的影响. 其参数为 $w=20\mu m$、$d=100\mu m$、入口速度 $=10mm/s$、扩散通道长 1500 μm, 左边导入样品液, 右边导入检测液.

　　图 6.2.17 分别是在下游 500、1000 和 1500μm 截面上数值模拟得到的检测液的浓度等值线, 由图可知, 上下壁面附近的扩散速度明显比中间快 (即蝴蝶效应), 且从上游至下游这种差距越来越明显. 其原因是由于压力驱动流受壁面的影响, 速度产生抛物线分布, 靠近壁面 ($w = \pm 10$ μm) 的主流速度小, 物质有充分的时间进行扩散, 而在中间 ($w=0$), 主流速度大, 物质扩散的时间少, 扩散较弱. 另外, 离壁面一定距离的地方 ($w = \pm 5 \sim 8$ μm), 虽然速度已经与 $w=0$ 处相差无几, 但扩散速度却比中间的明显大, 这是由于浓度梯度有一个从上下两壁指向中间的分量, 加速了扩散.

　　为了定量研究上下壁面对扩散的影响规律, 采用扩散通道尺寸为 $w/d=800$ μm/20μm, 扩散通道长度增大到 16000μm, 入口流量分别为 2200nl/min 和 22 nl/min, 计算不同下游距离 (L) 处上下壁面 ($w = \pm 10\mu m$) 和中间 ($w=0$) 的扩散距离 δ 值

(浓度为 0.33 的等值线与原始检测液与样品液的界面距离), 由图 6.2.18 可知, 对 $w=0$ 而言, 下游距离和扩散距离的对数成正比关系, 斜率约为 0.5, 符合 Einstein 公式 $(\delta^2 = 2Dt)$ 的预测. 不同入口流量下两条曲线基本平行, 表明入口流量大小不影响关系式的指数. 但在 $w = \pm 10\ \mu\mathrm{m}$ 处, 虽然下游距离 L 与扩散距离 δ 的对数也基本上成线性关系, 但斜率明显小于 0.5(约 0.35), 即扩散距离大于 Einstein 公式的预测. 另外, 对于不同入口流量 (或速度), 两直线斜率有一些差别, 其中较大的入口流量的直线与 $w=0$ 时的直线的夹角较大, 也就是说, 入口流量越大, $w=0$ 和 $w = \pm 10$ $\mu\mathrm{m}$ 处的扩散速度的差别越大, 原因是入口流量大, 速度就大, 上下壁面附近的速度和中间速度的差别也越大, 从而使得扩散速度差别增大. 图 6.2.19 是 $w/d=10$、入口速度分别为 1、10 和 100 mm/s 时出口处的检测液的浓度等值线, 可见入口速度越大, 等直线的曲率越小, 壁面附近和中心的扩散速度的差别就越小. 反之, 入口速度越小, 等值线的曲率越大, 壁面附近和中心的扩散速度的差别越大.

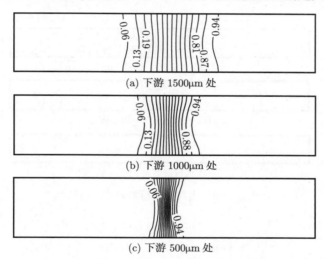

(a) 下游 1500μm 处

(b) 下游 1000μm 处

(c) 下游 500μm 处

图 6.2.17　各截面上检测液质量分数等值线图

4. 微槽道的宽度与深度比对扩散的影响

作为重要的几何参数, 通道深度与宽度之比 (d/w) 会对物质扩散产生一定的影响. 为此, 在不同的槽道尺寸比例情况下, 数值模拟扩散后的速度场和物质浓度场, 以说明微槽道几何参数对微通道中物质扩散的影响. 模拟时采用图 6.2.16 的微槽道尺寸和结构, 对 d/w 分别为 50/20、100/20、200 /20、400/20、800μm /20μm 五种情况进行数值模拟. 模拟中扩散系数 D 为 $1.5 \times 10^{-10}\mathrm{m}^2/\mathrm{s}$, 入口速度为 1 mm/s. 图 6.2.20 为不同 d/w 时的下游距离和扩散距离 $\delta(w=0$ 处) 的关系图, 由图可知, 在对数坐标下, 下游距离和扩散距离成正比的关系, 对不同的 d/w, 直线斜率差别

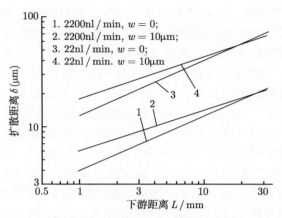

图 6.2.18　下游距离与扩散距离的关系

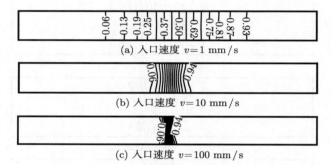

图 6.2.19　出口处的检测液浓度等值线

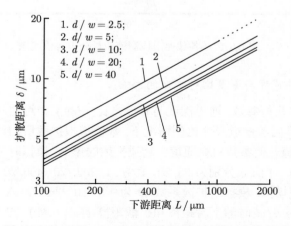

图 6.2.20　不同 d/w 时的下游距离与扩散距离的关系

很小, 为 0.5 左右, 符合 Einstein 公式. 但不同的 d/w 的出口处的扩散距离大小有明显差别, d/w 值越大, 扩散越小, $d/w \leqslant 6$ 时这种差别较大, 因为 d/w 较小时, 不但沿 w 的速度明显呈抛物线分布, 沿 d 的速度分布也是明显的抛物线, 这样的速度分布会使扩散产生一个沿 d 方向的分量, 从而加速扩散, d/w 越小, 抛物线分布越明显, 则这种效果也越明显. 对图 6.2.20 中 $d/w=2.5$ 的线而言, 在下游距离大于 1000 μm 时, 由于已经差不多充分混合, 浓度为 0.33 的等值线已不存在, 只有浓度接近 0.5 的等值线.

6.3 压力驱动下微流动的混合

6.3.1 二维弯曲通道的流体混合

为了模拟弯曲通道的混合特性, 设计了如图 6.3.1 所示的弯曲通道结构, 并对 Re 数为 0.02、0.2 和 2 的三种情况进行了数值模拟. 图 6.3.2 为三种 Re 数下检测液的质量分数等值线, 从等值线的情况看, Re 数对质量分数等值线影响很小, 原因是在弯曲通道中产生了旋流, 流线被大幅度拉伸, 流体之间的接触面积大幅度增加, 为组分间的扩散提供了好的条件. 另外, 还可以从动量方程来定性地解释, 在动量方程中影响浓度分布的除了扩散因素外, 还有流体的对流强度, 当对流很强时, 控制浓度分布的已经不是扩散因素了. 为了说明这个问题, 又对扩散系数分别为 10^{-9}、10^{-10}、$10^{-11} \mathrm{m}^2/\mathrm{s}$ 三种情况进行了数值模拟, 图 6.3.3 为 Re 数为 0.02 时三种情况下检测液的质量分数等值线, 由图可见, 扩散系数的大小对浓度分布的影响也很小, 说明这时确实是对流占据了主要地位.

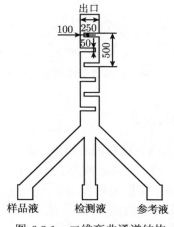

图 6.3.1 二维弯曲通道结构

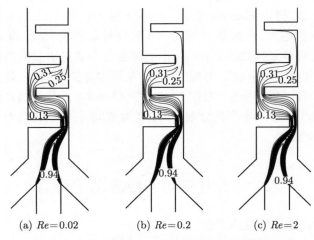

(a) $Re=0.02$　　　　　(b) $Re=0.2$　　　　　(c) $Re=2$

图 6.3.2　不同 Re 数下检测液的质量分数等值线

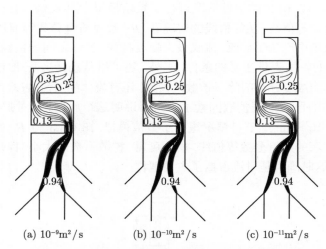

(a) $10^{-9}\mathrm{m^2/s}$　　　　(b) $10^{-10}\mathrm{m^2/s}$　　　　(c) $10^{-11}\mathrm{m^2/s}$

图 6.3.3　不同扩散系数下检测液的质量分数等值线

6.3.2　三维弯曲通道的流体混合

为了模拟三维弯曲通道的扩散和混合特性, 设计了如图 6.3.4 所示的弯曲通道结构 (类似于文献 [37] 的结构). 对 Re 数为 0.003、0.01、0.03、0.1、0.3、1、3 和 10 的八种情况进行了数值模拟, 扩散混合程度采用式 (6.1.26) 进行计算[38]. 图 6.3.5 为不同的 Re 数下检测液质量分数的方差值, 从图中看出, 在所有 Re 数情况下, 曲线有共同的趋势, 即当经过三个混合单元 (每个 400μm, 见图 6.3.4) 后, 方差值的下降就趋于平缓, 这与文献 [39] 的结果也吻合. 另外, 小 Re 数时的方差值比较小, 说明扩散和混合的效果比较好, 而大 Re 数时方差值大, 说明扩散和混合相对差, 但 Re 数为 10 时却显示出与另外 Re 数情况不一致的现象, 它在下游 $1000\mu m$ 后的方差值反而比 Re 数为 3 的情形要小, 其原因将在下面进行解释.

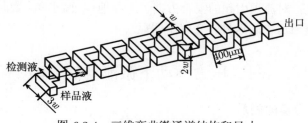

图 6.3.4 三维弯曲微通道结构和尺寸

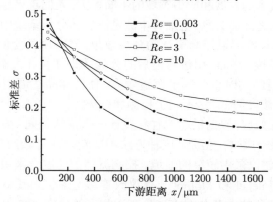

图 6.3.5 不同 Re 数下混合效率和下游距离的关系

为了比较不同 Re 数下三维弯曲通道 (蛇形通道) 和直通道的扩散混合情况, 将下游 $1600\mu m$ 处的检测液质量分数进行处理, 计算出其标准差, 并将其标在图 6.3.6

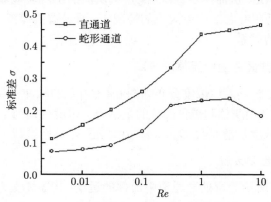

图 6.3.6 不同通道情况下 Re 数和标准差的关系

中, 由图可知, 蛇形通道的扩散混合效率明显比直通道的好, 其原因是蛇形通道中流体流动的路线为曲线, 拉长了流线, 增加了流体的接触面积; 当 Re 数大于一定的数值后, 扩散混合效率反而有所提高, 这就是图 6.3.5 中的结果, 其原因是当 Re 数大于一定的值后, 对流项引起的混合占据了主导地位, 而小 Re 数时, 扩散占据主导地位, 但是在直通道中的这种转变就不明显.

6.4   压力驱动下微流动的分离

6.4.1   弯道与分离的关系

随着微流体技术的发展和应用领域的不断扩大, 人们越来越关注微通道特点与其中流体流动特性之间的关系. 毛细管电泳是微流体分析系统中一种重要的分离技术, 一般增加通道长度可以提高电泳的分离效果, 在有限的空间中, 通常需要引入弯道来增加通道长度. 然而, 引进弯道后的分离效果往往并没有得到很大提高, 其原因在于引进弯道的同时也带入了弯道效应, 使得样品在通道中的带宽会突然增大, 即样品的峰值浓度降低, 这不利于检测和分离.

为了消除弯道效应, 以前的研究往往设计一个形状相同、方向相反的弯道来消除上一个弯道带来的影响. 但是, 这种方法不能消除弯道效应导致的非轴向扩散. Culbertson 等[40] 建议采用较窄的通道、控制流体的速度及采用互补偿通道等措施来减小弯道效应. Paegel 和 Molho[41] 建议改善弯道形状来减小弯道效应. 此外, 还有通过改变弯道部分的电荷分布来消除弯道效应的研究, 如 Qiao 等[42] 对 L 形通道、Li 等[43] 对 U 形弯道进行了探索. 然而, 上述的研究均没有考虑到流体流过弯道时所产生的二次流效应. 当黏性流体在弯曲管道流动时, 流体在离心力的作用下会出现 Dean 不稳定, 从而产生二次流动. 二次流的出现会显著改变管道的阻力及其扩散特性. 这里在考虑二次流效应的情况下, 通过数值模拟, 分析微通道中弯道与浓度扩散之间的关系.

6.4.2   三维矩形截面弯道中流体的分离

这里研究初始时刻入口浓度分布如图 6.4.1 所示的脉冲样品条在弯曲微通道流场中扩散的情况, 其中灰色和黑色部分的量纲为一浓度分别为 1 和 0. 计算时取宽高比 $a/b = 1$, 物质浓度扩散系数 $D_0 = 1.2 \times 10^{-9} \mathrm{m^2/s}$, 黏性系数 $\mu = 1.625 \times 10^{-3} \mathrm{m^2/s}$.

1. 改进后的控制方程

对于图 6.4.1 所示的弯曲微通道中流体的运动, 其连续性方程和三个方向的动量方程为:

$$\frac{\partial u}{\partial x} + \frac{\partial v}{\partial y} + \frac{1}{M}\frac{\partial w}{\partial s} - \frac{k}{M}u = 0, \tag{6.4.1}$$

$$u\frac{\partial u}{\partial x} + v\frac{\partial u}{\partial y} + \frac{w}{M}\frac{\partial u}{\partial s} + \frac{kw^2}{M} = -\frac{1}{\rho}\frac{\partial P}{\partial x} + (\Delta V)^1, \tag{6.4.2}$$

$$u\frac{\partial v}{\partial x} + v\frac{\partial v}{\partial y} + \frac{w}{M}\frac{\partial v}{\partial s} = -\frac{1}{\rho}\frac{\partial P}{\partial y} + (\Delta V)^2, \tag{6.4.3}$$

$$u\frac{\partial w}{\partial x} + v\frac{\partial w}{\partial y} + \frac{w}{M}\frac{\partial w}{\partial s} - \frac{kwu}{M} = -\frac{1}{\rho M}\frac{\partial P}{\partial s} + (\Delta V)^3, \tag{6.4.4}$$

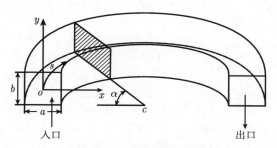

图 6.4.1 弯曲通道流场示意图

其中

$$(\Delta V)^1 = \frac{\partial^2 u}{\partial x^2} + \frac{\partial^2 u}{\partial y^2} + \frac{1}{M^2}\frac{\partial^2 u}{\partial s^2} - \frac{k}{M}\frac{\partial u}{\partial x} + \frac{2k}{M^2}\frac{\partial w}{\partial s} - \frac{k^2}{M^2}u$$

$$(\Delta V)^2 = \frac{\partial^2 v}{\partial x^2} + \frac{\partial^2 v}{\partial y^2} + \frac{1}{M^2}\frac{\partial^2 v}{\partial s^2} - \frac{k}{M}\frac{\partial v}{\partial x} \tag{6.4.5}$$

$$(\Delta V)^3 = \frac{\partial^2 w}{\partial x^2} + \frac{\partial^2 w}{\partial y^2} + \frac{1}{M^2}\frac{\partial^2 w}{\partial s^2} - \frac{k}{M}\frac{\partial w}{\partial x} - \frac{k^2}{M^2}w$$

浓度扩散方程为:

$$u\frac{\partial C}{\partial x} + v\frac{\partial C}{\partial y} + \frac{w}{M}\frac{\partial C}{\partial s} = D\left(\frac{\partial^2 C}{\partial x^2} + \frac{\partial^2 C}{\partial y^2} + \frac{1}{M^2}\frac{\partial^2 C}{\partial s^2} - \frac{k}{M}\frac{\partial C}{\partial x}\right). \tag{6.4.6}$$

取 $d_h = 2ab/(a+b)$ 为特征长度, 样品的初始浓度 C_m^* 为特征浓度, 管道内轴向平均速度 w_m^* 为特征速度, 代表离心力与惯性力之比的量纲为一曲率为 k 以及迪恩 (Dean) 数 ($Dn = Re\sqrt{k}$, Re 数定义为 $Re = d_h w_m^*/\nu$), 则各物理量的量纲为一形式为:

$$(u, v) = \frac{(u^*, v^*)d_h}{\nu}, \quad w = \frac{w^*}{w_m^*}, \quad C = \frac{C^*}{C_m^*}, \quad P = \frac{P^* d_h^2}{\rho\nu},$$

$$x = \frac{x^*}{d_h}, \quad y = \frac{y^*}{d_h}, \quad s = \frac{s^*}{d_h}, \quad k = k^* d_h.$$

用以上物理量对方程 (6.4.1)–(6.4.6) 进行量纲为一化, 可得到旋转直角坐标系下相应的量纲为一方程:

$$\frac{\partial u}{\partial x} + \frac{\partial v}{\partial y} + \frac{Dn}{M\sqrt{k}}\frac{\partial w}{\partial s} - \frac{k}{M}u = 0, \tag{6.4.7}$$

$$u\frac{\partial u}{\partial x} + v\frac{\partial u}{\partial y} + \frac{w}{M}\frac{Dn}{\sqrt{k}}\frac{\partial u}{\partial s} + \frac{Dn^2w^2}{M} = -\frac{\partial P}{\partial x} + (\Delta V)^{11}, \qquad (6.4.8)$$

$$u\frac{\partial v}{\partial x} + v\frac{\partial v}{\partial y} + \frac{w}{M}\frac{Dn}{\sqrt{k}}\frac{\partial v}{\partial s} = -\frac{\partial P}{\partial y} + (\Delta V)^2, \qquad (6.4.9)$$

$$u\frac{\partial w}{\partial x} + v\frac{\partial w}{\partial y} + \frac{w}{M}\frac{Dn}{\sqrt{k}}\frac{\partial w}{\partial s} - \frac{kwu}{M} = -\frac{\sqrt{k}}{MDn}\frac{\partial P}{\partial s} + (\Delta V)^3, \qquad (6.4.10)$$

其中

$$(\Delta V)^{11} = \frac{\partial^2 u}{\partial x^2} + \frac{\partial^2 u}{\partial y^2} + \frac{1}{M^2}\frac{\partial^2 u}{\partial x^2} - \frac{k}{M}\frac{\partial u}{\partial x} + \frac{2kRe}{M^2}\frac{\partial w}{\partial s} - \frac{k^2}{M^2}u$$

$$(\Delta V)^2 = \frac{\partial^2 v}{\partial x^2} + \frac{\partial^2 v}{\partial y^2} + \frac{1}{M^2}\frac{\partial^2 v}{\partial s^2} - \frac{k}{M}\frac{\partial v}{\partial x} \qquad (6.4.11)$$

$$(\Delta V)^3 = \frac{\partial^2 w}{\partial x^2} + \frac{\partial^2 w}{\partial y^2} + \frac{1}{M^2}\frac{\partial^2 w}{\partial s^2} - \frac{k}{M}\frac{\partial w}{\partial x} - \frac{k^2}{M^2}w$$

浓度扩散方程为:

$$u\frac{\partial C}{\partial x} + v\frac{\partial C}{\partial y} + \frac{w}{M}\frac{Dn}{\sqrt{k}}\frac{\partial C}{\partial s} = D\left(\frac{\partial^2 C}{\partial x^2} + \frac{\partial^2 C}{\partial y^2} + \frac{1}{M^2}\frac{\partial^2 C}{\partial s^2} - \frac{k}{M}\frac{\partial C}{\partial x}\right), \qquad (6.4.12)$$

其中 $D = D_0/\mu$, D_0 为量纲为一化以前的扩散系数, μ 为黏性系数.

求解动量方程时, 壁面上采用无穿透、无滑移边界条件, 即 $u=0$, $v=0$; 入口处为 $w=$ 常数, $u=0$, $v=0$; 出口处为充分发展流动, 即 $\partial w/\partial s = 0$. 求解浓度扩散方程时, 入口处提第一类边界条件, 即浓度值为常数; 出口处提第二类边界条件, 即梯度为零 $\partial C/\partial s = 0$; 通道壁面上为无渗透条件, 即 $\partial C/\partial n = 0$.

这里计算了图 6.4.2 所示的两种入口浓度分布的情况, 灰色和黑色部分的量纲为一浓度分别为 1 和 0. 计算时取宽高比 $a/b = 1$, 扩散系数 $D_0 = 1.2 \times 10^{-9}\mathrm{m}^2/\mathrm{s}$, 黏性系数 $\mu = 1.625 \times 10^{-3}\mathrm{m}^2/\mathrm{s}$.

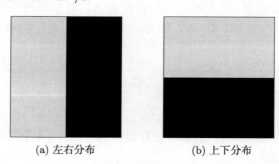

(a) 左右分布　　　　　　　(b) 上下分布

图 6.4.2　进口处浓度分布

2. 曲率对出口处物质浓度的影响

图 6.4.3 是 Re 数为 30 时, 不同弯道曲率下出口处量纲为一浓度的分布情况. 计算时采用的初始浓度分布为图 6.4.3 (a) 所示的左右分布. 由图可见, 左半部分的样品由于二次流的影响而向右半部分扩散, 这种扩散一般从上下两个壁面开始, 然后介于上下壁面之间的中心部分的样品也开始发生扩散. 由于同样 Re 数的直管中, 样品浓度扩散主要是靠分子扩散完成, 其浓度分布关于垂直中线具有对称性, 而图 6.4.3 的非对称性显然是由于流道中的二次流所引起, 可见二次流对于样品浓度扩散的影响非常大. 由于二次流由弯道所致, 所以弯道对于样品迁移起很大作用.

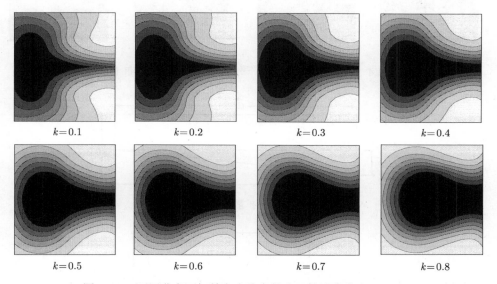

$k=0.1$ $\qquad$ $k=0.2$ $\qquad$ $k=0.3$ $\qquad$ $k=0.4$

$k=0.5$ $\qquad$ $k=0.6$ $\qquad$ $k=0.7$ $\qquad$ $k=0.8$

图 6.4.3 不同曲率下初始左右分布的出口处浓度分布 (Re=30)

图 6.4.4 是初始浓度分布为图 6.4.3 (b) 所示的上下分布时的计算结果, 可见曲率的变化对于浓度扩散的影响不大, 并且扩散主要集中于左下角, 其他位置的扩散程度很小.

为了定量确定样品的扩散程度, 图 6.4.5 给出了扩散距离的定义, 其中矩形截面中的斜线为弯道出口截面上量值为 $0.3C$ 的等浓度线, 而矩形截面中的直线为入口截面上量值为 $0.3C$ 的等浓度线, δ 表示出口截面 $0.3C$ 的等浓度线与左侧壁面的交点到中心直线的距离, 该值的大小反映了扩散的范围.

图 6.4.6 是扩散距离与曲率 k 的关系, 可见随着曲率 k 的增大, 弯道中浓度的扩散程度先是增大, 然后开始减小, 转折点在 k=0.5 附近.

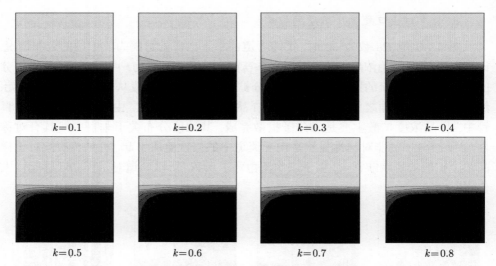

图 6.4.4　不同曲率下初始上下分布的出口处浓度分布 ($Re=30$)

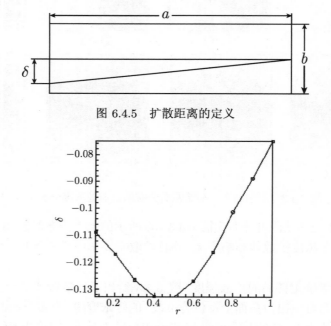

图 6.4.5　扩散距离的定义

图 6.4.6　扩散距离与曲率的关系

3. 曲率 k 对通道中物质浓度的影响

图 6.4.7 是 Re 数为 30、量纲为一时间 $t=0.0586$ 时, 不同弯道曲率 k 下, M_f

沿轴向分布的曲线图, M_f 的定义见 6.1.3, k 越大表示弯曲程度越大. 可以看出, 曲率的改变对浓度峰值的位置基本没有影响, 但是随着曲率的减少, M_f 的峰值递增. 小曲率时浓度扩散不是很明显, 所以浓度分布相对集中; 大曲率时峰值较小, 浓度扩散较为明显并且有较好的对称性. 这是因为管道曲率较大时, 靠近管道内外壁流场的速度差值也比较大, 从而导致浓度沿径向的较大扩散.

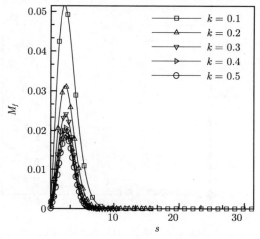

图 6.4.7 M_f 沿着 s 方向的分布

图 6.4.8 是管道上半部分浓度的峰值与时间 t 的关系图, 可以看出随着时间的增加, 峰值整体上呈现下降的趋势, 并且由曲线斜率可见这种趋势逐渐减弱; 曲率 k 越大, 峰值下降的幅度越大, 下降趋势越明显, 并且各条曲线间的差别越来越小; 大曲率的情况下物质很快扩散开, 而小曲率时则要持续很长时间.

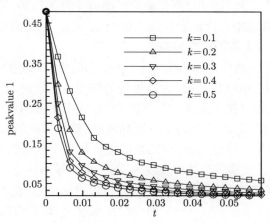

图 6.4.8 参数 peakvalue 1 与时间 t 的关系

从图 6.4.9 可以看出, 随着时间的增加, M_{low} 呈现递增的趋势, 并且这种趋势逐渐增强. 这主要是由于上半部分物质向下半部分截面的扩散, 这种扩散主要发生在靠近外壁的地方, 因为在较大曲率情况下, 靠近外壁区域的流体速度更小, 所以扩散更加明显. 因此, 管道的曲率越大, 下部浓度增长的速率也越快.

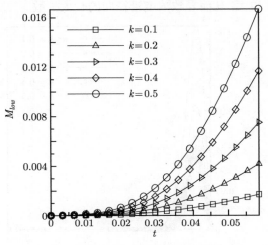

图 6.4.9　M_{low} 与时间 t 的关系

4. Re 数对出口处物质浓度的影响

从图 6.4.10 可以看出, 对于初始浓度左右分布的情形, 在 $Re=0\sim0.1$ 的情况下, 管道中流体的二次流流速 (量级为 10^{-8}) 及其轴向速度都很小, 流体驻留时间较长, 所以浓度扩散程度较大. 但随着 Re 数的增大 ($Re<1.0$), 驻留时间缩短, 而此时的二次流量级还不是很大 (10^{-6}), 所以浓度扩散有下降的趋势; 随着 Re 数的进一步增大 ($Re>1.0$), 管道中二次流的量级 (10^{-4}) 比较大, 二次流对于浓度扩散的影响比较明显, 所以浓度扩散的程度增强.

图 6.4.11 是初始浓度分布为图 6.4.2 (b) 所示的上下分布时的计算结果, 可见较低的 Re 数有利于浓度的扩散, 并且扩散的均匀度比较好, 这是因为此时的壁面效应比较明显, 从而引起了浓度的二次扩散, 加大了扩散的程度. 在较大的 Re 数下, 对流的程度增强, 二次扩散的作用相对较弱, 整体扩散的效果较差. 在 $Re>5$ 时, 二次流影响已非常明显, 这时候的扩散主要集中于截面的右下侧, 并且以二次流的涡心为分界点, 一端的扩散程度较大, 另一端则较小.

图 6.4.12 是扩散距离与 Re 数的关系, 可以看出, 浓度的扩散随着 Re 数的增大先是急剧减小, 然后基本按照一定的线性关系增大, 转折点在 $Re=0.5$ 附近. 出现这种情况, 是因为在很小的 Re 数下虽然二次流所起的对流作用很弱, 但由于驻留

时间很长, 所以扩散程度较强. 随着 Re 数的增大 ($Re < 0.5$), 驻留时间缩短, 导致了二次流的作用还是很弱, 造成了扩散程度的急剧减弱. 随着 Re 数的进一步增大, 二次流的对流作用显现出来, 从而很快地增强了浓度扩散.

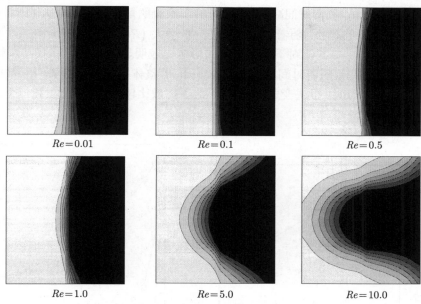

$Re=0.01$　　　　　　$Re=0.1$　　　　　　$Re=0.5$

$Re=1.0$　　　　　　$Re=5.0$　　　　　　$Re=10.0$

图 6.4.10　不同 Re 数下出口处的浓度分布 ($k=0.1$)

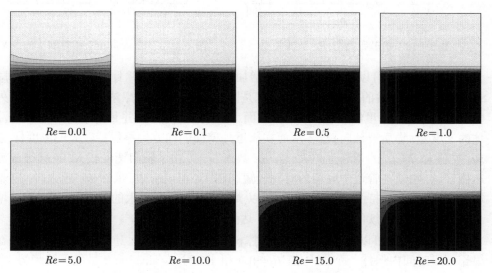

$Re=0.01$　　　　$Re=0.1$　　　　$Re=0.5$　　　　$Re=1.0$

$Re=5.0$　　　　$Re=10.0$　　　　$Re=15.0$　　　　$Re=20.0$

图 6.4.11　不同 Re 数下初始上下分布出口处的浓度分布 ($k = 0.1$)

5. Re 数对通道中物质浓度的影响

在 Re=0~0.1 的情况下, 微管道中流体的二次流流速 (量级为 10^{-8}) 及其轴向速度都很小, 流体在微管道中的驻留时间较长, 所以浓度扩散程度较大. 随着 Re 数的增大 ($Re < 1.0$), 驻留时间减小, 而此时的二次流的量级还不是很大 (10^{-6}), 所以浓度扩散有下降的趋势. 随着 Re 数的进一步增大 ($Re > 1.0$), 管道中二次流的量级 (10^{-4}) 比较大, 二次流对于浓度扩散的影响比较明显, 浓度扩散的程度增强. 从图 6.4.13 可以看出, 随着时间的增长, peakvalue1 整体呈现下降趋势; Re 数比较大的情况下, peakvalue1 很快变成零; 小 Re 数下扩散比较平缓, 并且在某一个范围内保持很长的时间.

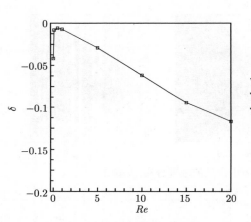

图 6.4.12　扩散距离与 Re 数的关系　　　　　图 6.4.13　peakvalue1 和时间 t 的关系

从图 6.4.14 可以看出, 随着时间增加, M_{low} 也增加, 并且增加的趋势在减弱, 这不同于大 Re 数的情况 (Re=30), 这是因为在大 Re 数时, 浓度的扩散集中于外壁面处, 二次流的量级也较大, 从而截面上浓度扩散较强, 并且由于内外壁面处流体的速度差, 物质被轴向拉长, 从而在靠近外壁面的地方始终保持较大的浓度梯度. Re 数越大, M_{low} 的增速也越大; 当 Re 数为 1 时, 由于轴向速度较大, 流体很快流出微管道, 物质在管道中驻留的时间较短. 由图还可以看出, 虽然 Re 较大时, M_{low} 增加很快, 但由于持续的时间较短, 所以 M_{low} 不会达到很大的值, 反而是 M_{low} 增长较慢时, 由于持续的时间较长, M_{low} 达到了较大的值.

从图 6.4.15 可以看出, Re=0.01 时, peakvalue 2 呈现上升、振荡的趋势, 并在很长一段时间内保持一个较大值; Re=0.1 和 1.0 时, peakvalue 2 呈现下降趋势, 并且在某特定值保持较长一段时间. 这是因为扩散使 peakvalue 2 增加, 而对流的作用则与之相反. 在较小的 Re 数下, 扩散的作用比较强, 而对流的作用相对较弱, 从而引起了 peakvalue 2 的增加, 振荡是由于弯道部分引起内壁处的速度增加, 使对流作用有所增强而造成的, 在 Re 数较大时, 对流的作用比扩散的作用更明显, 从而导致了 peakvalue 2 呈现一直下降的趋势; 当对流和扩散的作用相当时, 由弯道靠近内外壁面处的流速差异所导致的对物质的扩散作用就体现出来, 这就是从图中看到的 $Re=0.1$ 的情况.

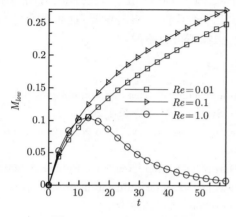 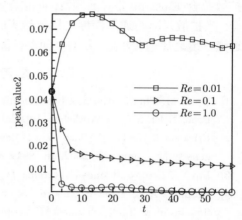

图 6.4.14 M_{low} 和时间的关系　　　图 6.4.15   peakvalue2 与时间的关系

在本章中, 通过对压力驱动流在微通道中物质扩散的数值模拟和相应的 Micro-PIV 实验, 可以总结如下.

扩散通道宽度减小, 微通道中的物质扩散加强. 入流角超过 45° 时, 扩散情况几乎没有变化. 流体在弯道中的扩散程度与弯道曲率、Re 数之间并非单调变化的关系. 由弯道引起的二次流对流体沿径向的扩散有一定的影响, 而对沿周向的扩散则影响甚微. 量纲为一曲率基本不会影响峰值的位置, 但量纲为一曲率较小时, 曲率的增加对样品带宽影响比较大, 而从量纲为一曲率 $k=0.4$ 开始, 这种影响可以忽略. 所以, 为了防止因弯道而导致的样品带宽的增大, 增强检测和分离的效果, 可以采用样品浓度沿周向分布的办法.

Re 数是影响微通道中扩散效率最为重要的因素, 恰当的 Re 数对相应粒子直径物质的扩散很重要. 当 $Re > 0.01$ 时, 由弯道引起的二次流对物质周向扩散起着重要的作用, 扩散集中于靠近外壁面的流体区域中, 而且轴向流动可以间接促进物质周向的扩散; $Re < 0.01$ 时, 分子扩散对样品的扩散影响比较大, 二次流的影响可以忽略. 对应最大扩散程度的量纲为一弯道曲率约为 0.42, 而最小扩散程度所对应的 Re 数则为 0.5.

Micro-PIV 实验可以反映微通道中流体流动的实际情况, 其精度受焦深、数值孔径和放大倍率等的影响. 这里的实验结果和有关文献的实验结果都与数值模拟结果基本符合, 说明计算模型和方法的合理性.

设置弯曲通道对微通道中的物质扩散和混合是最佳选择, 无论 Re 数等如何变化, 几乎都能完全扩散和混合, 是比较理想的微混合通道结构.

由于上下壁面的影响, 上下壁面间的速度分布为抛物线, 这加快了壁面附近的扩散速度, 产生了蝴蝶效应, 此时上下壁面的影响不可忽略. 在流道中间 ($w=0$) 处, 扩散符合 Einstein 公式的预测, 而靠近壁面处则与 Einstein 公式的预测有明显偏差. 当扩散尺寸与通道深度之比值较大时, 上下壁面的影响很重要, 而扩散尺寸与通道深度之比值较小时, 左右壁面对扩散的影响不可忽略.

参 考 文 献

[1] Ho C M. Fluidics-the link between micro and nano sciences and technologies [C]. In Proc. IEEE MEMS Workshop, Interlaken, Switzerland, 375–384, 2001.

[2] Erickson D, Li D Q. Microchannel flow with patch-wise and periodic surface heterogeneity [J]. Langmuir, 2002, 18: 8949–8959.

[3] Liu Y. Micro total analysis systems [M]. Dordrecht Kluwer, Academic Publisher, 2001.

[4] Kamholz A E, Yager P. Theoretical analysis of molecular diffusion in pressure-driven flow in micro fluidic channels [J]. Biophys. J, 2001, 80: 155–160.

[5] Stone S W, Meinhart C D, Wereley S T. A microfluidic-based nanoscope [J]. Experiments in Fluids, 2002, 33: 613–619.

[6] Culbertson C T, Jacobson S C, Ramsey J M. Diffusion coefficient measurements in microfluidic devices [J]. Talanta, 2002, 56: 365–373.

[7] Stroock A D, Dertinger S K W, Ajdari A, Mezic I, Stone H A, Whitesides G M. Chaotic mixer for microchannels [J]. Science, 2002: 295: 647–651.

[8] Thiffeault J L, Childress S. Chaotic mixing in a torus map [J]. Chaos, 2003, 13(2): 502–507.

[9] Bertsch A, Heimgartner S, Cousseau P, Renaud P. 3D micromixers- downscaling large scale industrial static mixers [C]. In Proc. IEEE MEMS Workshop, Interlaken, Switzerland, 507–510, 2001.

[10] 王瑞金, 林建忠. T-sensor 微通道中影响流体扩散因素的研究 [J]. 自然科学进展, 2004, 14(9): 1053–1057.

[11] Wang R J, Lin J Z. Numerical simulation of transverse diffusion in a micro- channel [J]. Journal of Hydrodynamics Ser.B, 2004, 16(6): 123–128.

[12] 朱恂, 辛明道, 廖强. 滑移流区任意截面微槽道内流动边界条件对流动特性的影响 [J]. 自然科学进展, 2003, 12(6): 585–589.

[13] Mohamed Gad-el-Hak. The fluid mechanics of microdevices-the freeman scholar lecture [J]. Journal of Fluids Engineering, 1999, 121(3): 5–38.

[14] Wang R J, Lin J Z, Li Z H. Study on the impacting factors of the transverse diffusion

in the micro-channel of T-sensor [J]. J. of Nanoscience and Nanotechnology, 2005, 7(5): 1–5.

[15] 邵雪明, 颜海霞, 辅浩明. 两相流 PIV 粒子图像处理方法的研究 [J]. 实验力学, 2003, 28(4): 445–452.

[16] 段俐, 康畸. PIV 技术的粒子图像处理方法 [J]. 北京航空航天大学学报, 2000, 26(1): 79–82.

[17] Raffel M, Willert C E, Kompenhans J. Particle image velocimetry [M], Springer Verlag Berlin Heidelberg, Germany, 1998.

[18] Fujita I, Muste M, Kruger A. Large-scale particle image velocimetry for flow analysis in hydraulic engineering applications [J]. Journal of Hydraulic Research, 1998, 36(3), 397–414.

[19] Li D X, Wang X K, Yu M Z. Experimental study on suspended sediment particles motion by image processing technique [C]. In Proceedings of 7th International Symposium on River Sedimentation, 343–349, 1998.

[20] 由长福, 祁海鹰, 徐旭常. 显微 PIV 系统与实现流体力学实验与测量 [J], 2003, 17(4): 84–89.

[21] 刘冲, 徐征, 黎永前, 王立鼎. 面向典型微流控芯片的流场测速技术研究 [J]. 大连理工大学学报, 2004, 44(4): 523–528.

[22] Burns M A, Johnson B N, Brahmasandra S N, Handique K, Webster J R, Krishnan M, Sammarco T S, Man P M, Jones D, Heldsinger D, Mastrangelo C H, Burke D T. An integrated nanoliter DNA analysis device [J]. Science, 1998, 282: 484–490.

[23] Ehrlich D J, Matsudaira P. Micro fluidic devices for DNA analysis [J]. Trends Biotechnol., 1999, 17: 315–319.

[24] Khandurina J, Mcknight T E, Jacobson S C, Waters L C, Foote R S, Ramsey J M. Integrated system for rapid PCR-based DNA analysis in micro fluidic devices [J]. Anal. Chem., 200, 72: 2995–3000.

[25] Chan J H, Timperman A T, Qin D, Aebersold R. Microfabricated polymer devices for automated sample delivery of peptides for analysis by electrospray ionization tandem mass spectrometry [J]. Anal. Chem., 1999, 71: 4437–4444.

[26] Li J, Kelly J F, Chernushevich I, Harrison D J, Thibault P. Separation and identification of peptides from gel-isolated membrane proteins using a microfabricated device for combined capillary electrophoresis/nanoelectrospray mass spectrometry [J]. Anal. Chem., 2000, 72: 599–609.

[27] Kamholz A E, Weigl B H, Finlayson B A, Yager P. Quantitative analysis of molecular interaction in a micro fluidic channel: the T-sensor [J]. Anal. Chem., 1999, 71: 5340–5347.

[28] Macounova K, Cabrera C R, Holl M R, Yager P. Generation of natural pH gradients in micro fluidic channels for use in isoelectric focusing [J]. Anal. Chem., 2000, 72:

3745–3751.

[29] Yang J, Huang Y, Wang X B, Becker F F. Differential analysis of human leukocytes by dielectrophoretic field-flow-fractionation [J]. Biophys. J., 2000, 78: 2680–2689.

[30] Weigl B, Yager P. Micro fluidic diffusion-based separation and detection [J]. Science, 1999, 283: 346–347.

[31] Kamholz A E, Schilling E A, Yager P. Optical measurement of transverse molecular diffusion in a microchannel [J]. Biophys J., 2001, 80(4): 1967–1972.

[32] Kamholz A E, Yager P. Theoretical analysis of molecular diffusion in pressure-driven flow in micro fluidic channels [J]. Biophys. J., 2001, 80: 155–160.

[33] Antonsen T M, Fan Z, Ott E, GARCIA-LOPEZ E. The role of chaotic orbits in the determination of power spectra of passive scalars [J]. Phys. Fluids, 1996, 8: 3094–3104.

[34] Han G, Breuer K S. Infrared PIV for measurement of fluid and solid motion insideopaque silicon microdevices [C]. 4th International Symposium on Particle Image Velocimetry Göttingen, Germany, 2001.

[35] Service R F. Coming soon: the pocket DNA sequencer [J]. Science, 1998, 282: 399–401.

[36] 王瑞金, 林建忠, 李志华. 影响微槽道流动扩散特性因素的研究 [J]. 中国机械工程, 2005, 4(16): 345–349.

[37] Matthew A H, Saurabh K. Generating fixed concentration arrays in a microfluidic device [J]. Sensors and Actuators B, 2003, 92(3): 199–207.

[38] Liu R H, Stremler M A, Sharp K V, Santiago M G, Adrian R J, Aref H, Beebe D J. Passive mixing in a three-dimensional serpentine microchannel [J]. J. Microelectromech. Sys., 2000, 9(2): 190–197.

[39] 王瑞金, 林建忠, 郑友取. 一种新型螺旋式微混合器及其流场的数值研究 [J]. 中国机械工程, 2006, 17: 1417–1420.

[40] Culbertson C T, Jacobson S C, Ramsey J M. Dispersion sources for compact geometries on microchips [J]. Analytical Chemistry, 1998, 70: 3781–3789.

[41] Paegel B M, Hutt L D, Simpson P C, Mathies R A. Turn geometry for minimizing band broadening in microfabricated Capillary Electrophoresis Channels [J]. Anal. Chem., 2000, 72: 3030–3037.

[42] Qiao R, Aluru N R. Dispersion control in nano-channel systems by localized zeta-potential variations [J]. Sensors and Actuators A: Physical, 2003, 104: 268–274.

[43] Li P C H, Harriso D J. Transport, manipulation, and reaction of biological cells on-chip using electrokinetic effects [J]. Anal.Chem., 1997, 69: 1564–1568.

第七章 电渗驱动下微流动的扩散、混合和分离

在微纳机电系统和微分析系统中,存在着多种驱动方式,其中电渗驱动是一种比较常见的方式. 电渗现象指的是在电场作用下,在管道中或者是多孔介质内的流体沿着固体壁面移动的现象. 在微流动中,电渗驱动下的扩散、混合和分离具有其特殊性,所以本章对其进行详细的叙述.

7.1 概   述

在过去的十几年中,人们对微通道中流体的驱动方式和装置研究得越来越多,如压电微泵[1-3]、气泡式[4,5]、电磁力式[6-8]、静电式[9-11]、记忆合金式[12]、超声波式[13,14]、电湿润式[15]、离子拖曳式[16]、齿轮式[17]、Brownian 式[18]、热毛细管式[19]、电水动式[20]、Bernouli 式[21] 和电渗式[22-24] 等,其中电渗流式是最为常见的驱动方式,这里将叙述电渗流中壁面电势和通道尺寸对电渗流速度的影响,从而为电渗流驱动流道的设计和电泳分离效率的提高奠定基础.

1992 年, Harrision 等[25] 将样品注射系统毛细管电泳装置集成到平板玻璃芯片上,发现通过施加适当的电压能驱动流体在毛细管内运动,这就是电渗流. Seiler 等[26] 对 Harrision 等的实验技术及装置进行了改进. 1993 年, Harrision 等[27] 在两条垂直交叉的十字型微通道中成功实现了电渗流驱动及样品的电泳分离. 1994 年, Fan 和 Harrision[28] 将这一系统集成到了玻璃芯片上,并再次证明了它的有效性和巨大的潜力. 近年来,许多研究者[29-32] 从实验的角度对十字型毛细管电泳装置和电渗技术进行了完善,并将这一技术应用到微流控芯片、生物芯片等分析系统中. 在理论方面, Rice 等[33] 在 1965 年就推导出了描述电渗流的基本方程. 后来, Andreev 等[34] 给出了毛细管电泳的一维数学模型,同时也研究了电渗流的速度剖面对分离效果的影响. Neelesh 等[35] 对十字注射及电泳分离系统进行了数值模拟,研究了不同条件下微通道内的电渗流型. Erimakov[36] 和 Qiu 等[37] 也对电渗流进行了理论方面的探讨.

7.1.1 电渗流产生的机理

电渗现象是一种宏观现象[38],要理解电渗流的产生机理,先要叙述一些相关的知识.

1. 极性分子

根据分子的结构, 分子可分为极性分子和非极性分子, 而极性分子也有强极性分子和弱极性分子之分. 所谓极性分子指的是分子的正负极的中心不重合的分子, 这样就表现出一端带正电, 而另一端带负电. 根据分子结构理论, 除了部分结构完全对称的分子以外, 大部分的分子都是极性分子.

2. 双电层

当某种固体物质和某溶液接触时, 由于溶液中的水分子是一种弱极性分子, 它会吸附到固体物质的离子上, 使固体物质的离子变成了水化离子, 由于水分子的热振动和布朗运动, 会将部分固体物质的离子从固体表面带走, 从而在固体表面留下某些带电的粒子, 使得固体表面带上正电或负电, 而固液交界面的另外一边则带上了相反的电荷, 这样交界面的两边就形成了一个电场, 这就是双电层.

毛细管中双电层的产生原理与以上截然不同, 如果在毛细管壁面上有固定的电荷 (当电解液与管壁接触时, 离子化基或极性分子被强烈地吸附在毛细管壁, 例如, 石英毛细管壁上的电荷经常来自硅羟基在水溶液中发生电离所产生的 SiO_2^- 负离子), 在表面电荷的静电吸附和分子的扩散作用下, 溶液中的抗衡离子就会在固液界面上形成双电层, 而管道中央的静电荷则几乎为零.

3. 扩散层和紧密层

根据 Stern 模型, 双电层都有两层, 一是扩散层, 另一是紧密层, 这是因为在离固体界面较近的区域, 静电力占控制地位, 许多离子无法自由运动, 聚集了许多离子, 因此离子的密度很大. 然而, 离固体界面较远的区域, 离子的运动受布朗运动的控制, 只有较少的离子逃离了离子密集区, 所以离子浓度较低. 在紧密层中, 电势的变化很大, 而扩散层电势的变化很小 (如图 7.1.1 所示). 一般紧密层为几个分子层的厚度.

下面介绍电渗流的产生过程. 如果在毛细管道的两端加上一个电场, 在电场的作用下, 带电的离子会产生运动, 在紧密层中, 离子受壁面固定电荷的吸引力较大, 很难运动. 相反, 扩散层中的离子受到的静电力较小, 容易在电场的作用下运动, 这样就在紧密层和扩散层之间产生了相对滑移. 由于离子的溶剂化作用和黏滞力的作用, 扩散层离子的运动就带动了流体一起运动, 从而产生了如图 7.1.2 所示的电渗流.

电渗流从产生到稳定所需的时间非常短, 根据数值模拟的结果, 基本上在 $0.1 \sim 1ms$ 的范围. 此外, 电渗流的速度剖面与压力驱动流大相径庭, 其速度剖面基本是一个平面, 如图 7.1.3 像一个塞子, 沿槽道横向的速度梯度很小, 除了壁面附近外, 其余区域速度几乎相等, 而压力驱动流的速度剖面则为抛物线型.

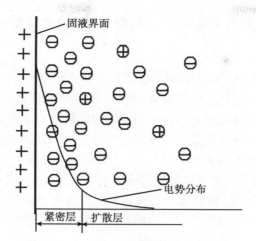

图 7.1.1　双电层的结构和电势分布图

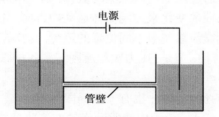

图 7.1.2　电渗流产生原理图

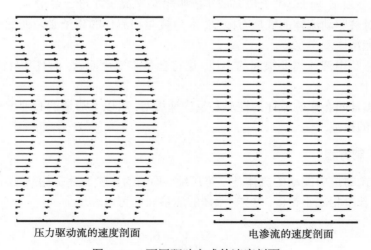

图 7.1.3　不同驱动方式的速度剖面

　　影响电渗流速度大小的重要因素是双电层的结构特征和缓冲液的性质. 双电层的结构特性主要取决于微通道的壁面化学属性和样品液与通道壁面材料的亲和

性, 而缓冲液的性质主要是组成成分、浓度、pH 值和密度黏度等.

7.1.2　电渗流特点

作为目前应用最为广泛的微流体驱动技术和流体控制方法, 电渗驱动与另外的驱动和控制方法尤其是常用的压力驱动相比, 有着许多优点[35,39,40].

(1) 一般而言, 电渗流的速度大小与微通道的横向尺寸无关, 容易控制; 而压力驱动流的流动速度不仅与微通道的横向尺寸有关, 还与沿程的压力梯度有关, 控制起来必须考虑两方面的因素.

(2) 电渗流在微通道中流动的横向速度剖面几乎平直, 这样的速度剖面有利于样品的注入和分离精度, 即在很长距离内样品浓度带宽变化很小, 分离效率很高. 而压力驱动流产生的是抛物线型的速度剖面, 横向速度梯度大, 这会大大影响分离效率.

(3) 电渗流主要是通过施加电压来驱动流体, 因此电渗流的速度可以用电压来控制, 还可以用电压方向的变化来控制流体运动的方向, 如果改变壁面电势和微通道的结构, 还可以控制微流系统中不同位置的流量, 这些在化学分析中的混合和多样品的并行处理中很有用. 但是, 压力驱动流则需要各种微泵、微阀等, 加工、使用和维修等都不方便.

电渗流除了以上的优点以外, 也有一些局限性[38]:

(1) 对管壁材料有限制. 由于电渗驱动必须在产生双电层的基础上才有, 所以管壁材料必须本身可以带上电荷或牢固吸附某些离子才符合要求.

(2) 对被驱动流体的性质有限制. 因为被驱动流体的离子必须能受壁面电荷的吸引, 才能形成双电层.

(3) 驱动电渗流需要很高的电压, 这将会带来安全问题, 而且功耗大、体积大, 不易微型化.

(4) 焦耳热会影响流体的性质和反应速度等, 所以大通道的高速度驱动和控制将遇到新的挑战.

7.1.3　控制方程

假设微通道中流动的流体是不可压缩、均匀的牛顿流体; Debye 层的厚度与通道的特征长度相比小得多, 这样, 流体的质量守恒可以表示为:

$$\nabla \cdot \boldsymbol{V} = 0, \tag{7.1.1}$$

其中 $\boldsymbol{V}$ 为流体速度.

在一个小控制区域内, 可以认为密度 ρ 为常数, 由于在微通道中重力的影响可以忽略, 则动量守恒方程可以表示为:

$$\frac{\partial \boldsymbol{V}}{\partial t} + (\boldsymbol{V} \cdot \nabla)\, \boldsymbol{V} = -\frac{1}{\rho}\nabla p + \boldsymbol{V}\nabla^2 \boldsymbol{V} + F, \tag{7.1.2}$$

式中 p 为压力, $\boldsymbol{V}$ 为流体的运动黏度, F 为电场力. 对方程 (7.1.2) 两边取旋度, 并将式 (7.1.1) 代入可得:

$$\nabla^2 p = \rho \nabla \cdot (\boldsymbol{F} - \boldsymbol{V}\nabla\boldsymbol{V}) . \tag{7.1.3}$$

流体中的组分浓度应满足方程:

$$\frac{\partial C}{\partial t} + \nabla \cdot \boldsymbol{\Gamma} = D\nabla^2 C, \tag{7.1.4}$$

其中 D 为扩散系数, $\boldsymbol{\Gamma}$ 为单位体积内的浓度通量, 由文献 [41] 可表示为:

$$\boldsymbol{\Gamma} = (\boldsymbol{V} + \mu \boldsymbol{E})\, C, \tag{7.1.5}$$

其中 μ 为电泳运动 (与基本电荷 q_e 成正比), $\boldsymbol{E}$ 为外加电场强度, $\boldsymbol{V}C$ 为电渗流通量, $\mu \boldsymbol{E}C$ 为电泳通量. 这样, 可以用前面的几个方程求解速度、压力和浓度. 但是这里还涉及电场力, 电场力可以表示为:

$$\rho \boldsymbol{F} = \rho_e \boldsymbol{E}, \tag{7.1.6}$$

其中 ρ_e 为空间的电荷密度, 可以表示为:

$$\rho_e = q_e C, \tag{7.1.7}$$

而电场强度也可以用电势来表示, 即

$$\boldsymbol{E} = -\nabla \Phi. \tag{7.1.8}$$

根据 Maxwell 方程, 可以得到电势的 Poisson 方程为:

$$\nabla^2 \Phi = -\frac{\rho_e}{\varepsilon}, \tag{7.1.9}$$

其中 ε 为介电常数, 电势的大小与电荷密度有关, 而在电渗流中总电势是由外电势和壁面电势组成的, 即

$$\Phi = \varphi + \psi, \tag{7.1.10}$$

其中外电势满足 Laplace 方程:

$$\nabla^2 \varphi = 0, \tag{7.1.11}$$

而壁面电势满足 Poisson 方程:

$$\nabla^2 \psi = -\frac{\rho_e}{\varepsilon}. \tag{7.1.12}$$

根据 Debye-Hueckel 近似, 壁面电势可以表示为:

$$\nabla^2 \psi = -\frac{1}{\lambda_D^2} \psi. \tag{7.1.13}$$

这样式 (7.1.6) 可变成:

$$\boldsymbol{F} = \frac{\varepsilon \psi \nabla \left(\varphi + \psi \right)}{\rho \lambda_D^2}, \tag{7.1.14}$$

通量可表示为:

$$\boldsymbol{\Gamma} = \left[\boldsymbol{V} - \mu \nabla \left(\varphi + \psi \right) \right] C. \tag{7.1.15}$$

　　下面对方程 (7.1.2)—(7.1.4)、(7.1.11) 和 (7.1.13) 进行量纲为一化. 分别用通道特征尺寸 L、特征速度 U、h/U、ρU^2 和典型的电势 Φ^* 分别对长度、速度、时间、压力和电势进行量纲为一化. 由于壁面电势只在壁面附近, 所以离壁面较远的地方可以忽略, 这样量纲为一控制方程 (量纲为一化变量用原来的符号表示) 可以写为[42]:

$$\frac{\partial \boldsymbol{V}}{\partial t} + \nabla \cdot (\boldsymbol{V} \boldsymbol{V}) = -\nabla p + v_v \nabla^2 \boldsymbol{V} + \alpha \psi \nabla \varphi, \tag{7.1.16}$$

$$\frac{\partial C}{\partial t} + \nabla \cdot (\boldsymbol{V} - \mu' \nabla \varphi) C = v_c \nabla^2 C, \tag{7.1.17}$$

$$\nabla^2 p = \nabla \cdot (\alpha \psi \nabla \varphi - \boldsymbol{V} \nabla \boldsymbol{V}), \tag{7.1.18}$$

$$\nabla^2 \psi = k^2 \psi, \tag{7.1.19}$$

$$\nabla^2 \varphi = 0, \tag{7.1.20}$$

其中

$$\alpha = \frac{\Phi^{*2} \varepsilon}{\rho U^2 \lambda_D^2}, v_v = \frac{v}{Uh}, v_c = \frac{D}{Uh}, \mu' = \frac{\mu \Phi^*}{Uh}, k^2 = \frac{h^2}{\lambda_D^2}. \tag{7.1.21}$$

7.1.4　边界条件

　　对方程 (7.1.16)—(7.1.20) 求解需要恰当的边界条件, 而边界条件因具体流场而异, 对于图 7.1.4 的流场, 对外电场出入口提 Dirichlet 边界条件, 在壁面提 Neumann 边界条件[42]:

$$\varphi|_{in} = \varphi_0, \varphi|_{out} = \varphi_1, \frac{\partial \varphi}{\partial y}|_{wall} = 0; \tag{7.1.22}$$

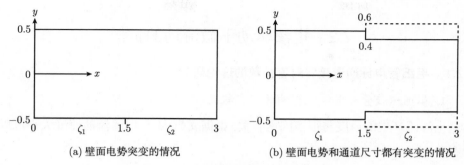

(a) 壁面电势突变的情况 (b) 壁面电势和通道尺寸都有突变的情况

图 7.1.4 模拟电渗流的微通道结构

对壁面电势:

$$\frac{\partial \psi}{\partial x}|_{in} = \frac{\partial \psi}{\partial x}|_{out} = 0, \psi|_{wall} = -\zeta \tag{7.1.23}$$

压力条件为:

$$p|_{in} = p_0, p|_{out} = p_1, \frac{\partial p}{\partial y}|_{wall} = 0, \tag{7.1.24}$$

速度条件为:

$$\frac{\partial v}{\partial x}|_{in} = \frac{\partial v}{\partial x}|_{out} = 0, v|_{wall} = 0, \tag{7.1.25}$$

浓度条件为:

$$C|_{in} = C_0, C|_{out} = C_1, \frac{\partial C}{\partial y}|_{wall} = 0. \tag{7.1.26}$$

7.1.5 离散方法

对于方程 (7.1.16)—(7.1.20), 采用有限体积法进行离散, 根据文献 [41], 可以将所有的方程写成统一的式子

$$\frac{\partial}{\partial t} \int_V \rho \vartheta dV + \oint_A \rho \vartheta V \cdot dA = \oint_A \Gamma \nabla \vartheta \cdot dA + \int_V S_\vartheta dV, \tag{7.1.27}$$

其中 V 为控制体积, A 为控制域的面积, ϑ 为所考虑的物理量.

模拟的区域用矩形网格进行划分, 对每个方程在每个子域进行离散, 这样就可以得到如下的离散方程:

$$\frac{(\rho\vartheta)^{t+\Delta t} - (\rho\vartheta)^t}{\Delta t} \Delta V + \sum_{faces} \rho_f \vartheta_f V_f A_f = \sum_{faces} \Gamma_f (\nabla \vartheta)_{\perp,f} A_f + S_\vartheta \Delta V, \tag{7.1.28}$$

把所有的离散方程都简化成如下式子:

$$a_p \vartheta_p + \sum_{nb} a_{nb} \vartheta_{nb} = b_p. \tag{7.1.29}$$

7.2 电渗驱动下微流动的扩散

7.2.1 毛细管电泳通道接管对流扩散的理论研究

1. 微通道接管对电渗流影响的研究状况

电渗流产生的速度与很多因素有关, 根据文献 [43], 电渗流的速度大小可以表示为:

$$V_{EOF} = E\varepsilon\zeta/\mu, \tag{7.2.1}$$

其中 ε 为流体的介电常数, ζ 为微通道的壁面电势, μ 为流体的黏度, E 为外加电场强度.

但是, 电渗流的速度剖面并非总是塞型的, 当外加电场很大, 而壁面的 ζ 势也很大时, 有可能会产生凹的速度剖面. 反之, 也有可能产生凸的速度剖面. 通道壁面上的污染、外加电场、不同材料或性质的毛细管材料接头等因素, 都会引起 ζ 势的变化, 这将影响到速度剖面的变化. 在电渗流中, 速度剖面形状对诸如 DNA 和蛋白质分离过程有着十分重要的意义. 速度剖面形状除了与毛细管的材料、液体性质有关外, 还和 ζ 势大小以及微通道尺度有关[40,42-48]. 例如 Christopher[43] 研究了在三种不同尺度的通道段施以不同的 ζ 势下的速度分布和压力分布, 结果表明 ζ 势增大会引起凹的速度剖面; 而如果同时也减小通道的横截面积, 则中央的速度会增加, 从而产生凸的速度剖面. Fu 等[43] 分析了 ζ 势有突变情况下的电渗流, 结果显示由于高 ζ 势产生对流体的吸入作用, 使得入口附近的 ζ 势为零的区域产生负的压力梯度, 从而使得速度剖面有类似于压力驱动流的凸抛物线. Ren 和 Li[45] 对圆柱型微通道在不均匀 ζ 势下的电渗流特征进行了数值研究, 结果表明沿轴向 ζ 势的变化引起了速度剖面的变形, 同时诱导出不同的压力梯度和流量. Strooketal[47] 研究了两种微槽道中表面电荷分段变化的情况, 第一种情况考虑了垂直外加电场方向的表面电势变化, 这种情况会产生多向电渗流; 而第二种情况是考虑平行外加电场方向的表面电势的变化, 这种情况会产生循环流. Arulanandam 和 Li[40] 用数值模拟的方法研究了微槽道内电渗流的速度剖面, 结果表明通道几何形状对电渗流的影响很大, 当通道的宽度与深度之比远大于 1 时, 将大大地增强电渗流; ζ 势和浓度对流量有很大影响, 从而影响双电层的形成. Yang 等[48] 研究了流场对静电荷密度的影响, 比较了用传统的 Poisson-Boltzmann ζ 势模型和用 Nernst-Planck 模型预测的双电层厚度和分布的差异. Alam 和 Bowman[42] 等对电渗流进行了数值研究, 着重对离散格式的精度和数值耗散问题进行了讨论.

尽管对电渗流的研究已有不少, 但是当微通道中有接管时, 且其尺寸和表面电势等都有变化情况下, 对流体速度、压力等变化规律以及对电泳分离和采样过程的影响却研究得不够深入. 所以, 以下在壁面电势和尺寸都变化的情况下, 对速度剖面和压力梯度进行研究, 以分析它们对采样和分离过程等的影响.

2. 毛细管轴向速度分布的 Fourier 求解

假设有一圆柱形毛细管, 其沿轴向的电势变化为 $\zeta(z)$, 这里 z 为流体流动方向. 同时假使流动的 Re 数较小, Debye 层厚度比管径 r 小得多, 这样流场可以采用 N-S 方程求解, 而边界条件则需具体考虑.

由文献 [48] 可知, 这种流场的速度、压力可以用 Fourier 变换法求得, 轴向速度可以用如下变换:

$$\hat{v}_z(r, k) = \hat{G}(r, k) E \hat{\zeta}(k), \tag{7.2.2}$$

这里

$$\hat{G}(r, k) = \frac{I_0(kr)}{I_0(k)} + \frac{I_1(k)}{I_0(k)} \frac{k^2 r I_1(kr) I_0(k) - k I_1(k) I_0(kr)}{k^2 I_1(k)^2 - k^2 I_0(k)^2 + 2k I_1(k) I_0(k)}, \tag{7.2.3}$$

其逆变形式为:

$$v_z(r, z) = \int_{-\infty}^{\infty} e^{ikz} \hat{v}_z(r, k) \mathrm{d}k, \tag{7.2.4}$$

其中 E 为外加电场, I_0 和 I_1 为第一类 Bessel 函数, 长度用毛细管直径进行量纲为一化. 接下来考虑沿轴向电势为 $\zeta(z)$ 情况的平均值、方差和相关长度.

为了量化速度方差和 ζ 势的关系, 先考虑 ζ 势的统计, 假如 ζ 势是个随机变量, 则其统计特性可用平均值 $\bar{\zeta}$ 和相关函数 R 表征, 相关函数可表示为:

$$\overline{\zeta(z)\zeta(z')} - \bar{\zeta}^2 = \sigma^2 R(z - z'), \tag{7.2.5}$$

这里 σ^2 为 ζ 势方差, $R(0)=1$. 当参量增加时, 相关函数将慢慢趋向于 0, 相关函数的一般形式可写为:

$$R(z) = \exp\left(-\frac{z^2}{2l^2}\right), \tag{7.2.6}$$

其中 l 为随机函数强相关的特征长度.

由于 ζ 势是随机变量, 则各处相应的速度也是随机变量, 轴向速度的平均可表示为:

$$\bar{v}_z = E\bar{\zeta}. \tag{7.2.7}$$

很明显, 速度的平均值与 z, r 无关, 也就是说速度分布是塞型的. 但是, 所测量的速度不同于平均值, 所以需引入速度方差 $\overline{(v_z - \bar{v}_z)^2}$, 假如 ζ 势可用 (7.2.5) 式给出, 则方差值可用如下积分计算:

$$\overline{(v_z - \bar{v}_z)^2} = E^2 \sigma^2 \int_{-\infty}^{\infty} \hat{G}(r, k)^2 \hat{R}(k) \mathrm{d}k = E^2 \sigma^2 f(r), \tag{7.2.8}$$

从这式看, 方差与半径有关, 量纲为一化函数为:

$$f(r) = \int_{-\infty}^{\infty} \hat{G}(r,k)^2 \hat{R}(k)\,\mathrm{d}k. \tag{7.2.9}$$

图 7.2.1 给出了速度方差与半径的关系, 从图可知, 两边的变化小, 而中间的变化大, 当 $r = 1/\sqrt{2}$ 时, 函数值为最低, 由此也知道当相关系数很大的时候, 函数值与 $f = (1 - r^2)^2$ 非常接近.

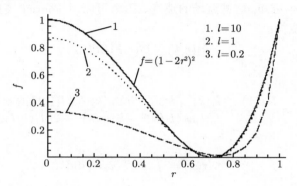

图 7.2.1　不同相关长度下函数 f 值与半径的关系

3. 毛细管通道流动速度的叠加解

根据文献 [43], 电渗流速度可由式 (7.2.1) 估算, 但是这个关系式在壁面电势和通道尺寸都变化的情况下却失效. 在这里将推导一种能基本满足电渗流速度分布的近似方法.

电渗流的产生是由于扩散层和紧密层之间产生滑移的结果, 而 Debye 层的厚度通常比通道尺寸要小得多, 所以可将其考虑为滑移流, 只要在边界上施加下式的边界条件即可:

$$v|_{wall} = -E\varepsilon\zeta/\mu, \tag{7.2.10}$$

其中的符号含义同式 (7.2.1). 忽略截面尺寸突变引起的流动变化对整个区域的影响. 根据电势的 Poisson 方程, 可知截面变化所引起的电势分布变化只发生在截面变化点的附近, 而对整个通道段的影响几乎可以忽略.

一般充分发展压力驱动流的速度可以用下式计算[49]:

$$v = \frac{1}{\mu}\left(-\frac{\mathrm{d}p}{\mathrm{d}x}\right)G, \tag{7.2.11}$$

其中 $\mathrm{d}p/\mathrm{d}x$ 为流场在流动方向上的压力梯度, G 为描述通道截面的尺寸因子.

同样, 对流量也可用类似的方法描述:

$$Q = \frac{1}{\mu} \left(-\frac{\mathrm{d}p}{\mathrm{d}x} \right) F, \tag{7.2.12}$$

其中 $F = \int_A G \mathrm{d}A$, 表示流量的尺寸因子, 这里的 A 为通道横截面积.

对于任一区域内的流动速度, 可以考虑是由压力梯度和电渗两种因素引起, 而且从 (7.2.10) 和 (7.2.12) 两式看, 可以用线性叠加来衡量总的效果, 这样在某个区域 k 的速度为:

$$v_k = \frac{1}{\mu} \left(-\frac{\mathrm{d}p}{\mathrm{d}x} \right)_k G_k - \frac{\varepsilon \zeta_k E_k}{\mu}, \tag{7.2.13}$$

相应的流量可以表示为:

$$Q_k = \frac{1}{\mu} \left(-\frac{\mathrm{d}p}{\mathrm{d}x} \right)_k F_k - \frac{\varepsilon \zeta_k E_k A_k}{\mu}, \tag{7.2.14}$$

式 (7.2.13) 和 (7.2.14) 两式中的下标 k 表示的是第 k 个区域.

由于必须满足质量守恒, 则各截面的流量必须相等, 即

$$Q_1 = Q_2 = Q_3 = \cdots = Q_N = Q, \tag{7.2.15}$$

其中 N 和 Q 分别为划分区段的总数和总流量. 另外, 整个管道中的压力降应当是各个区段的总和, 即

$$-L_1 \left(\frac{\mathrm{d}p}{\mathrm{d}x} \right)_1 - L_2 \left(\frac{\mathrm{d}p}{\mathrm{d}x} \right)_2 - \cdots - L_N \left(\frac{\mathrm{d}p}{\mathrm{d}x} \right)_N = \nabla p, \tag{7.2.16}$$

其中 L_k 为每个区段的长度, 一般要求比通道的深度和宽度大得多, ∇p 为整个微通道的压力降. 通过各区段的流量应当相同, 所以有:

$$I = \frac{V_1}{R_1} = \frac{V_2}{R_2} = \cdots = -\frac{V_N}{R_N} = \frac{V}{R}, \tag{7.2.17}$$

其中 V_k, R_k 为各区段压降和阻力, 总压降和总阻力分别为 $V = \sum_{k=1}^{N} V_k, R = \sum_{k=1}^{N} R_k$.

由于各个区段的阻力与长度成正比, 而与截面积成反比, 所以有下式:

$$E_k = \frac{V_k}{L_k} = \frac{V}{A_k \sum_{j=1}^{N} (L_j/A_j)}, \tag{7.2.18}$$

解 (7.2.15)、(7.2.16) 和 (7.2.18) 后, 可以给出压力梯度表达式:

$$\left(-\frac{\mathrm{d}p}{\mathrm{d}x}\right)_k = \frac{1}{F_k}\left[\frac{\Delta p}{\displaystyle\sum_{j=1}^{N}(L_j/F_j)} + \frac{\varepsilon V}{\displaystyle\sum_{j=1}^{N}(L_j/A_j)}(\zeta_k - \zeta^*)\right]. \tag{7.2.19}$$

其中 ζ^* 为加权平均 ζ 势, 定义为:

$$\zeta^* = \frac{\displaystyle\sum_{j=1}^{N}(L_j\zeta_j/F_j)}{\displaystyle\sum_{j=1}^{N}(L_j/F_j)}. \tag{7.2.20}$$

将该式代入 (7.2.13) 和 (7.2.14), 可得速度和流量:

$$v_k = \frac{\zeta_k\sum L_j}{A_k\sum(L_j/A_j)} + \frac{G_k}{F_k}\left[\frac{\Delta p}{\sum(L_j/F_j)} - \frac{1}{\sum(L_j/A_j)}(\zeta_k-\zeta^*)\right]\times\sum L_j, \tag{7.2.21}$$

$$Q_k = \left[\frac{\Delta p}{\sum(L_j/F_j)} - \frac{\zeta_k}{\sum(L_j/A_j)}\right]\times\sum L_j. \tag{7.2.22}$$

这里所有的量都经过量纲为一化, 参考量的长度用 L_1, 面积用 A_1, ζ 势用 $\overline{\zeta}$, G_k 用 A_1, F_k 用 A_1^2, Δp 用 $\varepsilon\overline{\zeta}V/A_1$, 速度和流量用 $-(\varepsilon\overline{\zeta}V)/(\mu L)$, 其中:

$$\overline{\zeta} = \frac{\sum L_j\zeta_j}{\sum L_j}. \tag{7.2.23}$$

这样, 如果能够得到 G, F 的值, 则变截面和变壁面电势的问题就可解了.

根据文献 [42,48], 对变截面微槽道有:

$$G_k = \frac{16a_k^2}{\pi^3}\sum_{i=1,3,5,\cdots}^{\infty}(-1)^{(i-1)/2}\left[1 - \frac{\cosh(i\pi z/2a_k)}{\cosh(i\pi b_k/2a_k)}\right]\times\frac{\cos(i\pi y/2a_k)}{i^3}, \tag{7.2.24}$$

$$F_k = \frac{4b_ka_k^3}{3}\left[1 - \frac{192a_k}{\pi^5 b_k}\sum_{i=1,3,5,\cdots}^{\infty}(-1)^{(i-1)/2}\frac{\tanh(i\pi b_k/2a_k)}{i^5}\right]. \tag{7.2.25}$$

其中 a_k, b_k 为各区段微通道的宽度和深度.

7.2.2 毛细管电泳通道接管流动的数值模拟

1. 求解双电层的模型选择

对于图 7.1.4 所示的流场进行数值模拟, 假设微通道由硅玻璃制造, 缓冲液是 KCl 溶液, 正负离子的平均浓度为 $C = 10.5 \sim 10.6M$[44], 电动分离距离为 $\kappa = 52$, 缓冲液黏度为 $\mu = 10.3N \cdot s/m^2$, 微通道深度与宽度比 $h/H = 1.3$, 电荷浓度的施密特数为常数 $(Sc = 105)$.

针对图 7.1.4 的左图, 在量纲为一距离 $x = 1.5$ 处存在 ζ 势的突变, 即在 $0 < x < 1.5$ 的区域 ζ 势为零, 而右边 $(1.5 < x < 3)$ 区域则有 ζ 势为 75mV. 文献 [44] 分别用 Poisson-Boltzmann 模型和 Nernst-Planck 模型计算静电荷密度层的厚度. 由于 Boltzmann 模型强制加了电荷分布的平衡条件, 不管流动的速度如何, 在右边加 ζ 势的区域的紧密层厚度都相等, 如图 7.2.2 实线所示, 这显然不合理. 相反, Nernst-Planck 模型的结果如图原点和方点所示, 由于速度不同, 即 Re 数不同, 在刚到 ζ 势发生突变的地方, 其紧密层的厚度会产生明显的差异, 其中速度越高则需要经过更长的过渡才能达到最大的厚度; 反之, 速度越小, 则很快就达到了最大厚度, 这样应该更加符合实际. Boltzmann 模型只在 Re 数为零的时候, 才与 N-P 模型的结果一致.

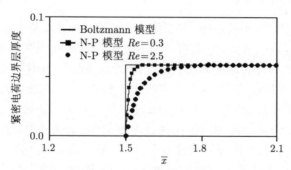

图 7.2.2 不同模型下紧密电荷边界层厚度的比较

这里同时还用 Poisson-Boltzmann 模型计算了沿微通道中心线的压力分布, 因为从整体的角度考虑, Poisson-Boltzmann 模型比较简单, 且仅忽略了 ζ 势产生突变处紧密静电荷边界层厚度的变化. 由图 7.2.3 可见, 在壁面电势产生突变的地方, 压力分布有个转折点, 左边壁面电势为零的区域, 压力慢慢下降, 而右边壁面电势大的区域, 压力反而略有上升, 其原因是沿程的压力分布与静电荷密度边界层有关, 高的壁面电势产生更强的双电层, 从而诱导出更高的电渗流速度, 这样在右边的大壁面电势的区域会产生大的流量. 但在横截面积不变的情况下, 这会与质量守恒原则相冲突, 所以只有存在一个正的压力梯度来减小流动速度, 才能满足连续性方程.

相反, 在左边没有壁面电势的情况下, 根据无滑移边界条件, 壁面附近的速度应该为零, 没有电渗流速度就没有流量, 这样也与质量守恒的原理相悖, 所以只有加一个负的压力梯度, 让左半边的速度增大, 才能满足连续性方程. 右半部分的电渗流使左半部分产生负压, 吸入流体. 另外一个值得注意的结论是出口处的压力反而比入口的压力高.

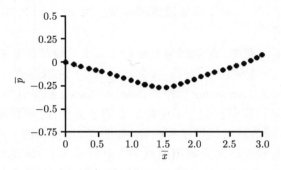

图 7.2.3　沿通道中央的压力分布 $(Re = 0.3)$

2. ζ 势突变时速度剖面的变化

首先, 针对图 7.1.4 的左图, 在量纲为一距离 $x = 1.5$ 处存在 ζ 势的突变, 即在 $0 < x < 1.5$ 的区域 ζ 势为零, 而右边 $(1.5 < x < 3)$ 区域则有 ζ 势为 75mV. 在此计算了 ζ 势突变处附近的速度分布状况如图 7.2.4 所示. 由图可知, 在 ζ 势为零的区域, 速度分布为抛物线, 但是在右边有较大 ζ 势的区域, 速度分布则产生了凹型, 这可以根据压力分布来解释, 由于在左半段有负压和负的压力梯度, 根据式 (7.2.11) 就可以产生与压力驱动流相同的抛物线速度剖面. 而在右半段, 由于 ζ 势比较大, 根据式 (7.2.10) 应该产生较大的速度和流量, 为了满足连续性方程, 必须诱导出正的压力梯度, 所以产生了壁面附近速度大而中间速度小的凹型速度分布.

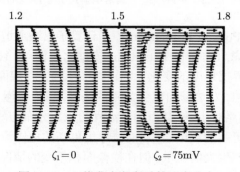

图 7.2.4　ζ 势发生突变时的速度分布

其次, 针对图 7.1.4 的左图, 在量纲为一距离 $x = 1.5$ 处存在 ζ 势的突变, 但 $0 < x < 1.5$ 区域的 ζ 势不为零, 而是有一个相对不大的值 30 mV, 在右边 ($1.5 < x < 3$) 区域同样有 75 mV 的 ζ 势, 所以左右两个区域流体所受的体积力不同. 图 7.2.5 是这种情况下的速度剖面图, 与图 7.2.4 相比, 可知左半段的速度分布形状不同, 图 7.2.4 是抛物线型而图 7.2.5 为塞型, 这是因为第二种情况施加了一定的 ζ 势, 所以速度剖面为典型的电渗流速度剖面, 同时压力梯度也将是正的压力梯度, 如图 7.2.6 所示. 图 7.2.5 中右半段的速度分布也为凹型, 与图 7.2.4 的情况几乎一样, 引起凹型速度剖面的原因也与前述的相同.

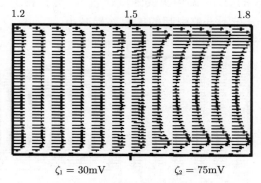

图 7.2.5   不同情况下 ζ 势发生突变时的速度分布

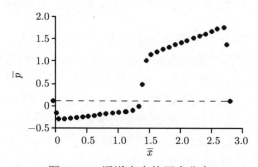

图 7.2.6   通道中央的压力分布

3. ζ 势和尺寸都变化时的速度剖面变化

前面的研究是针对 ζ 势发生突变的情况, 但在实际应用中还经常会出现有接管的情况, 这时不但 ζ 势产生突变, 几何尺寸也会产生突变, 这个问题涉及接管设计的合理性和电泳采样、分离质量特别是电泳检测的峰宽因素[50].

对图 7.1.4 的右图通道进行了数值模拟, 图 7.2.6 是通道中央的压力分布, 可见在入口和出口都有比较大的压力梯度, 这是由于在入口处的吸入效应, 使得在入口附近产生负压, 而在出口处由于射流效应产生了很大的压力降. 左半段的压力梯度比右半段的小, 因为左半段所施的ζ势小而右半段的ζ势大, 所以其诱导的压力梯度也是左小右大. 在ζ势突变处, 附近压力明显升高, 数值上明显比整个左或右半段产生的压力升高还大, 这是因为这里通道截面积发生了突变, 由于通道突然缩小, 诱导出很大的阻力, 从而产生很大的压力增加.

对图 7.1.4 右图数值模拟的速度分布如图 7.2.7 所示, 可见左半段的速度分布与图 7.2.5 的相同, 而右半段的速度分布则有明显的差异, 主要是凹型速度剖面中凹的程度比图 7.2.5 的要小, 即中央的速度比较大, 这有利于电泳分离质量的提高, 因为这时由于速度分布不一致引起的扩散差异减小.

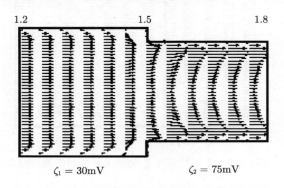

图 7.2.7 ζ 势和尺寸都变化情况下的速度分布

塞型速度剖面有利于电泳采样和分离效率的质量, 因为这时沿宽度方向速度梯度很小, 不会影响到样品液的对流和扩散, 为了了解接管附近壁面电势的变化和尺寸的变化对扩散的影响, 分别对几何尺度产生突然增大和突然减小的情况进行了数值模拟. 针对图 7.1.4 右图的微通道, 在有壁面电势突变时, 对通道突然增大、突然减小和不变三种情况, 计算了接管右端的速度沿通道宽度方向的分布, 结果如图 7.2.8 所示. 可见最大速度数值几乎相同, 因为三种情况具有相同的壁面电势. 但是, 最小速度却有明显差别, 其中突然变窄情况的中央速度最大, 突然变大情况的中央速度最小, 尺寸不变情况居中, 其原因是当通道突然变窄时, 产生了很大的正压力梯度, 迫使中央部分的流量增加以满足连续性方程, 从而中央的速度也必须增加; 相反, 如果通道截面突然变大, 会产生很大的负压力梯度, 从而必须减小中央区域的速度才能满足连续性要求. 根据质量守恒原则, 三种情况的速度剖面所围的面积应该相等, 这也可以解释以上速度变化的原因. 可见, 当通道有必要接管时, 如果壁面电势较大, 产生凹的速度剖面时, 通道尺寸的缩小有利于速度分布的均匀和减小样品的耗散, 从而提高电泳分离和采样的质量.

4. 叠加法所得结果与数值计算结果的比较

前面介绍了 Fourier 分析法和叠加法, 其方法的正确性有待于检验, 这里就对此进行分析和讨论.

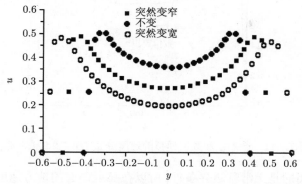

图 7.2.8　$x = 1.55$ 处不同通道尺寸变化情况下的速度分布

壁面电势和尺寸都变化的情况如图 7.2.9 所示, 对于叠加法计算, 由文献 [43] 的例子用式 (7.2.21) 计算速度分布, 其中的量纲为一系数为 $L=1$, $a=1$, $b=0.5$, $\zeta=2$, 对量纲为一化的压力差 $\Delta p = 0$、2、5 的情况进行计算. 对图 7.2.9 中左区数值模拟后的速度分布如图 7.2.10 所示, 可见数值模拟的结果和叠加法的结果有所差别, 由于

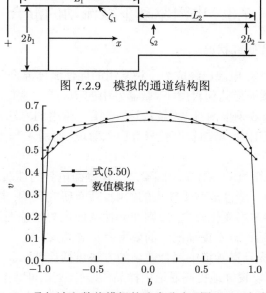

图 7.2.9　模拟的通道结构图

图 7.2.10　叠加法和数值模拟的速度分布 (图 7.2.9 左半部分)

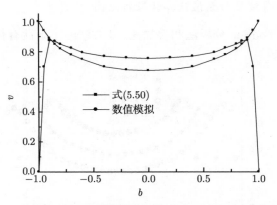

图 7.2.11　叠加法和数值模拟的速度分布 (图 7.2.9 右半部分)

数值模拟时采用的是无滑移边界条件, 所以在靠近壁面的地方速度为零, 而叠加法认为边界是有滑移的, 所以在边界上有一个速度. 根据叠加法, 速度的分布为抛物线, 但数值模拟的结果则显示基本为塞型. 对图 7.2.9 中右区数值模拟后的速度分布如图 7.2.11 所示, 数值模拟结果和叠加法的结果还是有明显的差异, 而且其特点也与图 7.2.10 类似, 但是偏离的方向不同, 即叠加法计算的通道中间速度和边界速度相差较大. 这种计算偏于保守, 在实际设计中可以用来估算壁面电势和通道尺寸都变化时的电渗流速度.

7.3　电渗驱动下微流动的混合

7.3.1　微流动混合研究状况

在微管道流动中, 电渗已经成为一种常用的促使流体混合并且同时进行输运的手段. 但是, 由于微流道几何尺度小, 微器件中的 Re 数非常低, 在这种器件中要想得到比较好的混合效果很困难. 为解决这一问题, 常用的方法是增加管道长度, 在微器件的小尺度范围内, 增加长度就只有引入弯道, 而引入弯道同样会带来其他问题.

电渗驱动下的微流动混合关键因素之一是壁面电势的性质, 即壁面电势一致与否能够对电渗流的一些性质产生较大的影响. 现有研究表明, 若在矩形截面微管道中的壁面上施以方波形变化的电势, 则在异性壁面电势的壁面附近会出现环流, 这有利于混合, 这一结论对于提高混合的效率有指导意义.

实际上, 用于提高微管道中混合效果的方法包括被动法和主动法. 很多几何形状复杂的微管道可以较好地提高通道中样品的混合效果, 但是由于工艺制作上的困难, 这种被动混合法的应用受到一定程度的限制. 因此, 最近一些学者转向采用主动混合的方法, 例如利用较大的电导率梯度, 使得流动震荡并且产生涡旋, 涡旋强度越高, 混合效果也就越好. 还可以采用交流的外加电场使流场变得不稳定, 从而提高混合效果. 现有研究还发现, 样品之间的接触面积越大, 它们之间的混合效果就越好, 这一结论直接的推论就是增加入口处管道的数目能够提高样品之间的混合效果, 但是从实用的角度看, 这不是一个很好的方法, 在实际应用中, 经常看到的是两个或三个入口的微器件.

在以往的研究中, 微管道的进口和出口对流场的影响没有很好地考虑. 为了更好地研究实际微管道中的混合情况, 在改变壁面电势分布的情况下, 很有必要考虑进口和出口对于微管道中样品混合的影响, 并且给出一个具有较高输运和混合能力的优化值.

7.3.2 控制方程

研究混合的微通道如图 7.3.1 所示, 矩形截面的通道宽度为 W, 高度为 H, 长度为 L. 假定流体不可压, 流场的动量方程为:

$$\rho(\boldsymbol{V} \cdot \nabla)\boldsymbol{V} = -\nabla p + \mu \nabla^2 \boldsymbol{V} + \boldsymbol{F}, \tag{7.3.1}$$

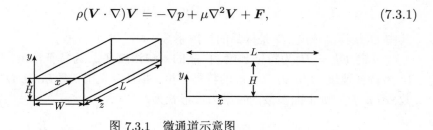

图 7.3.1 微通道示意图

式中 $\boldsymbol{V}$ 为速度矢量, p 为压力, ρ 和 μ 分别是流体的密度和黏性系数, $\boldsymbol{F}$ 为外力.

假设流场定常, 则方程中的速度仅是空间坐标的函数. 由于电场力的存在, 上式可以表达如下:

$$\rho(\boldsymbol{V} \cdot \nabla)\boldsymbol{V} = -\nabla p + \mu \nabla^2 \boldsymbol{V} + \rho_e \boldsymbol{E}, \tag{7.3.2}$$

式中 $\boldsymbol{E}$ 为电场强度, 表示为 $\boldsymbol{E} = \nabla \Psi$, Ψ 是总电势. ρ_e 为净电荷密度, ρ_e 与 Ψ 的关系如下:

$$\frac{\partial^2 \Psi}{\partial x^2} + \frac{\partial^2 \Psi}{\partial y^2} = -\frac{\rho_e}{\varepsilon \varepsilon_0}, \tag{7.3.3}$$

其中 ε 为电解液的相对介电常数, ε_0 为真空的介电常数.

一般而言, 外加电势 ϕ 和壁电势 ψ (由于壁面电势 ζ 及双电层的影响产生的) 对离子浓度有比较重要的影响. 总电势 Ψ 由 ϕ 和 ψ 组成, 然而, 双电层电势 ψ 只占总电势 Ψ 中很小的一部分. 因此, Debye 长度 λ_d 相对于管道的宽度非常小, 并且离子浓度主要受到壁面电势 ζ 的影响. 一般认为 $\Psi = \psi + \phi$, 因此公式 (7.3.3) 可以表达为:

$$\frac{\partial^2 \psi}{\partial x^2} + \frac{\partial^2 \psi}{\partial y^2} = -\frac{\rho_e}{\varepsilon \varepsilon_0}, \tag{7.3.4}$$

$$\nabla^2 \varphi = 0, \tag{7.3.5}$$

其中

$$\rho_e = -2 n_\infty z e \sinh\left(\frac{ze\psi}{k_{\mathrm{B}} T}\right), \tag{7.3.6}$$

其中 z 为离子的化合价, e 是基本电荷, n_∞ 为溶液中离子的数目, T 为溶液的绝对温度, k_{B} 为 Boltzmann 常数. 把公式 (7.3.6) 带入公式 (7.3.2) 可以得到:

$$\rho(\boldsymbol{V} \cdot \nabla)\boldsymbol{V} = -\nabla p + \mu \nabla^2 \boldsymbol{V} - 2 n_\infty z e \sinh\left(\frac{ze\psi}{k_b T}\right) \nabla(\psi + \phi). \tag{7.3.7}$$

电渗流中的样品混合受到对流和扩散的影响. 由于假定扩散为稳态的, 样品混合的基本方程为:

$$(\boldsymbol{V} \cdot \nabla)C = D(\nabla^2 C), \tag{7.3.8}$$

其中 C 是样品浓度, D 是样品的扩散系数.

设定 $D_h = H$ 为特征长度, 样品的入口浓度 C_m 为特征浓度, 平均轴向速度 U 为特征速度, $1/k$ 为双电层的特征厚度. 并且定义雷诺数 $Re = U D_h \rho / \mu$ 和施密特数 $Sc = \mu / D\rho$, 则上面参数的量纲为一形式为:

$$u^* = \frac{u}{U}, \quad C^* = \frac{C}{C_m}, \quad \psi^* = \frac{ze\psi}{k_b T} \quad , \quad E_x^* = \frac{E_x L}{\zeta},$$

$$x^* = \frac{x}{d_h}, \quad y^* = \frac{y}{d_h}, \quad \varphi^* = \frac{ze\phi}{k_b T}, \quad p^* = \frac{p - p_{atm}}{\rho U^2}.$$

其中 ζ 为壁面上的电势值, p_{atm} 为大气压.

公式 (7.3.4)、(7.3.5)、(7.3.7) 和 (7.3.8) 量纲为一化后分别表示如下 (略去 "*"):

$$\nabla^2 \psi = (k d_h^2) \sinh(\psi), \tag{7.3.9}$$

$$\nabla^2 \varphi = 0, \tag{7.3.10}$$

$$(\boldsymbol{V} \cdot \nabla)\boldsymbol{V} = -\nabla p + \frac{\nabla^2 \boldsymbol{V}}{Re} + G_x \sinh(\psi)\nabla(\psi + \varphi), \tag{7.3.11}$$

$$(\boldsymbol{V} \cdot \nabla)C = \frac{\nabla^2 C}{Sc \cdot Re}, \tag{7.3.12}$$

其中 $k = (2 n_\infty z^2 e^2 / \varepsilon \varepsilon_0 k_b T)^{1/2}$, k^{-1} 为双电层厚度 λ_d, $G_x = 2 n_\infty k_b T / \rho U^2$.

7.3.3 边界条件

进行数值模拟时采用如下的边界条件: 进口处 $(x=0)$ 有 $\partial\psi/\partial x=0$, $\phi=\phi_{in}$, $\partial u/\partial x=0$, $\partial v/\partial x=0$, $p=0$, $C=C(y)$. 出口处 $(x=L/D_h)$ 有 $\partial\psi/\partial x=0$, $\phi=\phi_{out}$, $\partial u/\partial x=0$, $\partial v/\partial x=0$, $p=0$, $\partial C/\partial x=0$. 在沿 x 方向的壁面上 $(y=0$ 或者 $y=1)$ 有 $\psi=\zeta(x)$, $\partial\phi/\partial y=0$, $u=0$, $v=0$, $\partial C/\partial y=0$. 在沿 y 方向的壁面上 $(y=0$ 或者 $y=1)$ 有 $\psi=\zeta(x)$, $\partial\phi/\partial x=0$, $u=0$, $v=0$, $\partial C/\partial x=0$.

考虑到矩形截面微通道中 $W/H\gg 1$, 数值模拟的区域选定图 7.3.1 中的二维区域, 它是 $z=W/2$ 时的 x-y 截面. 对于上述控制方程的求解采用有限体积法, 先是求解方程 (7.3.9) 和 (7.3.10), 分别得到微管道中的壁面电势和外加电场的分布, 然后求解方程 (7.3.11) 得到充分发展的流场, 再隐式求解方程 (7.3.12), 从而得到稳态样品混合的情况.

7.3.4 计算结果及讨论

对图 7.3.1 所示的微管道中稳态混合的情况进行数值模拟, 微管道的材料为硅玻璃, 其中 H =100μm, L =10mm. 由于管道的宽度远大于高度, 方程可以进行简化, 微管道中的缓冲液为水, 其物理性质为 ε=80, ε_0=8.85×10^{-12}CV^{-1}m^{-1}, μ =1.003×10^{-13}kgm^{-1}s^{-1},ρ=998.2kg/m^3, 样品的扩散系数 D =10^{-11}m^{2}s^{-1}, 流场特征速度 U =1ms^{-1}. 经过多次试算对比, 确定合适的网格划分.

模拟时管道进口处电压 ϕ_{in} =0, 出口处电压 ϕ_{out} =200V, 壁面电势呈图 7.3.2 所示的周期性阶梯状变化, 其中 ψ_p 表示正电势, ψ_n 表示负电势, 并且 L_p 和 L_n 分别为它们在壁面上所占的长度, 模拟中 L_p:L_n =1:1. 为了避免在出、入口处发生回流, 进口和出口处的壁面电势都为正值, 且上下壁面电势的净值为正. 模拟中设定正壁面电势数量恰好比负壁面电势数量多 1. 为便于描述问题, 定义一些量纲为一量, 量纲为一频率 $f=L/2L_p$, 描述壁面电势分布周期性, 其值越大说明壁面电势的分布变化越快; 量纲为一理想浓度 C_{ideal} =1.0$H_1V_{avg1}/(H_1V_{avg1}+H_0V_{avg0})$, 描述样品进行完全混合后在出口处的量纲为一浓度值, 其中 1.0 表示入口处样品浓度的量纲为一值, H_1 为其对应的入口量纲为一长度, V_{avg1} 为对应的入口量纲为一速度, 其余关于浓度为 0 的变量其含义可类推得到; 量纲为一流量 Q =$u(y)$×1.0, 其大小

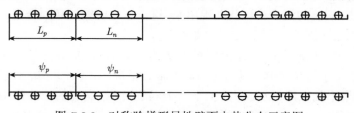

图 7.3.2 对称阶梯形异性壁面电势分布示意图

可以描述微管道输运样品的能力, 该值越大, 说明输运能力越强, 其中 1.0 表示管道高度量纲为一化后的值; 混合效率 $Mix\_eff = \left(\int_l |C - C_{ideal}|\mathrm{d}l \right)/(l \times C_{ideal})$, 其大小可以描述微管道混合样品的能力, 该值越小, 说明出口处的样品混合效果越好.

这里的数值模拟对以下两种情况进行, 首先是改变量纲为一频率 f, 从而考查异性壁面电势分布的变化频率对 Mix_eff、C_{ideal} 和 Q 的影响. 其次, 对于特定壁面电势分布的情况, 改变进口处浓度的分布情况, 然后对比混合效果. 其中, 两进口器件对应的样品进口边界条件为: $y \geqslant 0.5$ 时 $C=1$, 其他 $C=0$. 三进口器件对应的样品进口边界条件为: $0.75 \geqslant y \geqslant 0.25$ 时 $C=1$, 其他 $C=0$.

图 7.3.3 是速度矢量图, 由 (a) 可以看出, 速度矢量呈周期性变化, 变化周期与壁面电势的变化周期一致. 由 (b) 可以明显看到, 在具有负电势的壁面附近有涡旋存在, 并且关于管道的轴线上下对称, 其长度基本与其临近的具有负电势壁面长度基本相同, 而它沿 y 向的横向长度相比管道的高度 H 要小的多. 这些涡旋对于样品的混合有非常重要的作用.

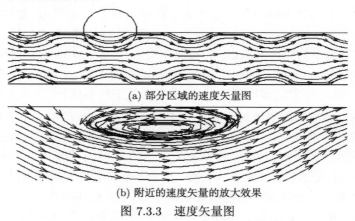

(a) 部分区域的速度矢量图

(b) 附近的速度矢量的放大效果

图 7.3.3　速度矢量图

图 7.3.4 给出流量与频率的关系, 可以看出, 随着频率 f 的增大, 流量 Q 是递减的, 且这种递减的幅度逐渐减少, 这说明其输运能力随着壁面电势分布频率的增加逐渐降低, 但是幅值越来越小, 当频率达到大约 80 以后, 输运能力基本保持恒定. 由于 ψ_n 的大小是固定的, 从而它们附着的壁面附近的速度大小是固定的, 因此随着 Q 的减小, 涡旋的混合作用就凸现出来, 这一点说明输运和混合是一对矛盾的两个方面, 可以根据实际需要选定一个最佳值.

图 7.3.5 中的 (a)、(b)、(c) 分别对应 f 为 5.5、25.5、80.5 时的三进口微管道中的样品混合, (d) 为 $f=80.5$ 时两进口时的混合情况. 由 (d) 可知, 对于两进口的情况, 混合效果不是很好, 这是因为上下两个涡旋对称, 涡旋的搅拌作用只是局限在样品内部. 而由 (a)—(c) 可知, 样品在微管道中周期性地舒张和挤压, 其周期与壁

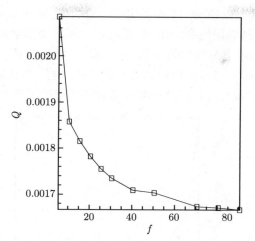

图 7.3.4 量纲为一流量 Q 与量纲为一频率 f 的关系

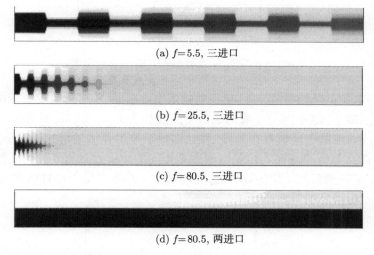

(a) $f = 5.5$, 三进口

(b) $f = 25.5$, 三进口

(c) $f = 80.5$, 三进口

(d) $f = 80.5$, 两进口

图 7.3.5 不同量纲为一频率 f 时样品的混合情况

面电势的分布周期一样, 这是因为当 f 较小时, 涡旋的横向尺度很小, 它会对管道中间的样品起到挤压的作用, 而在具有正电势的壁面附近没有涡旋, 这种压缩作用就消失了, 从而样品又舒张开. f 较小时, 样品在管道中舒张的体积比较大, 而 f 较大时, 舒张体积较小, 这是因为舒张的体积对应 L_p 的大小, 而 L_p 随着 f 增大而减小. f 较小时, 样品混合效果较差, 而 f 较大时, 样品在较短的距离内就达到了很好的混合效果, 这是因为随着 f 的增加, Q 减小, 壁面附近存在的涡旋进行混合的能力增强. f 足够大时, 在出口处都能达到一种比较均匀的混合效果, 但 f 很小时, 很难达到这种效果. 这一点说明, 只要 f 达到一定的值, 就可以有比较好的混合效果. 对应其他 f 的混和结果图没有给出, 但是它们的混合情形可以从上面的描述推知.

　　图 7.3.6 是理想浓度与频率的关系, 可以看出, 随着 f 增大, 出口处的浓度混合更为均匀. 但是不同 f 对应的出口浓度平均值不一样, 并且这个平均值随着 f 的增加而递减, 这是因为入口处样品和缓冲液对应的速度值不同.

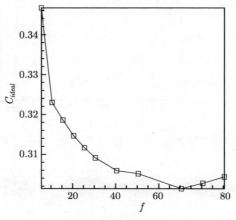

图 7.3.6　C_{ideal} 与量纲为一频率 f 的关系

　　图 7.3.7 是不同频率情况下, 出口处的浓度分布曲线, 可见随着 f 的增加, C_{ideal} 基本上逐渐减小, 这不同于一般两进口 C_{ideal} 恒为 0.5 的情况, 这是因为入口处样品和缓冲液对应的速度值存在差异, 并且这种差异随着 f 的增加而减小, 而两进口微器件的样品与缓冲液在入口处的速度是相同的. 从上面的分析可以得到一个重要的结论, 即若想得到一定的混合比, 可以改变入口处样品与缓冲液对应的速度值, 或者是入口处样品的分布.

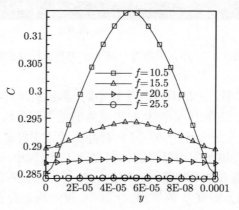

图 7.3.7　不同频率下出口处浓度分布曲线

图 7.3.8 是混合效率与频率的关系, 可以看出, 随着 f 的增加, 混合效率是逐渐降低的, 这说明对于同一个微器件, 尽管其中的样品都能进行充分混合, 但随着 f 的增加, 越来越难达到理想的混合浓度值 C_{ideal}, 这是因为那些小的涡旋会使部分样品滞留在涡旋里面, 而涡旋的强度越大, 它所能限制住的样品就越多, 从而使得出口处的样品越来越少于入口处样品. 在频率接近 100, 也就是 L_p 和 L_n 之和正好为管道的高度 H 时, 混合效率基本固定为 0.94.

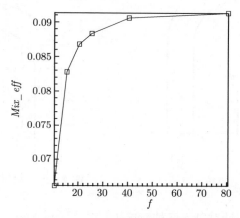

图 7.3.8 混合效率 Mix_eff 与量纲为一频率 f 的关系图

通过以上分析可知, 为了得到一个最佳的混合器件, 就必须同时考虑器件的混合和输运的能力. 就混合能力而言, 从对图 7.3.5、图 7.3.6、图 7.3.8 的分析可知, 当频率比较高时, 样品都能达到比较好的混合效果, 但 f 越大越难达到对应的理想浓度值, 所以对于混合能力, f 有一个上限. 就输运能力而言, 对图 7.3.4 的分析可知, 在 f 比较低的情况下, 输运能力比较强, 所以 f 越小越好. 综合考虑微器件的混合和输运能力, 当 f 为 20.5 时, 根据表达式 $2L_p = 100H/20.5$, 可以得出 $2L_p:H = 4.88$, 这个表达式的物理意义是, 当壁面电势每个周期的长度等于大约 4.88 倍的管道高度时, 微器件的混合和输运综合能力达到最佳值.

7.4 电渗驱动弯道流中微流动的混合

7.4.1 基本参数

这里数值模拟如图 7.4.1 所示的弯道流中样品的混合, 微管道的材料为玻璃, 其中 $H = 100\mu m$, $l = 1mm$, 弯道半径 r 可以变化. 微管道中的缓冲液为水, 它的物理性质为 $\varepsilon = 80$, $\varepsilon_0 = 8.85 \times 10^{-12} CV^{-1} m^{-1}$, $\mu = 1.003 \times 10^{-3} kg m^{-1} s^{-1}$, $\rho = 998.2 kg/m^3$, 样品的扩散系数 $D = 10^{-10} m^2 s^{-1}$, 流场特征速度 $U = 1 mm s^{-1}$.

管道的进口处电压 ϕ_{in} =1000V, 出口处电压 ϕ_{out} =0. 如图 7.4.2 所示, A、B、C、D 四块虚线围成的区域代表负电势分布的四种可能的位置. 壁面电势在虚线区域中为 ψ_n, 其他区域为 ψ_p, 其中 ψ_p 表示正电势, ψ_n 表示负电势, 在数值模拟中, ψ_p 恒为 0.05V, 而 ψ_n 可以变化.

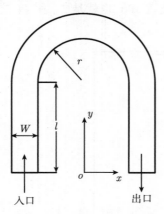

图 7.4.1　弯道流场示意图

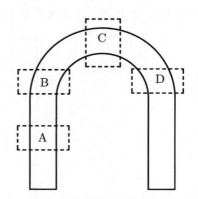

图 7.4.2　异性壁面电势分布示意图

这里的模拟主要针对以下三种情况进行.

(1) 当 $r:W$ =5:1, ψ_n =−0.25V 时, 改变弯道量纲为一半径 r, 从而研究弯曲程度对 Mix_eff、C_{ideal} 和 Q 的影响. 其中关于四个壁面改性的区域定义如下:

A: $x < 0, \dfrac{l}{2W} < y < \dfrac{l}{2W} + \dfrac{r+W}{5W}$,

B: $x < -\dfrac{4(r+W)}{5W}, y > \dfrac{l}{W}$,

C: $-\dfrac{(r+W)}{10W} < x < \dfrac{(r+W)}{10W}, y > \dfrac{l}{W}$,

D: $x > \dfrac{4(r+W)}{5W}, y > \dfrac{l}{W}$.

(2) 在如图 7.4.2 所示 B 区域改性的情况下, 当 $r:W$ =5:1 时, 改变 ψ_n, 从而研究它与 Mix_eff, C_{ideal} 和 Q 的关系.

(3) 在如图 7.4.2 所示 B 区域改性的情况下, 当 ψ_n =0.25V, 改变 $r:W$, 从而研究它对 Mix_eff, C_{ideal} 和 Q 的影响.

7.4.2　计算结果及讨论

由图 7.4.3 (a)—(g) 可以看出, 在改性后的壁面附近存在涡旋, 利用这种涡旋就可以在一定程度上对流体样品进行拉伸和折叠, 从而增加样品之间的接触面积, 进而达到快速混合. 另外, 可以看出 (a)、(e) 中的涡旋区域基本都是对称的, 而 (c)、(g)

中的涡旋都是不对称的, 并且在涡旋尺寸上存在明显的差别.

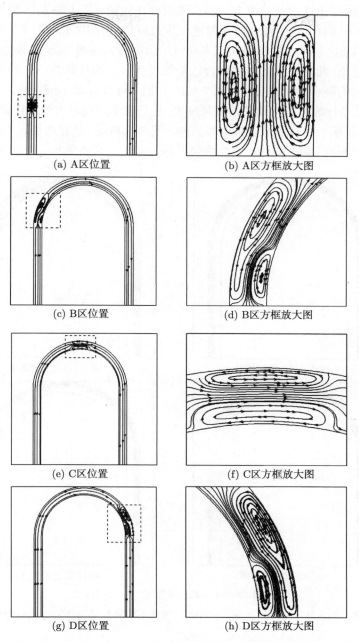

(a) A区位置　　　　　　　　　(b) A区方框放大图

(c) B区位置　　　　　　　　　(d) B区方框放大图

(e) C区位置　　　　　　　　　(f) C区方框放大图

(g) D区位置　　　　　　　　　(h) D区方框放大图

图 7.4.3　当 $r{:}W$=5:1 和 $\psi_n = -0.25\mathrm{V}$ 时各种不同异性壁面电势分布对应的流场

由图 7.4.4 (a)—(d) 可见, B 和 D 区域改性后的弯道中的混合效果都很明显, 而 A 和 C 区域改性后的弯道中的混合效果都比较差. 尤其是 A 区域改性后, 基本没有混合. 可以对上述的混合效果做进一步的解释, 由图 7.4.3(b)、(f) 可以看出, 相邻的两个涡旋区域都是被局限在它本身对应的样品的内部, 因而都不能增强样品之间的交互流动, 此时样品之间的混合还是仅仅靠有限的接触面积上的分子扩散, 从而导致了它们混合的不充分. 从图 7.4.3(d)、(h) 可以看出, 一般而言, 靠近外弯道的涡旋尺度要比靠近内弯道的涡旋尺度大, 且外弯道涡旋对内弯道涡旋有一定挤压作用, 这就说明一种样品可以挤压到另外一种样品中去, 从而增加它们的横向流动, 并且接触面积也会随之增加, 最终增强样品之间的混合效果.

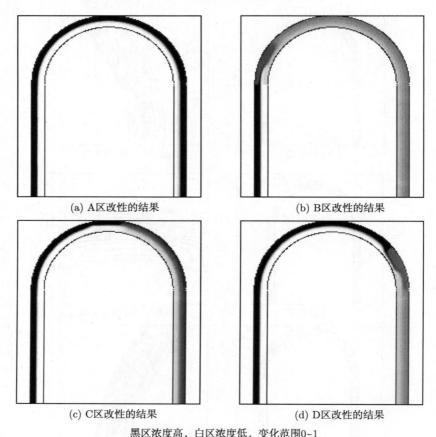

(a) A区改性的结果　　　　　　　　　　　　　(b) B区改性的结果

(c) C区改性的结果　　　　　　　　　　　　　(d) D区改性的结果

黑区浓度高, 白区浓度低, 变化范围0~1

图 7.4.4　当 $r{:}W{=}5{:}1$ 和 $\psi_n{=}{-}0.25\text{V}$ 时各种不同异性壁面电势分布对应的浓度场

根据图 7.4.5 (a) 可知, A 区或者是 C 区进行壁面改性后, 其对应的出口处浓度分布曲线比 B 区或者是 D 区进行壁面改性后的情形要平缓, 这说明 A、C 区域改性后的样品混合比较均匀. 从图 7.4.5 (b) 可以看出, A 区或者是 C 区进行壁面改性后, 对应的量纲为一流量要比 B 区或者是 D 区进行壁面改性后的情形大一些, B 区或者是 D 区进行壁面改性后所对应的量纲为一流量基本一致, 并且 A 区改性后对应的量纲为一流量最大. 从图 7.4.5 (c) 可以看出, A 区或者是 C 区进行壁面改性后, 对应的混合参数 Mix_eff 要比 B 区或者是 D 区进行壁面改性后的情形大, 并且 A 区改性后的情形最大.

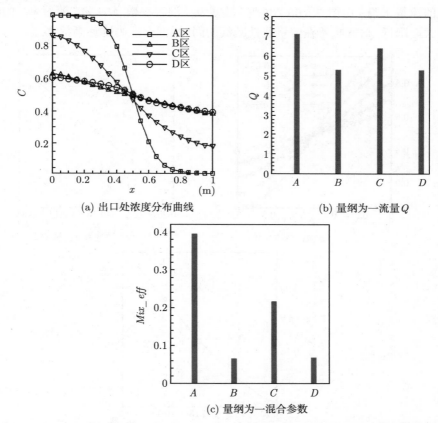

(a) 出口处浓度分布曲线

(b) 量纲为一流量 Q

(c) 量纲为一混合参数

图 7.4.5 当 $r{:}W{=}5{:}1$ 和 $\psi_n{=}-0.25\text{V}$ 时各种不同异性壁面电势分布对流场的影响

结合图 7.4.5 (b) 和 (c), 可以看出图 7.4.2 所示的四个壁面改性的方式中, A 方式具有最高的样品输运能力, 但是它的混合能力也最差. C 方式具有比较适中的输运和混合能力. B 方式和 D 方式具有很高的样品混合能力, 但它们的样品输运能力很差. 另外可以发现, $(Q(\text{D})-Q(\text{B}))/Q(\text{B})=-0.00171$ 和 $(Mix\_eff\,(\text{D})-Mix\_eff\,(\text{B}))$ $/Mix\_eff(\text{B})=0.039475412$, 其中 $Q\,(\text{D})$ 为方式 D 对应的量纲为一流量, 其他的相近变量可以同样定义.

上面的数值计算表明, 方式 D 具有的输运能力和混合能力比 B 方式对应的分别高出 0.17 和 3.94 个百分点. 在此情况下, 可以推断出方式 B 对应的样品输运和混合的综合能力最高.

由图 7.4.6(a) 可以看出, 出口处样品混合的均匀性随着 ψ_n 的绝对值增大而提高, 并且当 $\psi_n = -0.2$V 时, 样品混合的均匀性已相当好. 从图 7.4.6(b) 可以看出, 量纲为一流量随着 ψ_n 的绝对值增大而线性降低, 这是由于改性后壁面处的逆向流动导致的流量下降. 由图 7.4.6(c) 可见, 量纲为一混合参数 Mix_eff 随着 ψ_n 的绝对值增大而降低, 这意味着在流量线性减低的同时, 混合能力则逐渐提高.

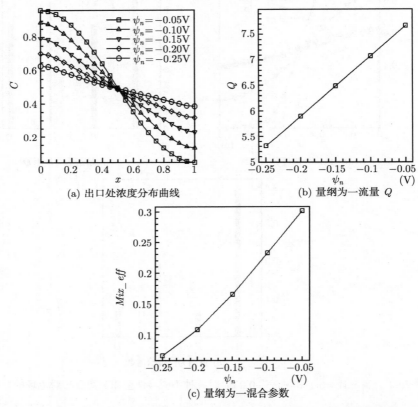

(a) 出口处浓度分布曲线   (b) 量纲为一流量 Q

(c) 量纲为一混合参数

图 7.4.6   当 $r{:}W$=5:1 壁面利用 B 方式进行改性时异性壁面电势对流场的影响

另外, 当 ψ_n 从 -0.25V 变化到 -0.05V 时, 可以计算得出样品的输运能力提高了 44.3%, 而它的混合能力下降了 358%, 这说明异性壁面电势的变化对于样品混合能力的影响要大于它对样品输运能力的影响. 因此, 在进行高效微混合器的设计时, 要注意 ψ_n 对流量的影响, 因为混合能力很容易得到满足.

由图 7.4.7(a) 可以看出, 当 $r{:}W$ 足够大时, 出口处样品混合得比较均匀. 从图

7.4.7(b) 可见, 量纲为一流量随着 $r{:}W$ 的增加而降低, 这是因为当地的电场强度与 $r{:}W$ 成反比关系, 当地流速的降低导致流量的降低. 由于涡旋强度与当地电场强度成正比, 它会随着 $r{:}W$ 的增加而降低, 这就导致混合效果下降. 另外, 由于当地流速的降低, 样品流过弯道所需的时间增加, 从而增强了混合效果, 并且根据前面对区域 D 的定义可知, 涡旋的区域与 $r{:}W$ 成正比, 随着 $r{:}W$ 的增加, 可以有更大的涡旋面积, 进而得到更好的混合效果.

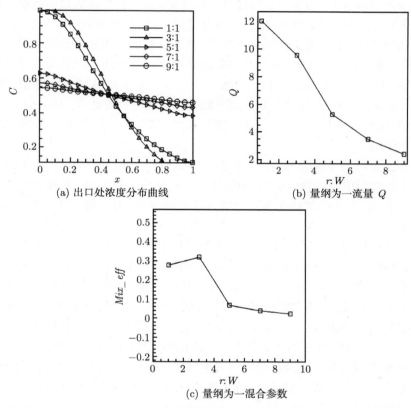

(a) 出口处浓度分布曲线 (b) 量纲为一流量 Q

(c) 量纲为一混合参数

图 7.4.7 当 $\psi_n = -0.25\text{V}$ 且壁面利用 B 方式进行改性时 $r{:}W$ 对流场的影响

由前面的分析可知, $r{:}W$ 的增加对于混合效果有正面和负面的影响, 这可以从图 7.4.7(c) 看出, 样品的混合能力先是随着 $r{:}W$ 的增加而降低, 然后再增加, 这两种趋势的分界点为 $r{:}W = 3{:}1$. 从图 7.4.7(c) 还可以看出, 当 $r{:}W$ 大于 5 时混合效果已经比较理想.

结合图 7.4.7(b) 和图 7.4.7(c), 由计算可知, 当 $r{:}W$ 从 1 到 9 变化时, 样品的输运能力下降了 80%, 而样品混合能力提高了 92%, 这就说明微弯道的 $r{:}W$ 变化对于样品的输运和混合能力有着基本同样的影响, 进而可以认识到 $r{:}W$ 的变化对于高效微混合器的优化不是非常重要.

7.5　电渗驱动下微流动的分离及弯道效应的消除

7.5.1　微流动分离及弯道效应

在微流体系统中, 经常需要对样品进行分离, 为了在有限的微小面积上取得较长的分离长度, 往往需要引入弯道. 当样品流经弯道时, 样品条会发生变形, 进而增加了样品的带宽, 而这对于检测是不利的, 甚至会抵消增加分离长度所带来的有利因素. 现有研究表明, 弯道引起的样品扩散是由于内外径的差异以及电场强度的差异造成的, 对于一个具有 $\Delta\theta$ 角、中线半径为 R、宽度为 W 的弯道, 引起的样品变形为 $2w\Delta\theta$. 另外, 在快速扩散限制下的轴向扩散可以表达为 $(D_{eff}\tau)^{1/2} \propto (E\mu_E w^4\Delta\theta/(RD))^{1/2}$, 其中 D_{eff} 为有效扩散系数, D 为分子扩散系数, τ 是样品流过弯道所需的时间.

减少由于弯道导致的样品轴向扩散是研究的一个重点. 一般而言, 有两种方法可以减少由弯道引起的轴向扩散, 即优化弯道几何形状和改变壁面电势的分布和大小. 实际上, 已有一些优化几何形状的方法已经提出, 并且取得了一定的效果. 但是, 由于对复杂几何形状的弯道加工比较耗时, 并且对加工技术的要求也很高, 所以这个方法的应用受到了限制. 于是, 改变壁面电势的分布和大小就成了关注的焦点, 该方法可以很好地减小弯道中的样品条的轴向扩散. 毛细管电泳中的理论塔板数可以表示为 $N \equiv L^2/\sigma^2 = (\mu_{eo}+\mu_{ep})V/2D = N_{max}$, 其中 μ_{eo} 和 μ_{ep} 分别为电渗淌度和电泳淌度, V 为管道两端的电压差值. 另外, 样品分离过程中, 假如两个样品条要很好地分辨出来, 必须满足 $\Delta\mu > 4\mu_{avg}/\sqrt{N}$, 其中, $\Delta\mu$ 是两种物质之间的淌度之差, μ_{avg} 是两种物质淌度的算术平均值. 从以上表达式可以看出, 对于两种淌度相近的物质, 若想很好地被分辨, 就要求理论塔板数 N 要比较大才行, 而通过 N 与外加电压的关系可知, 当外加电场比较大时, 两种电泳淌度相近的物质才能比较好地被分辨.

一般的芯片电泳的通道两端, 所加的电压为几千伏每米, 在这样高的电压下, 很容易产生焦耳热, 使得微管道中的流体温度升高, 并且产生径向和轴向的温度梯度, 这些因素都会加速样品的轴向扩散, 从而使得检测效果降低. 研究发现, 在电泳通道末端的速度剖面是凸起的, 这不是径向温度梯度引起, 而是由于热端效应导致的负压力梯度所引起. 这种凸起的速度剖面也会在一定程度上增强样品的轴向扩散, 因此在芯片电泳中需要将这种速度剖面修正成为塞状. 目前, 一般都是单独考虑焦耳热或者弯道对样品扩散的影响, 而没有综合考虑它们的整体影响. 因此, 这里将考虑它们的综合效果, 进而给出一种较好的方法来降低电渗流驱动的弯道中样品的轴向扩散.

7.5.2 弯道效应的数学模型

为了研究弯道效应, 可以利用跟随流体运动的粒子在弯道中的速度分布进行研究, 通过粒子的对流运动来体现弯道效应. 假定在通道上游某位置释放若干粒子, 这些粒子对流场没有作用, 则粒子运动方程为,

$$\frac{\mathrm{d}\boldsymbol{X}}{\mathrm{d}t} = \boldsymbol{V}, \qquad (7.5.1)$$

式中 $\boldsymbol{X}$ 表示粒子的位置, $\boldsymbol{V}$ 为当地流速. 若每一个粒子的位置都已知, 那么可以通过粒子群的分布来说明粒子的离散情况, 从而了解弯道效应. 为了定量描述粒子群的这种离散情况, 在这里引进粒子的轴向坐标 S_p 如图 7.5.1 所示, 对于处在槽道中任意位置的粒子 P, 将其投影到槽道轴线 P' 点上, 则 P' 点到原点 O 的距离 S_p 定义为粒子 P 的轴向坐标.

粒子的轴向坐标为描述粒子的分布提供了统一的参考标准. 假定在槽道上游某位置释放 $2N+1$ 个粒子, 可以定义粒子群的离散率 DIS 和对称率 SYM 分别为:

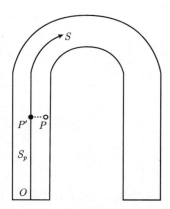

图 7.5.1 粒子轴向坐标示意图

$$DIS = \frac{\sum_{n=1}^{n=2N+1} (S_{\max} - S_n)}{2N+1}; \quad SYM = \frac{\sum_{n=1}^{n=N} |S_n - S_{2N+2-n}|}{N} \qquad (7.5.2)$$

式中 $S_{\max}$ 是所有粒子中最大的轴向坐标. 由离散率和对称率的定义式知道, DIS 可以用来描述粒子群的离散程度, 取值越小说明粒子群分布越紧凑; SYM 可以用来描述粒子群的对称程度, 取值越小说明粒子群沿轴向的对称性越好. 因此, 为了消除弯道效应, 总是希望 DIS 和 SYM 越小越好, 优化弯道设计的过程就是使 DIS 和 SYM 最小化的过程.

7.5.3 弯道效应的显示

先考察直槽道中的情况. 图 7.5.2 给出了在 Poiseuille 流中不同时刻粒子跟随流体运动的分布. 可以看到, 当 $t=120$ 时, 粒子之间的间距已经很大, 离散率约为 1.5, 原因是中心的流体速度大于壁面附近的速度, 沿槽道横向的速度梯度较大.

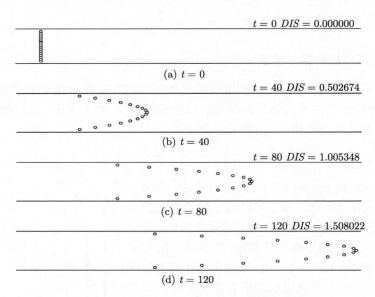

图 7.5.2　Poiseuille 流中的粒子跟随运动

同样, 让粒子在电渗流中作跟随运动, 图 7.5.3 记录了不同时刻槽道中的粒子

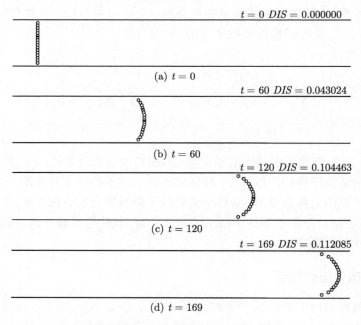

图 7.5.3　电渗流中的粒子跟随运动

分布. 和图 7.5.2 相比, 显然粒子的分布紧凑得多, 离散率仅为前者的 7% 左右. 因此采用电渗流驱动样品, 可以保证高效率的传输及分离, 这也正是电渗流自身最大的优势.

然而在弯道中, 采用电渗流驱动样品则会出现弯道效应, 这种现象可以通过图 7.5.4 所示的粒子运动表示出来. 如图所示, 当粒子群进入到弯道时, 由于内壁面附近的速度大于外壁面附近的速度, 而且越靠近内壁面其运动路程越短, 因此, 靠近内壁面上的粒子会超越到外壁面附近的粒子前面, 经过弯道后便会出现图 7.5.4 (d) 所示的粒子分布, 此时离散率约为 1.38. 很显然, 弯道的引入使得粒子的离散率增大许多, 这不利于样品的传输与分离.

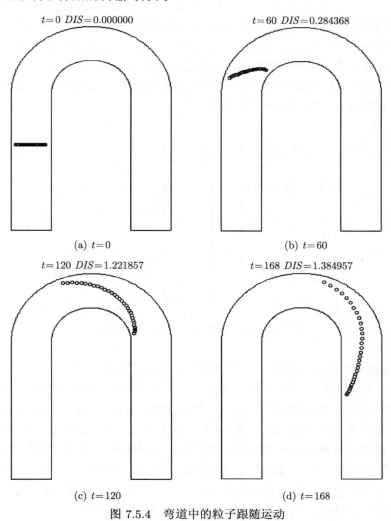

$t=0 \ DIS=0.000000$ $t=60 \ DIS=0.284368$

(a) $t=0$ (b) $t=60$

$t=120 \ DIS=1.221857$ $t=168 \ DIS=1.384957$

(c) $t=120$ (d) $t=168$

图 7.5.4   弯道中的粒子跟随运动

7.5.4　消除弯道效应的新方法

这里立足于弯道中电渗流的数学模型来消除弯道效应, 希望通过改善弯道部分壁面电荷电势分布来改变速度分布, 即通过速度分布的差异来消除或尽可能减小内外壁面上的迁移长度的差异, 从而达到抑制弯道效应的目的. 这种方法不需要改变弯道的形状, 因此不存在加工工艺方面的困难.

经过大量试算, 同时考虑到具体实施的难度, 改善的 ζ 电势分布如图 7.5.5 所示, 在内壁面上, 从 A 到 F 线性增加, F 到 B 线性减少. 而在外壁面上从 C 到 E 线性减少, E 到 D 线性增加. 为方便计算, 同时不失一般性, 假定内壁面上电势分布范围为 $-1 \sim 0$, 外壁面上电势分布范围是 $-1 \sim \zeta_{\min}$, 其中 $\zeta_{\min}$ 是未知量, 需要在优化过程中予以确定. 这样, 内壁面上的 ζ 电势分布是已知的, 对于外壁面, 除了 E 点之外的壁面电势 $\zeta_{\min}$ 也是已知的. 由 7.5.2 知, 优化弯道壁面电势的过程是使式 (7.5.2) 最小化的过程, 因此 $\zeta_{\min}$ 的取值就是保证 DIS 与 SYM 最小. 当然, 也可以使内壁面上 F 点的壁面电势为未知, 那么就存在两个未知量, 求解过程就将复杂一些, 但是优化思想和过程是类似的.

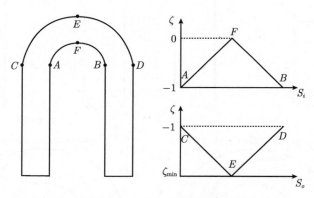

图 7.5.5　弯道部分内外壁面 ζ 电势的分布

采用这个方法的关键在于能否改变和控制通道壁面上的 ζ 电势. 这在过去是很困难的, 但是近年来的许多研究表明, 可以通过多种方法改变壁面电势, 如改变缓冲液的 pH 值, 增加缓冲添加剂, 改变通道壁面的性质 (通道壁面涂层、激光打磨等) 以及沿通道横向施加电压等, 其中后两种方法可以用来改变当地的壁面电势. 近年来, 通过施加横向电压来改变通道壁面 ζ 电势的研究取得了很大进展, 现有研究表明, 只要沿通道横向施加几十伏特的电压就可以控制壁面上的 ζ 电势.

综上所述, 虽然改变通道壁面的 ζ 电势这一项研究还需深入和完善, 但是足以证明这里提出的消除弯道效应的新方法是可行和有效的.

7.5.5 最优化设计

由以上内容可知, 为了从最大程度上消除或减小弯道效应, 必须对壁面电势的分布进行最优化设计. 采用 7.5.4 所假定的 ζ 电势分布, 最优化设计过程就是不断改变外壁面上的电势分布即 $\zeta_{\min}$, 计算出弯道中的速度场, 得到离散率及对称率, 给出 DIS 和 SYM 与 $\zeta_{\min}$ 之间的变化关系, 找到它们取值最小时对应的 $\zeta_{\min}$, 则最优化过程结束. 然而, 对于同一个 $\zeta_{\min}$, 往往很难同时满足 DIS 和 SYM 都取最小值, 因此, 为了综合考虑二者因素, 需要定义另一优化参数 OPM:

$$OPM = w_1 \cdot DIS + w_2 \cdot SYM, \tag{7.5.3}$$

其中 w_1, w_2 为加权系数. 因此最优化设计过程就转化为寻找 $\zeta_{\min}$, 使得优化参数 OPM 取最小的过程.

最优化设计的具体过程如下:

(1) 在 ζ 电势分布均匀的情况下确定通道中的完全电渗流条件, 即 α, β;

(2) 采用 7.5.4 假定的 ζ 电势分布, 估算 $\zeta_{\min}$ 的取值范围, 给出有限个 $\zeta_{\min}$ 值;

(3) 针对不同的 $\zeta_{\min}$ 值, 计算出通道中的电渗流场, 然后根据式 (7.5.1), 得到粒子在通道内的运动轨迹, 则 DIS 和 SYM 可确定;

(4) 通过式 (7.5.3) 得到 OPM, 做出 $\zeta_{\min}$ 与 OPM 之间的曲线图, 从图中找到优化参数 OPM 最小值对应的 $\zeta_{\min}$, 则弯道部分壁面上 ζ 电势的最优化分布确定.

7.5.6 结果分析

计算中首先确定量纲为一参数 $Re = 10.0, \alpha = 2000, \beta = 1900$. 图 7.5.6 和图 7.5.7 分别给出了离散率和对称率随 $\zeta_{\min}$ 的变化关系. 从图中可以看到, 两组曲线变化趋势相似, 开始随 $\zeta_{\min}$ 的减小而减小, 到达一个最小值, 然后随 $\zeta_{\min}$ 的减小而增大. 离散率和对称率达到最小值时的 $\zeta_{\min}$ 分别为 -2.67 和 -2.70, 而此时对应的最小离散率和对称率分别为 $DIS \approx 0.139, SYM \approx 0.0156$. 然后, 根据 (7.5.3) 式得到优化参数 OPM 与 $\zeta_{\min}$ 之间的变化关系, 见图 7.5.8, 其中 $w_1 = 0.65, w_2 = 0.35$. 很显然, OPM 与 $\zeta_{\min}$ 之间的变化关系与图 7.5.6 和图 7.5.7 类似, 都是先减小后增大. 从图中可以知道, 当 $\zeta_{\min} = -2.69$ 时, 优化参数 OPM 达到最小, 即此时的弯道效应最小.

图 7.5.9 给出了当 $\zeta_{\min} = -2.69$ 时槽道内的 ζ 电势分布. 直通道部分均为 -1, 弯道部分内壁面上的 ζ 电势先递减后增加, 外壁面则相反. 图 7.5.10 是对应图 7.5.9 的 ζ 电势分布下弯道中的速度场. 可见, 由于改变了弯道部分上的 ζ 电势分布, 使得外壁面上的速度大于内壁面上的速度, 平衡了内外壁面迁移长度的差异, 从最大程度上减弱了弯道效应.

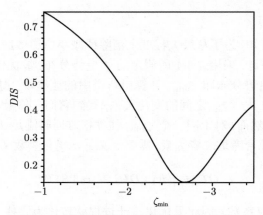

图 7.5.6　离散率 DIS 随 $\zeta_{\min}$ 的变化

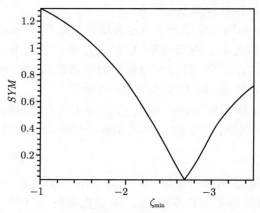

图 7.5.7　对称率 SYM 随 $\zeta_{\min}$ 的变化

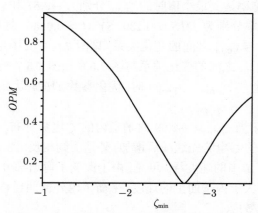

图 7.5.8　优化参数 OPM 随 $\zeta_{\min}$ 的变化

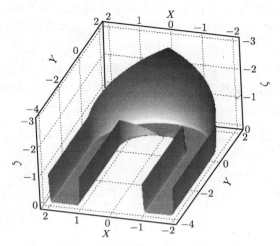

图 7.5.9 优化设计后槽道内的 ζ 电势分布

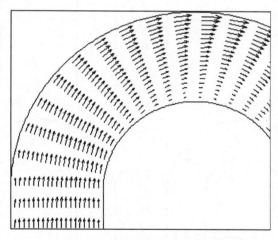

图 7.5.10 优化设计后槽道内的速度场

　　图 7.5.11 给出了优化设计后不同时刻槽道中的粒子分布. 由于改变了弯道部分的速度分布, 当粒子群进入弯道时, 靠近外壁面的粒子速度大于内壁面附近的粒子速度, 而最优化设计使得它们之间的速度差异与经过的路程长度的差异在最大程度上得以抵消, 同时也考虑到了粒子分布的对称性. 这一点可以通过图 7.5.11(d) 所示的粒子分布看到, 与图 7.5.4 相比, 粒子群的分布显然有很大的改善, 不仅分布紧凑而且保证了很好的对称性, 这非常有利于样品的电泳分离. 从计算数据上看, 经过弯道的优化设计, 粒子的离散率降为 0.14 左右, 约为优化设计前的 10%. 从这个角度上说, 采用的新方法消除了 90% 左右的弯道效应, 与 Molho 等人通过优化弯道

形状所获得的结果相当, 但是这里采用的方法不需要改变弯道的形状, 因此不存在加工上的困难. 当然, 以上的结果及在此基础上给出的结论是在假定的模型下获得的, 它反映出了主要的弯道效应, 适用于高 Pe 数的流场. 但是, 这种模型忽略了扩散作用, 将样品的对流扩散运动简化为跟随粒子的对流运动, 因此, 随着扩散作用的加强, 这种模型是否仍然适用有待进一步的探索, 但毫无疑问的是, 这种消除弯道效应的思想是可取的.

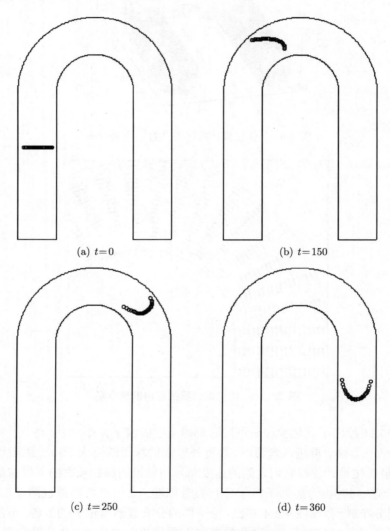

(a) $t=0$　　　　　　　　　　　　　(b) $t=150$

(c) $t=250$　　　　　　　　　　　　(d) $t=360$

图 7.5.11　优化设计后弯道中的粒子跟随运动

下面验证前人关于消除弯道效应的部分研究成果. 图 7.5.12 给出了 Molho 等

人设计的弯道中的粒子跟随运动. 由于改变了弯道形状, 因此影响了弯道部分的电场分布及速度分布. 从图 (d) 看出, 刚进入弯道时, 外壁面附近的粒子会超越内壁面上附近的粒子, 在离开弯道的地方情况也相同, 因此在很大程度上可以抵消由于迁移长度不同而带来的弯道效应. 与图 7.5.4 相比, 粒子的离散率降低了 85% 左右, 而且保持了很好的对称性, 极大地提高了样品的分离效果. 但是, 必须强调一点, 图 7.5.12 并非给出了最佳的弯道形状, 只是用此例来说明这类方法是如何消除弯道效应的.

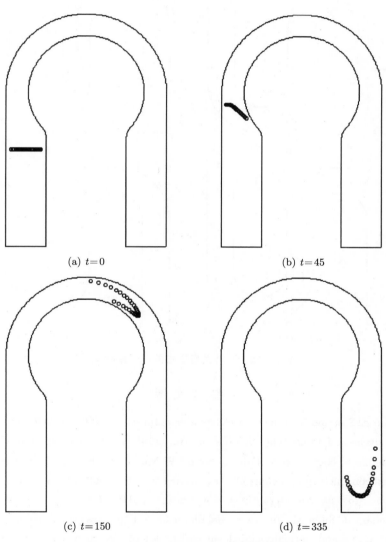

(a) $t=0$ (b) $t=45$

(c) $t=150$ (d) $t=335$

图 7.5.12 优化弯道形状中的粒子跟随运动

　　图 7.5.13 给出了互补偿通道中的粒子跟随运动. 应用互补偿通道来消除弯道效应是希望通过两个方向相反的弯道在速度分布及迁移长度上互相抵消. 然而, 互补偿通道只能部分消除弯道效应, 这一点可以从图 7.5.13 (d) 中看出, 与图 7.5.11 (d)、图 7.5.12 (d) 相比, 粒子的分布松散一些, 而且对称性不是很好. 计算结果表明, 经过互补偿弯道后, 粒子的离散率最多只能够降低 60% 左右.

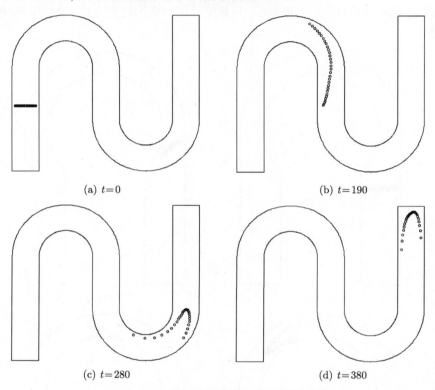

(a) $t=0$　　　　　　　　　　　　　　　　(b) $t=190$

(c) $t=280$　　　　　　　　　　　　　　　(d) $t=380$

图 7.5.13　互补偿弯道中的粒子跟随运动

参 考 文 献

[1] Olsson A, Stemme G. Numerical and experimental studies of flat walled diffuser elements for valveless micropump [J]. Sensors and Actuators A, 2000, 84: 165–175.

[2] Hayamizu S, Higashino K, Fujii Y, Sabdo Y, Yamamoto K. New bi-directional valve-less silicon micro pump controlled by driving waveform [C]. Micro electro mechanical systems, 15$^\text{th}$ annual international conference, 113–116, 2002.

[3] Shinohara J, Suda M, Furuta K, Sakuhara T. A high pressure-resistance micropump using active and normally-closed valves [C]. Micro electro mechanical systems, 13$^\text{th}$ annual international conference, 86–91, 2000.

[4] Ahn J, Oh J, Sim W, Choi B. The viscosity deviation of magnetic fluids for microactuator due to temperature changes[C]. 2nd annual international IEEE-EMBS special topic conference on microtechnologies in medicine & biology, 504–508, 2002.

[5] Tsai J H, Lin L. A thermal bubble actuated micro nozzle-diffuser pump[C]. Micro electro mechanical systems, 14th annual international conference, 409–412, 2001.

[6] Kim E G, Sim W, Oh J, Choi B. A continuous peristaltic micropump using magnetic fluid [C]. 2nd annual international IEEE-EMBS special topic conference on microtechnologies in medicine & biology, 509–513, 2002.

[7] Hatch A, Kambolz AE, Holman G, Yager P. A ferrofluidic magnetic micropump [J]. Journal of Microelectromechanical systems, 2001, 10(2): 215–221.

[8] Khoo M, Liu C. A novel micromachined magnetic membrane microfluid pump [C]. Proceedings of the 22th annual EMBS international conference, 2394–2397, 2000.

[9] Chou T K A, Najafi K. Characterization of micromachined acoustic ejector and its applications[C]. Micro electro mechanical systems, 15th annual international conference, 264–267, 2002.

[10] Cabuz C, Herb W R, Cabuz E I, Lu S T. The dual diaphragm pump [C]. Micro electro mechanical systems, 14th annual international conference, 519–522, 2001.

[11] Ono T, Sim D, Esashi M. Imaging of micro-discharge in a micro-gap of electrostatic actuator [C]. Micro electro mechanical systems, 13th annual international conference, 651–656, 2000.

[12] Ikuta K, Hasegawa T, Adachi T, Maruo S. Fluid drive chips containing multiple pumps and switching valves for biochemical IC family [C]. Micro electro mechanical systems, 13th annual international conference, 739–744, 2000.

[13] Nguyen N T, Doering R W, Lal A, White R M. Computational fluid dynamics modeling of flexural plate wave pumps [C]. IEEE ultrasonics symposium, 431–434, 1998.

[14] Pettigrew K, Kirshberg J, Yerkes K, Trebotich D, Liepmann D. Performance of a MEMS based micro capillary pumped loop for chip-level temperature control [C]. Micro electro mechanical systems, 14th annual international conference, 427–430, 2001.

[15] Yun K S, Cho I J, Bu J U, Kim G H. A micropump driven by continuous electrowetting actuation for low voltage and power operations [C]. Micro electro mechanical systems, 14th annual international conference, 487–490, 2001.

[16] Ahn S H, Kim Y K. Fabrication and experiment of planar micro ion drag pump [C]. International conference on solid-state sensors and actuators, 373–376, 1997.

[17] Dewa A S, Deng K, Ritter D C. Development of LIGA-fabricated, self-priming, in-line gear pumps [C]. International conference on solid-state sensors and actuators, 757–760, 1997.

[18]　Fuhr G. From micro field cages for living cells to Brownian pumps for submicro particles [C]. International symposium on micromechatronics and human science, 1–4, 1997.

[19]　Debar M J, Liepmann G. Fabrication and performance testing of a steady thermocapillary pump with no moving parts [C]. Micro electro mechanical systems, 15th annual international conference, 109–112, 2002.

[20]　Tsai J H, Lin L W. Active microfluidic mixer and gas bubble filter driven by thermal bubble micropump [J]. Actuators and Sensors A, 2002, 97: 665–671.

[21]　Darabi J, Ohadi M M. Voe D D. An electrohydrodynamic polarization micropump for electronic cooling [J]. Journal of Microelectromechanical Systems, 2001, 10(1): 98–106.

[22]　Jen C P, Lin Y C. Bi-directional control systems for microfluids. Micro electro mechanical systems [C]. 15th annual international conference, 129–132, 2002.

[23]　Schasfoort R B M, Hendrikse J. Transparent insulating channels as components for miniaturized chemical separation devices [C]. Microprocesses and nanotechnology international conference, 20–24, 2000.

[24]　Mutlu S, Yu C, Selvaganapathy P. Micromachined porous polymer for bubble free electro-osmotic pump [C]. Micro electro mechanical systems, 15th annual international conference, 19–23, 2002.

[25]　Harrision D J, Manz A, Fan Z, Ludi H, Widmer H M. Capillary electrophoresis and sample injection systems integrated on a planar glass chip [J]. Anal. Chem., 1992, 62: 1926–1932.

[26]　Seiler K, Harrision D J, Manz A. Planar glass chips for capillary electrophoresis: repetitive sample injection, quantitation, and separation efficiency [J]. Anal. Chem., 1993, 65: 1481–1488.

[27]　Harrision D J, Glavina P G, Manz A. Towards miniaturized electrophoresis and chemical analysis systems on silicon: an alternative to chemical sensors [J]. Sensors and Actuators B, 1993, 10: 107–116.

[28]　Fan Z H, Harrision D J. Micromachining of capillary electrophoresis injectors and separators on glass chips and evaluation of flow at capillary intersections [J]. Anal. Chem., 1994, 66: 177–184.

[29]　Seiler K, Fan Z H, Fluri K, Harrision D J. High-speed separation of antisense oligonucleotides on a micromachined capillary electrophoresis device [J]. Anal. Chem., 1994, 66: 2949–2941.

[30]　Burggraf N, Manz A, Verpoorte E. Electrostatically excited and capacitively detected flexural plate waves on thin silicon nitride membranes with chemical sensor applications [J]. Sensors and Actuators B, 1994, 18: 103–110.

[31]　Jacobson S C, Koutny L B, Hergenroder. Microchip capillary 3lectrophoresis with an

integrated postcolumn reactor [J]. Anal. Chem., 1994, 66: 3472–3476.

[32] Culbertson C T, Jorgenson J W. Flow counterbalanced capillary electrophoresis [J]. Anal. Chem., 1994, 66: 955–962.

[33] Rice C I, White R. Electrokinetic flow in a narrow cylindrical capillary [J]. J. Phys. Chem., 1965, 65: 4017–4024.

[34] Andreev V P, Lisin E E. On the mathematical model of capillary electro-phoresis [J]. Chromatogr., 1993, 37: 202–210.

[35] Neelesh A P, Howard H H. Numerical simulation of electroosmatic [J]. Anal. Chem., 1998, 70: 1870–1881.

[36] Erimakov S V, Jocobson S C, Ramsey J M. Computer simulation of electrokinetic transport in microfabricated channel structure [J]. Anal. Chem., 1998, 70: 4494–4504.

[37] Qiu X C, Hu L G. Understanding fluid mechanics within electrokinetically pumped microfluidic chips [C]. International Conference on Solid-state Sens. and Actus., 923–926, 1997.

[38] 冯焱颖, 周兆英. 微流体驱动和控制技术研究进展 [J]. 力学进展, 2002, 32:250–272.

[39] Stewart K G, Robert H N. Hydrodynamic dispersion of a neutral nonreacting solute in electroosmotic flow [J]. Anal. Chem., 1999, 71:5522–5529.

[40] Arulanandam S, Li D Q. Liquid transport in retangular microchannels by electroosmotic pumping [J]. Colloids and Surfaces A: Physicochemical and Engineering Aspect, 2000, 161: 89–102.

[41] White F M. Fluid mechanics [M]. Third ed., New York: McGraw–Hill, 1994.

[42] Alam M J, John C. Bowman energy-conserving simulation of incompressible electro-osmotic and pressure-driven Flow [J]. Theoret. Comput. Fluid Dynamics, 2002, 16:133–150.

[43] Brotherton C M, Davis R H. Electroosmotic flow in channels with step changesin zeta potential and cross section [J]. Journal of Colloid and Interface Science, 2004, 270:242–246.

[44] Fu L M, Lin J Y, Yang R J. Analysis of electroosmotic flow with step change in zeta potential [J]. Journal of Colloid and Interface Science, 2003, 258: 266–275.

[45] Ren L Q, Li D Q. Electroosmotic flow in heterogeneous micro-channels [J]. Journal of Colloid and Interface Science, 2001, 243: 255–261.

[46] Wang R J, Lin J Z, Li Z H. Analysis of electro-osmotic flow characteristics at joint of capillaries with saltation ζ-potential and dimension [J]. Biomedical Microdevices, 2005, 7(2): 131–135.

[47] Strook A D, Weck M, Chiu D T, Huck W T S, Kenis P J A, Ismagilov R F, Whitesides G M. Patterning electro-osmotic flow with patterned surface charge [J]. Phys. Rev. Lett., 2000, 84: 3314–3321.

[48] Yang R J, Fu L M, Hwang C C. Electroosmotic entry flow in a microchannel [J]. Journal of Colloid and Interface Science, 2001, 244: 173–192.

[49] 章梓雄, 董曾南. 黏性流体力学 [M]. 北京: 清华大学出版社, 1998.

[50] 林炳承. 毛细管电泳导论 [M]. 北京: 科学出版社, 1996.

第八章 微流混合器

微流动的混合具有广泛的应用, 对其进行控制具有重要的意义, 例如在微反应器中, 为加速化学反应的速度, 需使输入的物质充分迅速的混合, 这样能保证在小的样品消耗前提下, 提高对样品的分析速度和操作效率. 然而, 微通道中的混合是个复杂的问题, 所以本章对其进行具体叙述.

8.1 概　　述

8.1.1 微流混合器的应用与性能要求

在微流动系统中, 经常会涉及流体的混合问题[1-4], 因此出现一些微混合器. 微混合器在微流动系统中得到了充分的利用, 例如:

(1) 使反应物之间快速、充分地混合, 以使反应物在短时间内达到完全的反应, 得到所需的生成物.

(2) 在 DNA 的磁性分离过程中, 先要使磁珠与 DNA 分子充分混合, 为后续分离步骤做准备.

(3) 在物质扩散和混合性能测试器件中, 根据扩散和混合的程度, 计算如扩散系数等的参数, 达到性能测试的目的.

根据微混合器的特点、作用和工作原理, 对微混合器的性能也有如下要求:

(1) 要能适应不同性质物质的要求, 即不管混合物质的化学、物理性能等如何, 都应能在混合器中进行混合.

(2) 要能适应不同混合目的的要求, 既可满足反应物的混合需要, 也可满足 DNA 等磁分离前的混合要求.

(3) 混合效率要高, 能在尽量小的空间和短的时间内完成混合.

(4) 结构尽量简单, 制造上要考虑工艺水平的要求, 成本低, 且能大批量生产.

(5) 流体流动时的应变率要尽量低, 以免破坏混合物质的结构, 同时不能有堵塞现象出现.

8.1.2 微流混合器的分类

根据有无外界动力源的情况, 用于微流动系统中的微混合器可分为主动式混合器和被动式混合器二类. 根据作用原理, 主动式混合器可分为电动力式、磁动力式、超声波式、分支注入式、压电式、磁致式、射流式、机械式等. 被动式混合器则主要有弯曲通道式、分合式、回流循环式、交错人字式、分流/截流式等[5-21].

主动式混合器与被动式混合器在工作原理上存在着不同, 而且有着各自的优缺点. 表 8.1.1 和表 8.1.2 分别列出了各种被动式微混合器和主动式微混合器的工作

表 8.1.1　各种被动式微混合器

序号	名称	工作原理	优点	缺点
1	T 型	流体扩散	结构简单	混合速度很慢
2	方波弯曲型	(1) 流体扩散 (2) 旋流	(1) 结构简单易制造 (2) 混合效率好, 是 T 型的 10 倍	(1) 流体应变率高 (2) 有堵塞可能
3	三维蛇形	(1) 流体扩散 (2) 混沌对流、旋流	(1) 结构比较简单 (2) 混合效率是方波型的 1.6 倍	(1) 流体应变率高 (2) 有堵塞可能, 制造较前者麻烦
4	通道阻碍型	(1) 流体扩散 (2) 二次流	(1) 结构比较简单 (2) 混合有所加速	(1) 混合效率不高 (2) 制造相对麻烦
5	底部阻碍型	(1) 流体扩散 (2) 二次流, 螺旋流	混合效率较高	(1) 结构相当复杂 (2) 制造比较麻烦, 特别是鱼骨型
6	分流/截流式	(1) 流体扩散 (2) 分层 (3) 旋流	(1) 有分层效果 (2) 螺旋流增加接触面积, 混合效率很高	结构复杂, 难制造
7	分合分层式	(1) 流体扩散 (2) 分层 (3) 混沌对流	(1) 有分层效果 (2) 螺旋流增加接触面积, 混合效率很高	结构比较简单, 可以用许多方法制造
8	Coanda 效应混合器	(1) 流体扩散 (2) 分层 (3) 回流	(1) 有分层效果 (2) 有混沌对流 (3) 混合效率很好	形状复杂, 尖角制造时容易变圆
9	旋流式	(1) 流体扩散 (2) 旋流 (3) 层层相叠	效果佳	结构特殊, 制造麻烦
10	循环式	(1) 回流 (2) 流体扩散	效果佳	(1) 结构复杂, 设计和制造都难 (2) 流体变形大, 有堵塞可能

表 8.1.2　各种主动式微混合器

序号	名称	工作原理	优点	缺点
1	电场驱动式	用外电场改变当地电势, 改变流体的运动速度和方向, 有时还产生涡旋	(1) 混合效率很好 (2) 控制容易 (3) 有涡旋产生 (4) 可产生分层效果	(1) 需要控制单元 (2) 只适合某些液体的混合 (3) 制造难成本高

续表

序号	名称	工作原理	优点	缺点
2	电磁驱动式	利用电磁力改变原运动方向, 产生混沌对流加强混合	(1) 混合效率高 (2) 有混沌对流 (3) 可控制	(1) 需要控制单元 (2) 只适合某些液体的混合 (3) 制造难成本高
3	磁力驱动式	外磁场的转动, 带动搅拌器的旋转, 增加混沌程度	(1) 混合效率很高 (2) 可用外磁场控制搅拌器转速	(1) 需要控制单元 (2) 有运动元件 (3) 制造难成本高
4	脉冲泵式	脉冲泵泵出的液体的速度、压力等的波动, 使两液体间有分层效应, 增加接触面积	(1) 混合效率较高 (2) 微通道结构简单	(1) 需要脉冲泵 (2) 混合效率不如其他主动式混合器
5	电控脉冲式	用电信号控制阀, 使阀作振动, 从而改变流量和压力	(1) 混合效率较高 (2) 微通道结构简单	(1) 需要控制单元和微阀 (2) 混合效率不如其他混合器
6	Coriolis式	利用哥氏力让两种流体在旋转作用下形成分层效果, 增加接触面积	(1) 混合效率高 (2) 不受液体性质影响	(1) 需要外部旋转动力 (2) 通道有较多分支
7	振动壁式	利用磁致或压电效应, 使壁面产生振动, 带动液体振动产生冲击和空化	(1) 混合效率高 (2) 不受液体性质影响	(1) 需控制单元和磁致或压电元件 (2) 通道结构复杂, 寿命不长
8	超声波式	利用超声振动拖曳液体, 产生冲击和空化, 增加混沌	(1) 混合效率高 (2) 不受液体性质影响	需超声波发生器和换能器
9	蜘蛛式	利用三支道上的压力波动, 使交叉处的流线变乱, 以达到混合	(1) 混合效率高 (2) 通道容易制造	需改变支道压力的元件或系统

原理以及优、缺点.

　　根据流体力学理论, 要提高流体运动时的混合程度, 只有增加扩散时间和加强对流. 微混合器中流体的运动与宏观通道中流体的运动有很大差别. 微混合器的尺度在微米量级, 流动的 Re 数较小而一般处于层流状态, 以水为例, 其密度为 $1\ g/cm^3$, 黏度为 $0.01\ g/cm \cdot s$, 若通道特征尺度为 $0.01\ cm$, 特征速度小于 $100\ cm/s$, 则 Re 数将小于 1. 所以, 很难在微混合器中通过湍流来提高混合效果, 物质组分间的混合主要由组分间的扩散完成, 要提高混合效果只有采用加强扩散的方法. 在 Einstein 扩散公式中, 横向扩散距离和扩散系数与扩散时间成正比, 即可以通过增加扩散时间和加大扩散系数的办法来提高混合效果. 但是, 这两种方法存在问题, 因为扩散时间的增加意味着降低扩散效率, 而基于 Brown 运动的扩散系数只与流体物性、温度和一些常数有关, 无法任意改变. 实际上, Einstein 的扩散公式有其局限性, 它不能反映流体的接触面积、二次流引起的横向速度、离心力和通道壁面状况等因素的影响, 而这些因素在微流动的混合中非常重要. 考虑到以上这些, 混沌对流和优化通道结构是加强微混合器中流体扩散和混合的最佳选择.

1. 被动式微混合器

被动式混合比主动式混合容易实现, 因为它不像主动式混合那样需要有动力源、有运动元件或改变压力梯度. 此外, 被动式混合可以在简单的通道中实现, 通道的面积可以不变, 制造相对简单, 而且被动式混合也不会因为分成多个细流而增加流体的应变率. 因此, 被动式混合器具有广阔的应用前景.

但是, 由于微混合器内流动模式的主要特征是小 Re 数, 这使得混合主要通过流体间接触面上的分子交换来完成, 以至混合所需的时间很长, 显得不实用. 由于在小 Re 数下通过湍流进行混合的方法也行不通, 于是, 混沌对流混合成为微混合器中提高混合的有效手段, 因为混沌对流增加了流体间的拉伸与折叠, 从而大大增加流体间的接触面积, 在此基础上也产生了很多具有较好混合性能的被动式微混合器.

最简单的微混合器是 T-sensor[22-25], 如图 8.1.1 所示, 两个进口分别引入两种流体, 接触后相互扩散而进行混合, 这种混合器的混合效果很差, 需利用外部力的作用才能得到比较满意的效果. 为了提高混合效率, 图 8.1.2 所示的弯曲通道增加了对流和流动的距离, 同时引起的旋流也增加了接触面积, 从而明显提高了混合效率[26]. 为了得到更好的混合效果, 也可以像图 8.1.3 所示那样, 让通道在空间内弯

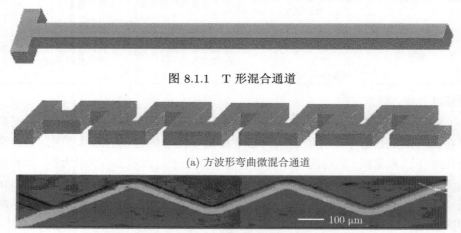

图 8.1.1　T 形混合通道

(a) 方波形弯曲微混合通道

—— 100 μm

(b) 弯曲微通道中混合和扩散电镜照片

图 8.1.2　具有弯曲的混合通道

曲, 进一步加强混沌对流效果, 而且产生一定的螺旋式流动, 使接触面加大[27].

图 8.1.3　三维蛇形弯曲微混合通道

　　同样, 也可以采用在扩散通道中增加阻碍物的方法增加混沌程度, 以提高混合效率. 例如在图 8.1.4 所示的扩散通道中放置按一定规律排列的圆柱, 这样可以使混合效果明显得到改善[28]. 类似地, 如图 8.1.5 所示, 在扩散通道中放置一些平板型阻碍物也可增加对流, 提高混合效率. 效果较为明显的是如图 8.1.6 所示的结构, 在通道的底面放置一系列与流动的主流方向成一定角度的阻碍物, 这样可以得到与主流方向垂直的二次流, 从而增加流体微团的横向输运, 改善混合效果. 同时, 二次流还能使通道中流体的流动变成螺旋型, 将两种混合流体拧成麻花形, 增加接触面积. 图 8.1.7 是经过 1~5 个循环后流体被卷起的萤光图像, 可见具有较好的混合效果[29]. 图 8.1.8 是将阻碍物的形状改为鱼骨型, 而且两边长短不一, 并进行周期性排列, 这样可以进一步提高混合效率[19]. 图 8.1.9 是分流/截流式微混合器, (a)的结构是将流动分成许多细流, 且细流的流动方向交错重叠, 然后部分合并, 接着又按另外的组合分开, 再并入, 如此多次达到很好的混合效果; 而 (b) 的内部有螺旋槽, 流体的流动形成麻花型, 以增加接触面积. 但这种结构过于复杂, 制造相当麻烦[30].

图 8.1.4　扩散通道中放置阻碍物提高混合结果

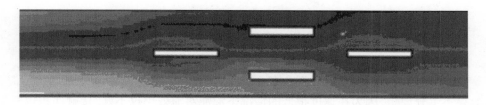

图 8.1.5　扩散通道中放置平板型阻碍物提高混合结果

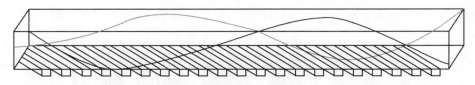

图 8.1.6　通道底部放置阻碍物形成二次流提高混合结果

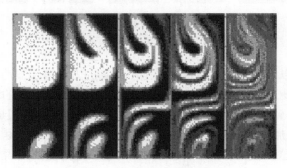

图 8.1.7　五个截面内的混合情况

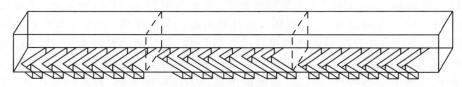

图 8.1.8　鱼骨型通道结构

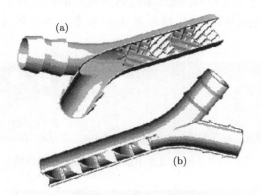

(a) 许多细流情形；　(b) 有螺旋槽情形

图 8.1.9　分流/截流式混合器

　　但是, 所有以上的被动式混合有一个很大的缺陷, 就是在很小的 Re 数时, 混合效果不十分理想, 因为在速度很低的情况下混沌对流效果也不好, 接触面积也有限, 从而限制了这些混合器的实际应用.

为此, 人们想办法将不同流体进行分层, 然后层层相叠, 这样能大大增加接触面积, 加速扩散, 达到提高混合效率的目的. 但要将流体分层需要经过对通道内流体的流动进行细致分析, 然后设计通道结构, 最后由数值模拟或实验验证是否能将不同的流体进行层层相叠.

图 8.1.10 所示的微通道结构, 通过将流体分开后合拢, 使不同流体层层相叠, 从而增加接触面积. 同时, 该微通道也具有弯曲的结构, 既增加了混沌对流, 又加强了混合[31].

图 8.1.10　分合式微通道结构

图 8.1.11 是 Coanda 效应混合器结构, 它是利用 Coanda 效应让流体回流, 这虽然没有上面的结构那样有明显的分层效果, 但由于回流的方向与主流方向相反, 可以大大加强混沌对流, 改善混合效果. 此外, 混合器中间的一块实体也可看成是阻碍物, 加上各处截面积的变化导致速度的变化, 产生了类似于波浪形壁面产生的拉压流体的作用[32].

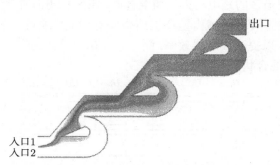

图 8.1.11　Coanda 效应混合器

图 8.1.12 是旋流式微混合器结构, 它可以使两种流体产生回旋而缠绕在一起, 层层相错, 增加了接触面积, 而流体密度不同引起的离心力不同也进一步增加了混合. 但这种结构由于制造方面的难度, 限制了其实际应用[33].

图 8.1.13 是循环式微流混合器, 其原理是将流体混合得比较充分后导出, 而另外的流体通过另一通道回流, 进行第二次接触和混合, 同样在混合得比较充分后从出口导出, 其余的继续回流、接触、混合, 这样不断循环使混合充分. 这种混合器的原理简单、混合效率高, 但结构参数的确定困难, 难以获得满意的结果, 参数稍微有点出入, 回流通道就会变成主流的一个分支, 因而起不到循环混合的作用[34].

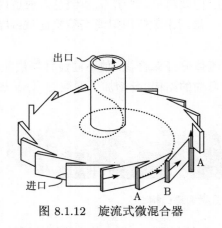

图 8.1.12　旋流式微混合器

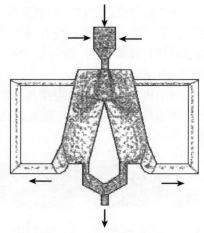

图 8.1.13　循环式微混合器

2. 主动式微混合器

由于被动式混合受结构、制造和原理方面的限制, 其混合效率可以在某些限定条件下提高, 但当条件发生变化时就不一定能获得满意的混合效果. 所以, 主动式微混合器就得到了发展和应用. 根据动力源的不同, 主动式微混合器可以分成不同的种类, 目前用得最多的是电动力式微混合器. 图 8.1.14(a) 中的微混合器在上下壁面上加不同的电压, 使得通道内壁产生不同大小和正负的电势, 从而改变电渗流速度的大小和方向, 以提高混合器效率, 图 8.1.14(b) 中的三小图为经过 2、4、6 次壁面电势变化后的混合状况[35].

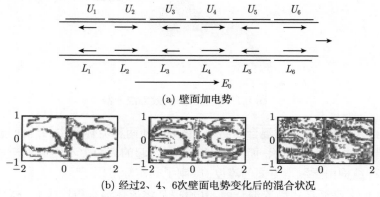

图 8.1.14　壁面电势变化加强混合

图 8.1.15 为电激振动涡型混合器, 其原理是在混合通道起点的下游不远处放置一个圆柱型阻碍物, 阻碍物上的双电层可以由经过的电流来改变, 使之在圆柱附近产生的二次流大小和方向都发生改变, 这种周期性的波动使得流场中产生涡, 从

而大大增加了流体间的接触面积, 加强了扩散和混合[36].

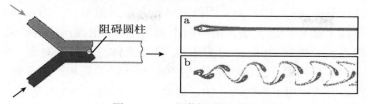

图 8.1.15　电激振动涡型混合器

图 8.1.16 是电控振荡式混合器的原理图, 这种混合器是通过控制中心所给的信号在 1-3 和 1-2 上交替加电压, 使 1、2 两池的液体交替地注入混合通道中, 通过液体间层层相叠, 增大扩散面积而提高混合效果[37].

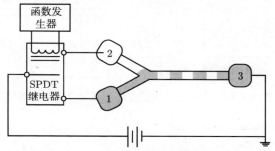

图 8.1.16　电控振荡式混合器的原理图

图 8.1.17 是外电场振荡式微混合器, 其原理是利用两对 45° 角电势的波动, 改变电场力的大小和方向, 使得两种不同性质的流体按不同的轨迹运动, 产生混沌对流[38].

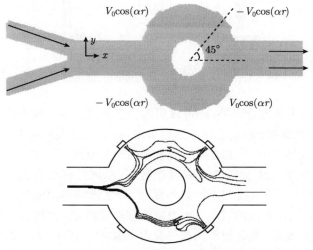

图 8.1.17　外电场振荡式微混合器

应用电磁场的磁力对某些性质的液体作用, 使其产生混沌对流而加强混合的混合器目前也有不少, 图 8.1.18 为采用预埋导线方法后微混合器的流动情况, 由于 1、2、3、4 导线上通有一定大小、但方向不同的电流, 电流产生的磁场力将使通道中运动的带电粒子受到 Rorenz 力的影响, 带动流体产生混沌对流, 增加接触面积[19]. 而图 8.1.19 是利用外部激励信号的控制, 使激励的磁场产生旋转, 让含有磁珠的溶液在磁场力的作用下产生弯曲的运动轨迹, 从而增加与另外溶液相接触的面积来加强混合.

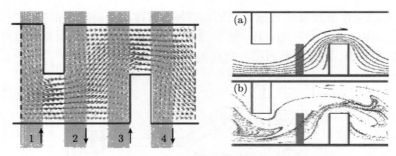

图 8.1.18   采用预埋导线方法后微混合器的流动情况

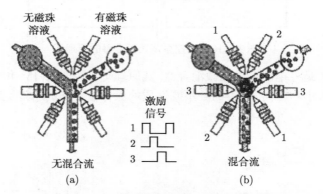

图 8.1.19   外部激励信号控制的三磁极微混合器

除了上述两大类混合器外, 还可以用入口压力或流量随时间改变的方法使混合流体层层相叠, 增加接触面积, 提高混合效率. 图 8.1.20 是脉冲泵混合法, 一个入口由脉冲泵注入液体, 另一入口关闭, 接下来的一步则相反, 这样可以循环着将液体层层注入[39]. 图 8.1.21 是蜘蛛式微混合器, 其原理是利用后面三个小支流上压力的扰动, 使交界区域的流线发生扭曲和变形, 产生混沌对流而提高混合效率[40]. 如图 8.1.22 所示, 一个入口的速度、压力或流量产生波动, 同样会产生类似脉冲泵所产生的脉冲流的效果, 因而使不同流体交替叠加[41]. 图 8.1.23 是气体扰动混合器, 它同样也可以产生类似的效果[42].

图 8.1.20　脉冲泵混合法

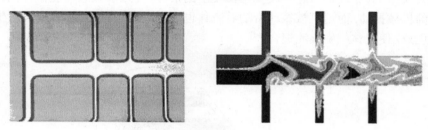

图 8.1.21　蜘蛛式混合器

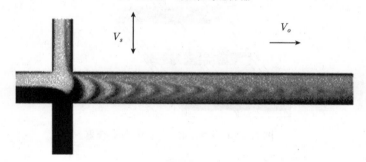

图 8.1.22　速度扰动式微混合器

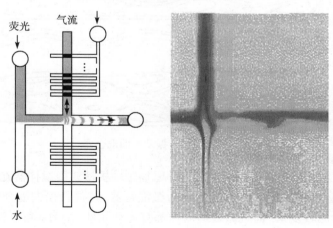

图 8.1.23　气体扰动混合器

　　另外, 一些特殊的效应引起的混沌对流也是新型微混合器设计经常借鉴的. 如图 8.1.24 所示的 Coriolis 力效应微混合器, 它利用 Coriolis 力让 A、B 两种流体在旋转作用下形成分层效应, 从而增加接触面积[14]. 图 8.1.25 是振动壁面微混合器, 它是利用压电效应或磁致效应, 通过壁面电荷的变化来调节壁面的变形, 产生振动效果, 而壁面的振动使内部流动的流体受到类似于超声波传递的冲击和空化作用, 使流体产生褶皱, 从而增加接触机会[43]. 图 8.1.26 是超声波混合器中水和尿液的混合效果图, 其原理是将超声波发生器发出的信号, 经过磁致式换能器转化为超声频率的机械振动, 而这机械振动带动着流体也进行超声频率的振动, 因而产生冲击空化现象, 使流体产生混沌混合[44].

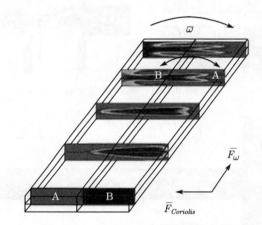

图 8.1.24　Coriolis 力效应微混合器

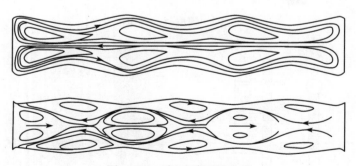

图 8.1.25　振动壁面混合器

　　磁动力混合器是直接利用旋转的外磁场带动机械式微搅拌器旋转, 从而加速混合的一种混合器件, 图 8.1.27 是磁动力微混合器, 该混合器的混合效果很好, 但其制造和设计比较复杂, 而且微通道内外都有运动元件, 寿命、可靠性等是其致命的弱点.

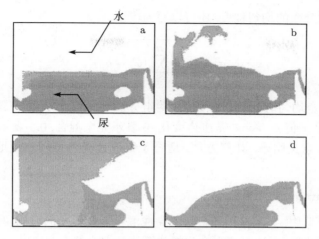

图 8.1.26 超声波混合器

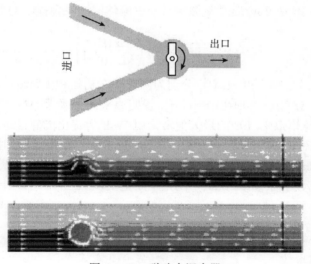

图 8.1.27 磁动力混合器

8.2 衡量混合效果的指标

8.2.1 浓度方差指标

混合效果的好坏需要有指标对之进行衡量, 衡量的标准应该是样品液或检测液浓度或质量分数 (或体积分数) 的均匀程度[45]. 根据数理统计的原理, 衡量混合效果的指标如式 (6.1.26) 所示.

对于体积分数的均匀程度, 还可以写为[46]:

$$\sigma = \sqrt{\frac{1}{N}\sum_{i=1}^{N}(C_i - \sigma_0)^2},\tag{8.2.1}$$

其中 σ_0 为完全均匀时的体积分数, 如两组分混合时为 1/2, 而三组分混合时则为 1/3. 混合指标 σ 值在 0~0.5 范围内变化, 0 表示完全混合, 0.5 表示完全没有混合.

这种指标意义明确, 计算方便, 适合于数值计算等可以方便地得到浓度场的情况.

8.2.2　Lyapunov 混沌指标

在微混合器中, 靠层流中的扩散来完成混合需要很长的时间, 所以需要增加对流. 现有研究表明, 混沌对流混合是加快微流动混合的有效方法, 所以流体流动的混沌程度在一定意义上反映了混合的程度, 此时经常忽略扩散对混合的影响.

Lyapunov 指数 (LE) 是衡量微混合器中流体混沌混合程度的重要指标, 其定义为[47−48]:

$$\sigma = \lim_{t\to\infty}\left[\frac{1}{t}\ln\left(\frac{|\mathrm{d}x(t)|}{|\mathrm{d}x(0)|}\right)\right],\tag{8.2.2}$$

其中 t 为时间, $|\mathrm{d}x(0)|$ 和 $|\mathrm{d}x(t)|$ 分别为两粒子在初始和 t 时刻的距离. 如果 σ 是正非零值, 则 $|\mathrm{d}x(t)| = |\mathrm{d}x(0)|\exp(\sigma t)$, 说明原来两个接近的粒子随时间指数的关系分开. 在数值模拟中, LE 的最大值常采用 Wolf 等提出的算法进行计算, 具体为: 先选择任意一对相邻的粒子, 其初始距离为 $|\mathrm{d}x(0)|$, 第二步, 经过时间 Δt 后两粒子间的距离为 $|\mathrm{d}x'(\Delta t)|$, 由此计算 $\ln(\mathrm{d}x'/\mathrm{d}x)$, 然后将两粒子的距离调到足够近, 但保持原来的运动方向, 如图 8.2.1 所示, 不断重复以上三步, 可以计算得到 LE 为:

$$\sigma = \lim_{t\to\infty}\frac{1}{n\Delta t}\left[\ln\left(\frac{|\mathrm{d}x'((n+1)\Delta t)|}{|\mathrm{d}x(n\Delta t)|}\right)\right],\tag{8.2.3}$$

其中 n 为时间步数.

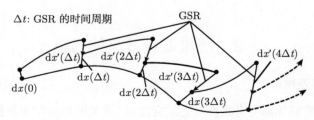

图 8.2.1　Lyapunov 混沌指标的计算原理图

采用粒子跟踪速度仪 (PTV) 实验, 粒子运动路径可以用相平均粒子速度场进行数值重构, 具体步骤如下: 从粒子速度数据的时间顺序计算得到每循环周期内 12 个离散时间域内的平均值, 然后通过数值跟踪粒子流动的虚拟速度场, 用前述的 Wolf 法计算得到 LE, 采用四阶 Runge-Kutta 法.

这种指标只是衡量混沌程度, 而并非衡量混合程度, 所以一般比较适合于理论分析, 这给微器件等的 CAD 提供了理论基础.

8.2.3 图像中示踪粒子密度指标

在微流实验中, 经常使用的实验仪器有激光诱导荧光 (LIF), 粒子成像速度仪 (PIV) 和粒子跟踪速度仪 (PTV) 等. 用这些仪器实验, 所得的图像要进行数据处理, 其中灰度是非常重要的概念, 因为在计算浓度场、速度场中经常要使用它[49−52].

从 LIF、PIV 等得到的图像直接计算混合的均匀程度, 可以用示踪粒子密度指标法, 具体做法是将整个测量范围划分成若干小区域, 计算 PIV 图像上每个小区域 i 上示踪粒子的密度 ρ_i, 然后计算混合程度, 这里引入混合指数 σ 的概念, 其公式如 (6.1.27) 所示. 若两流体充分混合, 则 $\sigma = 0$; 在完全没有混合的情况下, $\sigma = 1$. 这种指标有明确的含义, 计算也比较方便, 十分适合于实验数据的处理, 但计算示踪粒子密度比较麻烦.

8.2.4 CCD 图像直接计算混合效率

在实验中, 经常通过显微图像来分析微流场, 而 CCD 图像是最为常用的[53]. 在 CCD 图像中, 某一相素 (i, j) 与另一相素的灰度差可描述为:

$$E_{ij} = \sum_{q=1}^{n} \sum_{p=1}^{m} [|a_{pq} - a_{ij}| \cdot W_f]$$

$$= \sum \sum \left(|a_{pq} - a_{ij}| \cdot \frac{1}{\sqrt{(p-i)^2 + (q-j)^2}} \right), p \neq i \ \text{及} \ q \neq i, \quad (8.2.4)$$

其中 E_{ij} 为相素 (i, j) 与 $m \times n$ 相素 CCD 图形的所有相素灰度差的和, a_{ij} 和 a_{pq} 分别为相素 (i, j) 和相素 (p, q) 的灰度, 权值 W_f 是距离的倒数. 整个图像的总灰度差为:

$$E_{total} = \sum_{i=1}^{n} \sum_{j=1}^{m} \sum_{p=1}^{n} \sum_{q=1}^{m} [|a_{pq} - a_{ij}| \cdot W_f] = \sqrt{\sum_{i=1}^{n} \sum_{j=1}^{m} \sum_{p=1}^{n} \sum_{q=1}^{m} \frac{a_{pq}^2 - 2a_{pq}a_{ij} + a_{ij}^2}{(p-i)^2 + (q-j)^2}}.$$

$$(8.2.5)$$

最后, 混合指标可写成:

$$\sigma = \frac{\displaystyle\sum_{i=1}^{n}\sum_{j=1}^{m}\sum_{p=1}^{n}\sum_{q=1}^{m}\frac{2a_{pq}a_{ij}}{(p-i)^2+(q-j)^2}}{\displaystyle\sum_{i=1}^{n}\sum_{j=1}^{m}\sum_{p=1}^{n}\sum_{q=1}^{m}\frac{a_{pq}^2+a_{ij}^2}{(p-i)^2+(q-j)^2}}. \tag{8.2.6}$$

这种指标含义不直接, 而且受图像后处理算法的影响比较大, 适合于数值图像的处理和计算.

8.3　混沌混合理论

8.3.1　粒子轨道

混沌混合是微流体混合的首选, 目前虽然已经有许多基于混沌混合的器件, 但对于混沌混合器的设计原理还未完全理解, 所以要优化设计混沌混合的微混合器有较大的难度, 这里在介绍混沌混合基本概念的基础上, 理解和认识混沌混合器的设计方法[54,55].

流体粒子的运动可以用数学的一个映射来描述, 假如 R 为流体占据的区域, 把 R 中的一点视为流体粒子, 流体粒子的流动可以在数学上用光滑可逆的变换 (或映射)S 来描述, 即 $S(R)$, 对应某一初始条件 (经常是 $t=0$), 经过 n 个对流循环后, 流体粒子的位置可表示为 $S^n(R)$[56,57]. 假如 A 为 R 内的一子域, $\mu(A)$ 为这个子域的体积, 数学上称之为度量. 对不可压缩流体而言, R 中任何一个子域受扰动, 但 R 内的体积应该不变, 即 $\mu(A)=\mu(S(A))$, 所以在动力学系统中称之为度量保守变换. R 的体积是有限的, 为了简化问题和概念, 可以不失一般性地设 $\mu(R)=1$.

轨道的概念是某粒子 p 经过的连续点的位置, 可以表示为 $\{\cdots, S^{-n}(p), \cdots, S^{-1}(p), S(p), S^2(p), \cdots, S^n(p), \cdots\}$. 下面介绍几个特殊的轨道:

(1) 周期性轨道. 轨道上存在有限个点, 任一点经过一次变换后会移动到另一个在该轨道上的点. 对设计混沌型微混合器而言, 周期性轨道是毫无意义的, 但它是总的混合特性的样板, 如稳定的椭圆型轨道是混合最差的, 因为该轨道会产生一区域 (岛) 与周围的区域完全没有混合, 而不稳定的双曲型轨道能使流体扩张和收缩, 有很好的混合特性.

(2) Homoclinic 轨道. 该轨道的正负时间顺序都渐近于双曲型轨道, 这种轨道十分有用, 因为在其轨道的附近能产生 Smale 马蹄结构, 有利于混沌混合.

(3) Heteroclinic 轨道. 该轨道在正时间顺序渐近于双曲型轨道, 而逆时间顺序则渐近于另外轨道, 如果两个或多个这种轨道都安排在一个 Heteroclinic(或 Homoclinic) 循环内, 则可能会在 Heteroclinic(或 Homoclinic) 循环附近构造出 Smale 马蹄结构.

(4) Lyapunov 指数 (LE). 该指数是与一个轨道相联系且描述其稳定性的参数. 椭圆轨道没有 Lyapunov 指数, 而双曲轨道则有正和负的 Lyapunov 指数. 在不可压流体中, Lyapunov 指数和为零, 且是在无穷时间域内的平均, 所以其只能是个近似值. 也有许多人[58,59] 考虑有限时间的 LE, 但这没有严格的数学定义, 且在应用到混合中必须根据具体情况进行验证.

流动结构经常在许多可视化实验中见到, 动力学系统理论是描述实验所见和预测流场演化和依赖因素的基本理论. 不变量是个重要的概念, 所谓不变量就是指 R 中的一个子域 A 经变换后还在该子域内, 即 $S(A) = A$, 换句话说, 子域内的任何一点经过对流循环后还在该子域内, 这意味着该子域内的流体不会与 R 内其他子域的流体进行混合 (扩散除外), 如点域 p 和 Homoclinic 轨道就属于此类.

KAM 理论是描述在可积的 Hamiltonian 系统的扰动中准周期性轨道的存在性, 这些轨道由许多圆环组成, 流体不能越过这些环, 因此环所包围的流体不能与周围的流体混合. 这种理论看上去没什么用, 因为可积的条件很难满足, 但是这种理论说明在椭圆轨迹附近存在 "岛"[60], 从这种意义上说, KAM 理论很有用, 它描述了 Hamiltonian 系统中经常出现的现象.

根据 KAM 理论, 椭圆轨道是很有意义的, 因为它被包裹着流体的环所包围, 而且这些环对环外的流体有影响, 在数学上认为这环的壁面是黏滞的, 以此对环及附近区域产生影响的区域称为 "岛".

在某种条件下存在比 R 小的由流体粒子轨迹构成的表面, 很明显, 流体粒子无法穿过壁面, 例如 KAM 环, 流体粒子在环内则永远在环内. 这表面是流体运动的障碍, 且障碍与双曲轨道有关. 当时间趋向正无穷时, 粒子轨迹集合渐近于双曲轨道就形成了双曲周期轨道的稳定簇, 相似地, 时间趋向负无穷时, 粒子轨迹集合渐近于双曲轨道时形成的是双曲轨道的非稳定簇. Homoclinic 轨道可以认为是双曲轨道的稳定和非稳定簇的交集, 而 Heteroclinic 轨道被认为是一个双曲轨道的稳定簇和另一双曲轨道的非稳定簇的交集.

上面提到双曲轨道的稳定和非稳定簇的交集是表面, 流体粒子无法穿越, 但是, 这些表面可以复杂变形, 产生复杂的流场结构, 在结构中混合和传递过程可以及时产生. Lobe 动力学就是研究这种流场的结构和定量分析流场中质量和动量传递[61−62].

8.3.2 各态历经理论

了解这些不同的流体粒子轨道, 对定量分析混合很重要, 如在 Smale 马蹄区域中, 混合情况就好, 而在 "岛" 中混合就差. 知道某个对流循环的总混合特性是有帮助的, 特别是优化混合时, 下面就用各态经历理论进行分析.

假设 x 为 R 内的一点, $G(x)$ 为定义在 R 上的函数, 沿 x 轨道的 $G(x)$ 时间平

均 $G^*(x)$ 定义为:

$$G^*(x) = \lim_{N \to +\infty} \frac{1}{N} \sum G(S^n(x)), \tag{8.3.1}$$

空间平均为:

$$\overline{G} = \int_D G(x)\mathrm{d}\mu, \tag{8.3.2}$$

如果变换 S 是各态历经的, 则对足够多类的函数有:

$$\overline{G} = G^*(x). \tag{8.3.3}$$

当然, 体积为零的情况例外. (8.3.3) 式很有意义, 因为这说明函数的空间平均只是个数字, 从定义上看, 时间平均各点不同, 但如果 S 是各态经历的话, 则是相同的, 甚至可以不是在全域内各态经历 (只要在某不变子域内即可). 实际上从数学的角度可以严格证明, R 可以划分为一系列不变子域, 在不变子域内各态经历[63].

LE 是沿某个轨道拉伸和压缩率的时间平均, 所以, 如果是各态经历的, 则几乎所有轨道都有相同的 LE(体积为零以外).

混合是个严格的概念, 假设在 R 中有一子域 B 内有 "黑" 流体, R 中除 B 外的区域内为 "白" 流体, 经过 n 次对流循环后, "白" 流体中 "黑" 流体的体积可以表示为 $\mu(S^n(B) \cap W)$, 则 "白" 流体内 "黑" 流体的体积分数为:

$$\frac{\mu(S^n(B) \cap W)}{\mu(W)}, \tag{8.3.4}$$

当经过无穷次对流循环后, 流体组分完全混合, 即当 $n \to \infty$ 时有:

$$\frac{\mu(S^n(B) \cap W)}{\mu(W)} - \frac{\mu(B)}{\mu(R)} \to 0. \tag{8.3.5}$$

前面提到过 $\mu(R) = 1$, 则式 (8.3.5) 可以写成:

$$\mu(S^n(B) \cap W) - \mu(B)\mu(W) \to 0, (n \to \infty). \tag{8.3.6}$$

当然对任何的 "白" 流体和 "黑" 流体, 经过无穷次对流循环后, 式 (8.3.6) 都满足, 也就是说与哪个子域无关, 只要经历 n 次对流循环, 所以这涉及另外一个概念, 即各态经历, 就是说混合变换是各态经历的.

8.3.3   关联衰减

需要指出的是各态经历和混合的概念有无穷时间的含义, 这在实际应用中是不期望的, 实际中期望的是在尽量小的循环次数下达到一个极限值. 逼近由混合变换定义的极限值的速率研究是个很难的问题, 目前也是各态经历理论中的热门课题, 这关系到另外一个概念, 即 "关联衰减".

在许多场合中, 标量场的 "关联衰减" 是衡量混合程度的指标, 下面建立 "关联衰减" 和混合程度的关系. 有一个定义在 R 内子域 B 上的函数 χB 为与 B 关联的特征函数, 设 B 内点的函数值为 1, 而 B 外 R 内的函数值为 0, B 的体积为 $\mu(B) = \int \chi B \mathrm{d}\mu$, 同样, 经 n 次对流循环的 B 和 W 的交点 $\chi S^n(B) \cap W$ 的函数值为 1, 另外点的函数值为 0, 则混合条件的积分式可以写为:

$$\int \chi S^n(B) \cap W \mathrm{d}\mu - \int \chi W \mathrm{d}\mu \int \chi B \mathrm{d}\mu \to 0(\text{当 } n \to \infty \text{时}), \tag{8.3.7}$$

也可以写成:

$$\chi S^n(B) \cap W = \chi W \chi S^n(B). \tag{8.3.8}$$

$S^n(B)$ 是由 B 经过变换 S^{-n} 产生的一系列点, 这样:

$$\chi S^n(B) = \chi B \circ S^{-n}, \tag{8.3.9}$$

代入到式 (8.3.7) 后可以得到:

$$\int \chi W(\chi B \circ S^{-n}) \mathrm{d}\mu - \int \chi W \mathrm{d}\mu \int \chi B \mathrm{d}\mu \to 0(\text{当} n \to \infty \text{时}). \tag{8.3.10}$$

用任意函数代替上式的特征函数, 可得函数 f 和 g "关联衰减" 的定义:

$$C_n(f,g) \equiv \left| \int g\left(f \circ S^{-n}\right) \mathrm{d}\mu - \int g \mathrm{d}\mu \int f \mathrm{d}\mu \right|. \tag{8.3.11}$$

在实际应用中, f 和 g 为标量场, 考虑标量场的 "关联衰减", 如果变换不是混合的, 则 "关联衰减" 为 0, 反之, 变换是混合的, 则 "关联衰减" 就是混合速度.

目前研究不同类型变换的 "关联衰减" 是动力学系统理论研究的前沿, 文献 [64] 对这方面的研究进行了综述. 虽然什么地方的 "关联衰减" 是指数的, 什么地方的 "关联衰减" 是多项式已经有结论, 但还没有应用到具体的混合中去. 好在已经证明, 与马蹄型相关的不变集, 其 "关联衰减" 是快指数型的, 显然这会影响到附近的轨道, 但其机理目前为止还不清楚.

一个系统的 "拓扑熵" 是指其轨道复杂程度的定量度量, 从某种意义上说, 它是系统用有限精度测量的单位时间内最大数量信息的丢失. 因此, 正的拓扑熵说明轨道是复杂的, Newhouse 等 [65] 介绍了通过估算曲线的指数生长率来估算拓扑熵的数值方法, 文献 [64] 也有类似的介绍. 动力学系统中熵的概念与混合有关, 原因是它与流动曲线的表面生长有关. 文献 [66] 给出了正拓扑熵和 Smale 马蹄之间的关系, 而文献 [67] 则给出了熵和 LE 之间的关系.

8.3.4　映射

混沌的概念是一个定性的概念, 正因为如此, 它不像 LE、各态经历等概念那样有意义, 但当轨道有正的 LE 和各态经历时, 有限的不变群变换是混沌的.

下面介绍几种特殊的映射:

(1) Bernoulli 转换. 该转换是描述完全随机的 "硬币抖动" 的动力学系统理论, 但在某种条件下它可以延伸到流体混合, 因为这样的坐标转换可以完成从混合过程到 Bernoulli 转换. 当然这种坐标转换不是评价性的, 但这种坐标转换的存在意味着微混合器可以直接地传承 Bernoulli 转换的显著特性, 要了解这显著特性, 必须先将 Bernoulli 转换描述为一个动力学系统.

考虑一个双无穷序列, 其每个元素为 0 或 1, 定义为 $\sum^2$ (上标表示元素值 1, 0), 则有:

$$s = \{\cdots, s_{-n}, \cdots, s_{-2}, s_{-1}, s_0, s_1, \cdots, s_n, \cdots\}, \tag{8.3.12}$$

在此基础上定义一个从序列 $\sum^2$ 到自身的变换:

$$\sigma(s) = \{\cdots, s_{-n}, \cdots, s_{-2}, s_{-1}, s_0, s_1, \cdots, s_n, \cdots\}. \tag{8.3.13}$$

把概率论的解释放到 $\sum^2$ 上可知, 当变换时序列右边的元素值是 0 或是 1. Bernoulli 转换对所有循环都有无限的周期性轨道, 这刚好是周期序列.

若证实其他变换与 Bernoulli 转换同形, 则很容易证明其他变换与 Bernoulli 转换有相同的性质. 同形是从序列的元素到变换范围的一一对应, 在许多实用术语中, 同形是个坐标变换 (如体积守恒等的特性必须满足). 此处的目的是将微混合器转换到 Bernoulli 转换.

(2) Bernoulli 变换. 该变换是与 Bernoulli 转换同形的度量守恒的变换. Bernoulli 变换是确定性混沌的范例, 一般有:

$$\text{Bernoulli} \rightarrow 混合 \rightarrow 各态历经,$$

而且箭头的方向不能反过来. Backer 变换是最好的混合变换, 如图 8.3.1 所示.

(3) Smale 马蹄变换. 与之有相似性质的是如图 8.3.2 所示的 Smale 马蹄变换, 但也有不同之处, 它不是切开后叠堆, 而是回折后叠堆, 但这样一来就有一部分材料留在 1×1 的方框外, 而且随着变换次数的增加, 留在框外的材料会越来越多. Chien 等[68] 提出要将框外的材料挤回来, 但这受不可压缩的限制, 哪怕是可以挤回来, 也

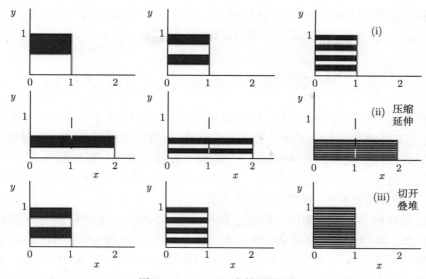

图 8.3.1 Backer 变换示意图

会明显影响到混合的效果. 下一节中设计的结构就是属于 Smale 马蹄变换的对流循环, 不过需要将框外的材料挤回到框内.

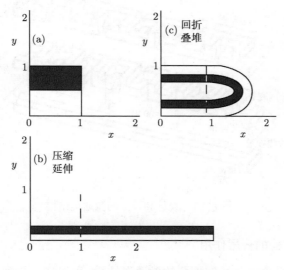

图 8.3.2 Smale 马蹄变换示意图

很明显, Smale 马蹄变换的效果比 Backer 变换的效果差, 因为 Backer 变换在整个区域内都与 Bernoulli 转换同形, 而 Smale 马蹄变换是个零体积不变群, 只有在零体积的约束下与 Bernoulli 转换同形. 但是, 在混合器结构中要实现切开很难, 所以 Bernoulli 转换的实施会受到很大的约束.

8.4　螺旋式微混合器及其流场的数值模拟

根据 8.3 中的理论, Backer 变换是用于微混合器件设计的最好的对流循环形式, 但是其要求的 "切开/叠堆" 实现起来很难, 所以还是根据 Smale 马蹄变换让流体在对流循环中 "压缩/延伸" 后进行 "折叠", 设计的微混合器如图 8.4.1(上) 所示, 这种设计意图一是增大对流作用, 二是将进入通道的两种流体拉伸折叠, 达到分层效果, 以增加接触面积, 最终提高混合效果.

假设在两个进口分别注入检测液和样品液, 检测液的密度和黏度分别为 1000 kg/m^3 和 0.001 kg/m.s, 样品液的密度和黏度分别为 1500 kg/m^3 和 0.002 kg/m.s, 两者之间的扩散系数为 10^{-9}m^2/s. 入口和出口处通道尺寸为 100 μm×100 μm, 通道的每个单元中主流方向的尺寸为 400 μm. 为了比较混合器效果, 同时也对图 8.4.1(中) 的蛇形通道[46] 和图 8.4.1(下) 的直通道[25] 的扩散和混合效果进行了数值模拟, 其通道各处的尺寸均为 100 μm×100 μm, 流体性质和扩散系数也与前同.

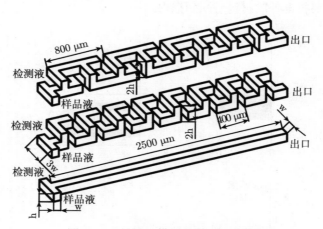

图 8.4.1　设计和模拟的微通道结构

8.4.1　螺旋式结构的分层作用

为了得到具有将流体拉伸折叠的微通道结构, 由混沌混合理论, 根据 Smale 马蹄型对流循环的原理设计通道结构, 得到如图 8.4.1 所示 (上) 的结构, 然后对图 8.4.1 所示结构中的流动和混合进行了数值模拟. 图 8.4.2 是计算结果, 其中左图为经过一次分合后样品液质量分数等值线图, 可见中间为 0, 两边较大, 说明流体被分成了上中下三个区域, 经过两次分合后的样品液质量分数等值线为图 8.4.2 的右图, 可见左右两边分别有一个低值区, 而左中右分别有一个高值区, 说明流体已分成五个区域, 而且等值线旋转了 90°. 依此可推得, 经过 3、4、5 次分合后, 可以分成 7、9、11 个区域.

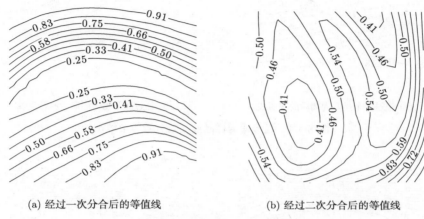

(a) 经过一次分合后的等值线 (b) 经过二次分合后的等值线

图 8.4.2 分合式通道样品液质量分数等值线图

结合 Smale 马蹄变换的形态, 可以清楚地看到这种螺旋式结构的混沌对流变换属于马蹄变换, 所不同的是已经将图 8.3.2 (c) 的框外部分挤回了框内, 如图 8.4.3 所示.

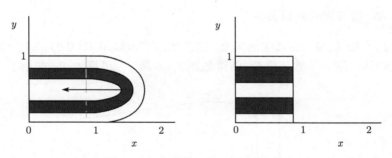

图 8.4.3 变形的 Smale 马蹄变换

对蛇形通道的混合同样进行数值模拟, 观察蛇形通道的样品液质量分数等值线如图 8.4.4 所示, 左右图分别是经过一次和两次来回拐弯后的等值线图, 可见明显没有分层效果, 但等值线族有旋转趋势.

对于直通道, 其样品液质量分数等值线如图 8.4.5 所示, 可见明显没有分层效果, 等值线的方向也完全一致.

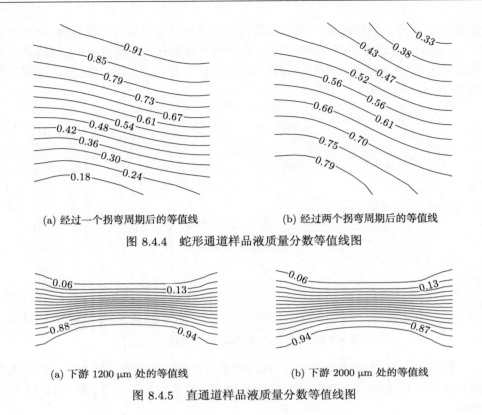

(a) 经过一个拐弯周期后的等值线   (b) 经过两个拐弯周期后的等值线

图 8.4.4   蛇形通道样品液质量分数等值线图

(a) 下游 1200 μm 处的等值线   (b) 下游 2000 μm 处的等值线

图 8.4.5   直通道样品液质量分数等值线图

8.4.2   Re 数与混合效果关系

为了解 Re 数与混合效果的关系, 对 Re 数为 0.003、0.01、0.03、0.1、0.3、1、3、6、10 等九种情况进行了数值模拟, 结果如图 8.4.6 所示. 可见当 Re 数小于 0.3 时, Re

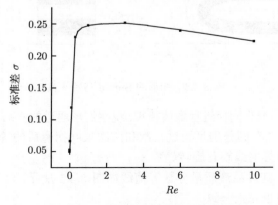

图 8.4.6   Re 数与混合效果的关系

数越小, 混合效果越好. 而 Re 数在 0.3~3 时, Re 数的变化对混合效果影响不大. 当 Re 数大于 3 时, Re 数越小, 混合效果反而越差, 其原因是在小 Re 数情况下, 混合主要是依赖于物质的扩散, Re 数越小则扩散越强烈, 所以混合效果越好. 但是在较大的 Re 数下, 对流因素占了主导地位, 这时 Re 数越大, 对流就大, 所以混合效果反而好.

8.4.3 不同通道结构的混合效果

为了研究不同微通道结构对混合效果的影响, 对如图 8.4.1 所示的三种微通道结构进行了模拟, 为了使三者具有可比性, 通道的尺寸需进行特别的设计. 数值模拟结果见图 8.4.7 所示, 由图可知, 直通道的混合效果与另两种通道有明显的差距, 当 Re 数大于 1 时, 几乎没有混合, 而当 Re 数小于 0.001 时才有比较好的混合效果, 其原因是直通道中的流动是层流, 对流对混合的影响极小, 混合完全依赖于物质间的扩散, 只有流速十分慢时才有充分的扩散时间. 此外, 蛇形通道的混合效果与螺旋式通道比较接近, 但在 Re 数小于 0.3 的小 Re 数下, 分合式混合的混合效果明显优于蛇形通道, 而在 Re 数大于 3 的大 Re 数时, 蛇形通道的混合效果反而更好. Re 数在 0.3~3 之间时, 二者的混合效果几乎一样, 其原因是小 Re 数时, 混合主要依赖于扩散, 而分合式混合使样品液和检测液层层相靠, 增加了接触面积, 因此增加了扩散, 而蛇形通道没有分层效果, 虽然由于对流引起混合加速与分合式相差不大, 但混合效果明显没有分合式混合的情况好. 反之, 在 Re 数比较大时, 对流控制了混合, 二者的差别就不明显了.

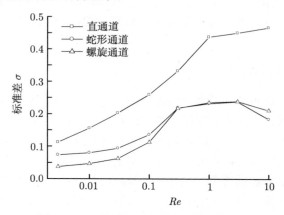

图 8.4.7 不同类型通道的混合效果比较

8.5 磁性微混合器

与文献 [14] 的磁性微混合器不同, 这里的微混合器不使用运动元件, 即在微通道结构中没有与通道有相对运动的元件, 取而代之的是磁性流体, 磁性流体在磁场的作用下聚合, 形成了搅拌器, 当外磁场旋转时, 搅拌器也会跟着旋转, 从而起到加强混合的效果.

8.5.1 磁流体的制备

磁性流体主要由粒径为 1~20 nm 超顺磁性颗粒、载液及表面活性剂三部分组成[69-70], 这种胶状液体既有固体磁性材料的磁性, 又有液体的流动性. 由于具有交叉特性, 所以这种液体磁性材料具有高的饱和磁化强度, 在使用温度下有长期的稳定性, 在重力和电磁力的作用下不沉淀, 有好的流动性. 目前磁流体种类有铁酸盐系 (Fe_3O_4, γ-Fe_2O_3, $MeFe_2O_4$(Me 为 Co, Mn, Ni))、金属系 (Ni, Co, Fe) 以及氮化铁系 (FeN) 三类. 其中铁酸盐系在产量上占绝对优势, 但由于饱和磁化强度较低, 从而限制了它的应用范围; 金属磁流体的饱和磁化强度可以很高, 但是即使是在惰性气体保护和加入抗氧剂的情况下, 也无法完全阻止其氧化. 而氮化铁磁流体虽然饱和磁化强度不如金属磁流体高, 但比铁酸盐系磁流体明显高, 而且其化学稳定性也较好, 是磁流体应用技术中理想的功能材料.

氮化铁磁流体的制备方法很多, 有热分解法、CVD(或 PVD) 法、声化学法、电化学法等[69], 目前用得最多的是前两种方法. 这里采用了 CVD 法, 由 N_2、Ar 和 Fe (CO)$_5$ 组成的混合体从正电极吹向接地电极, 而两极之间加高频电压使得两极间产生放电, 放粒子 (如 ε-Fe_3N) 蒸汽遇到分散剂而冷却凝固, 与载液按一定的比例混合后得到磁流体. 用 CVD 法制备出了氮化铁胶体, 配制不同颗粒浓度、尺寸和分布的磁流体, 对其进行稳定性实验, 并进行粒度、形貌的表征和饱和磁化强度的测定.

1. 铁磁流体的制备过程

等离子体 CVD 制作氮化铁磁流体的原理是利用被激发的 N_2 与 Fe (CO)$_5$ 反应, 得到氮化铁微粒. 反应装置如图 8.5.1 所示, 装置由电极和球形玻璃容器组成, 容器中加入表面活性剂和溶剂, 玻璃容器可绕电极旋转, Ar、N_2、Fe (CO)$_5$ 混合均匀后由喷口进入反应容器, 电极加上 6.5 mA/cm^2、13.5 MHz 的电流, 反应器内需始终保持 150 Pa 左右的真空度. 由于容器内的传热十分困难, 喷口温度由于等离子弧而变得很高, 为了降低喷口温度, 用压缩空气经过喷口处带走热量, 进行强迫冷却. 两电极之间所加电压慢慢升高, 直到产生辉光 (辉光电压的高低, 取决于气氛压力), 此时 N_2 就被电离, 形成氮的等离子体, 另外 Fe (CO)$_5$ 也在电弧放电产生的热影响下分解, 产生了铁离子, 铁离子与氮离子相互结合, 生成氮化铁, 但离子的数量和温度不同, 就会形成不同结构的氮化铁. 形成的氮化铁精细粒子, 在旋转玻璃容器中形成的由表面活性剂和溶剂组成的液体膜中包裹、沉降, 当反应进行到约

20 小时的时候, 得到胶状物, 将胶状物加热到 240°, 搅拌 20 分钟, 再加入一定量的表面活性剂和载液, 进行部分蒸馏, 最后可以得到磁流体, 为了防止氮化铁颗粒在加热时氧化, 降低所得到的磁流体的饱和磁化强度, 整个过程须在氩气保护下进行. 为了能使反应顺利进行, 有效保护和得到适当粒径和结构的磁性颗粒, 必须使吹入反应容器的 Fe (CO)$_5$、Ar、N$_2$ 按适当的比例, 试验中 Fe (CO)$_5$、Ar、N$_2$ 按 25 mg/min、100 cm^3/min、10 cm^3/min 比例, 得到含磁性颗粒的黏液后, 添加不同量的载液及不同黏度和密度的载液, 以配制不同性质的磁流体, 提供给性能测试和比较[71].

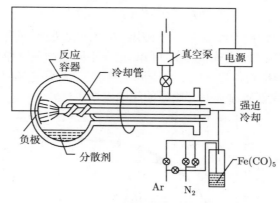

图 8.5.1 磁流体制作原理图

2. 磁流体微观形貌

将所得的磁流体 (氮气流量 15cm^3/min, 活性剂用量 5%), 用透射电子显微镜 (TEM-100CX 型) 分析其粒度和形貌, 从图 8.5.2 可知磁流体的磁性粒子外形基本为球形, 颗粒较均匀, 粒度分布范围较窄, 其平均颗粒直径约为 8 nm.

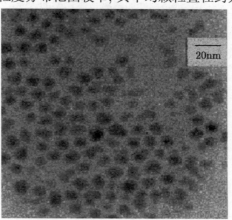

图 8.5.2 磁流体的 TEM 图

3. 磁化率测定和超顺磁性

磁流体的超顺磁性是由于磁流体中的磁性胶体粒子高度分散、粒径非常小 (通常低于 20 nm). 当粒子小到某一临界体积时, 粒子的磁各向异性能 KV 也随之减小, 当 KV 低于热能 KT 时, 在热的扰动下, 粒子内磁矩的磁化强度方向变成随机排列, 此时粒子的磁化作用被热能 KT 激发, 能够克服各向异性能垒, 表现出与顺磁性物质相似的性质, 这种现象就称为超顺磁性. 根据超顺磁性理论, 超顺磁性体系的磁化强度可用 LanRevin 函数表示:

$$\frac{M}{M_S} = \coth\frac{\mu H}{kT} - \frac{k_B T}{\mu H}, \tag{8.5.1}$$

式中 M/M_S 为比磁化强度, μ 为粒子磁矩, H 为外加磁场强度, k_B 为 Boltzmann 常数、T 是热力学温度. 由式 (8.5.1) 可知, 如在不同磁场强度和温度下测定磁化强度值, 对 H/T 作图, 则各数据应重合于同一直线, 这就是超顺磁性的实验判据. 从图 8.5.3 可见, 氮化铁磁流体具有明显的超顺磁性.

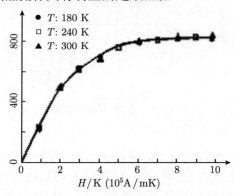

图 8.5.3　外加磁场与磁化率的关系

从图 8.5.4 可见, 磁化和去磁曲线基本重合, 磁流体 (氮气流量 15cm³/min, 活性剂用量 5%) 在除去外磁场后, 没有剩磁, 即没有磁滞, 饱和磁化强度可达 820 Gs.

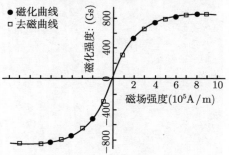

图 8.5.4　磁流体的磁化和去磁曲线

8.5.2 旋转磁场下磁性流体的动力学特性

1. 相位角的理论推导

结合散射和显微摄像, 对受旋转磁场的磁流变液的聚合链动力学进行研究, 用散射试验研究磁力和黏性力的相互影响, 量纲为一参数 —— 麦森 (Mason) 数是衡量磁力和黏性力关系的参数, 它有多种不同的定义 [72,73], 这里麦森数定义为:

$$Ma = \frac{144\eta\varpi}{\mu_0 M^2},\tag{8.5.2}$$

式中 η 为动力黏度, ϖ 为旋转磁场频率, M 为粒子磁化强度, μ_0 为真空导磁率.

在此基础上, 再用显微摄像技术观察聚合链在各种旋转频率下的状态, 显示临界值附近的聚合链的动态状况. 然后用分子动力学对聚合链状态进行模拟, 最后给出若干结论.

假定平面旋转场位于 x-y 平面内, 场强可以表示为:

$$H(t) = H_0 \left(e_x \cos(\varpi t) + e_y \sin(\varpi t)\right),\tag{8.5.3}$$

式中 e_x, e_y 为 x、y 的单位矢量, H_0 为磁场强度矢量的模.

磁场中平行于磁场方向的圆盘处于均匀极化状态, 磁化强度可分别表示为:

$$M = \beta\left(\varpi\right) H_0 \left[e_x \cos\left(\varpi t - \delta\left(\varpi\right)\right) + e_y \sin\left(\varpi t - \delta\left(\varpi\right)\right)\right],\tag{8.5.4}$$

式中 $\beta\left(\varpi\right)$ 为比例函数, $\delta\left(\varpi\right)$ 为相位差.

通过推导 [74] 得到极化强度矢量的滞后角的正弦为:

$$\sin\delta\left(\varpi\right) = 2.4\mu_0^{1/3} \frac{\sqrt{\eta\rho}\beta\left(\varpi\right)^{1/3}\varpi^{1/6}}{\left[\left(\rho + \rho_p\right)^2 DH_0^2\right]^{1/3}},\tag{8.5.5}$$

式中 ρ 为磁流变液中母液的密度, ρ_p 为颗粒的密度, D 为旋转圆盘的直径.

2. 旋转速度和聚合性、相位差的关系

与参考文献 [75] 结果相似, 大于临界频率和小于临界频率时, 二色性有两种不同的表现. 用 M-180/12 磁流变液, 在不同大小的磁场下进行磁化, 研究临界频率和不同外磁场下的磁化强度的关系. 在不变的磁场下用 M-70/60a 磁流变液, 在不同载液浓度情况下, 研究载液黏度和临界频率的关系. 从图 8.5.5 所示的试验数据看, 临界频率与磁化强度的平方成反比, 与黏度成正比, 也即 Ma 数决定磁流变液的动力学性能. 图 8.5.5 为不同磁场和黏度下的二色性和相位差和 Ma 数的关系曲线, 二色性和相位差变化的转转点大约在 $Ma=1$ 的地方, Ma 数大于该值, 黏性力占主导, 制约了粒子的聚合, 二色性明显下降, 而相位差也基本不变 (30°±2°). 而当

Ma 数小于该值时, 磁力占主导地位, 粒子会迅速聚集形成长链, 二色性基本保持不变, 而相位差则随 Ma 数 (也即外磁场的旋转频率) 增大而几乎线性增大.

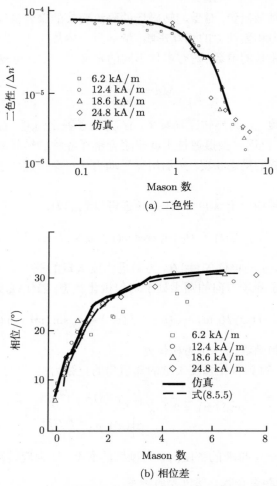

图 8.5.5   在不同磁场下 Ma 数与二色性和相位差的关系

8.5.3   磁性微混合器的原理和性能分析

根据微混合器泵送液体的性质和要求, 这里设计了如图 8.5.6 的磁性微混合器, 其两个入口的宽度为 200μm, 深度为 20μm, 合并以后通道的宽度和出口处的宽度为 350μm, 中间圆形区域的直径为 8000μm, 里面放有磁性流体, 磁性流体的颗粒为 8 nm. 当有外磁场接近的时候, 磁流体就会聚集成外面磁铁的形状 (图 8.5.6 中的 "十" 字形), 当外面磁场旋转的时候, 里面聚合着的磁流体也跟着旋转, 而且, 当外磁场的旋转速度小于一定的值时, 外磁场旋转速度越快, 里面磁流体的旋转也越快, 搅拌的速度就越快, 混合的效果也越好.

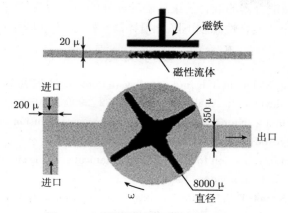

图 8.5.6 磁性微混合器的原理示意图

根据 8.5.2 的理论和分析, 外磁场的旋转速度与混合均匀性有一定的关系, 即外磁场的旋转速度越快, 混合效果越好, 因为大搅拌速度加快对流. 但是需注意的是, 当外磁场速度很快时, 微通道内的磁流体会跟不上外磁场的旋转速度, 甚至会影响到磁流体的聚合, 这时候里面的 "搅拌器" 散架, 失去了搅拌作用. 对于本文的磁流体和混合器, 根据式 (8.5.2) 可以计算其旋转速度不应超过 1260 rpm, 但实际上可能会比这个数值小得多, 因为这里微混合器的通道深度只有 20μm, 上下壁面的阻力很大, 会使磁流体旋转的滞后更为严重, 在实际使用中估计 260 rpm 左右就已经有比较满意的效果了.

通过本章的理论分析和数值计算, 可以总结出以下几点结论.

(1) Smale 马蹄变换是一种很有应用价值的变换, 理论上表明, Smale 马蹄变换具有好的混沌混合效果, 在实践中也比较容易实现.

(2) 以 Smale 马蹄变换为基础设计的螺旋式混合器, 是一种新的加快微流器件在层流下混合效果的有效方法, 能产生混沌对流循环, 为混沌混合理论的实际应用提供了一个好的途径.

(3) 螺旋式混合通道其混合效果比直通道有很大的提高, 而且在 Re 数小于 0.3 时, 其混合效果明显优于蛇形通道和直通道, 因为混沌对流循环产生了流体的层状结构, 大大增加了接触面积.

(4) 当 Re 数小于 0.3 时, 扩散控制微流体混合, 所以 Re 数越小则混合效果越好; 而 Re 数大于 3 时, 对流开始控制微流体混合, 所以 Re 数越大混合效果越好.

(5) 磁流体技术结合到微流体技术中是个有创新意义的思路, 根据磁流体在磁场作用下的聚合性而构造的"搅拌器",能跟着外磁场旋转,对流线产生拉伸和折叠效果,使流体很快就能混合完成,是很好的主动式混合器.

(6) 磁流体微混合器的混合效果随旋转速度的增大而变好,但速度有一个上限,超过该值时,磁流体聚合性急剧下降,"搅拌器"散架,无法产生搅拌效果.

参 考 文 献

[1] Khandurina J, Mcknight T E.Integrated system for rapid PCR-based DNA analysis in micro fluidic devices [J]. Anal. Chem., 2000, 72: 2995–3000.

[2] Wang R J, Lin J Z. Numerical simulation of transverse diffusion in a microchannel [J]. Journal of Hydrodynamics Ser.B, 2004, 16(6): 123–128.

[3] Nadim M. An introduction to microeletromechanical systems engineering [M]. London: Artech house Boston London, 1999.

[4] Matthew A, Kumar H S. Generating fixed concentration arrays in a microfluidic device [J]. Sensors and Actuators B, 2003, 92199–207.

[5] Bohm S, Greiner K, Vries de S, Berg van den A. A rapid vortex micromixer for studying high-speed chemical reactions [C]. Micro TAS Symposium, 25–27, 2001.

[6] Osbourn D M, Lunte Craig E. On-column electrochemical detection for microchip capillary electrophoresis [J]. Analytical Chemistry, 2003, 75(11): 2710–2714.

[7] Hong C C, Choi J W, Ahn C H. A novel in-plane passive micromixer using Coanda effect[C]. Micro TAS Symposium, 31–33, 2001.

[8] Gobby D, Angeli P, Gavriilidis A. Mixing characteristics of T type microfluidic mixers [J]. J. Micromech. Microeng., 2001,11: 126–132.

[9] Jen C P, Wu C Y. Design and simulation of the micromixer with chaotic advection in twisted microchannels[J]. Lab on a Chip, 2003, 3: 77–81.

[10] Dodgea A, Jullienb M C, Leec Y K, Niuc X, Okkelsa F, Tabeling P. An example of a chaotic micromixer:the cross-channel micro- mixer [J]. Comptes Rendus Physique, 2004, 5: 557–563.

[11] Service R F. Coming soon: the pocket DNA sequencer [J]. Science, 1998, 282; 399–401.

[12] Ehrlich D J, Matsudaira P. Micro fluidic devices for DNA analysis [J]. Trends Biotechnol., 1999, 17: 315–319.

[13] Oddy M H, Santiago J G, Mikkelsen J C. Electrokinetic instability micromixing [J]. Analytical Chemistry, 2001, 73(24): 5822–5832.

[14] Lu L H, Ryu K S, Liu C. A magnetic microstirrer and array for microfluidic mixing [J]. Journal of Microelectromechanical Systems, 2002, 11(5): 462–469.

[15] Yang Z, Goto H, Matsumoto M, Maeda R. Active micromixer for microfluidic systems using lead zirconate-titanate (PZT)-generated ultrasonic vibration [J]. Electrophoresis, 2000, 21(1): 116–119.

[16] Chen H, Zhang Y T, Mezic I, Meinhart C D, Petzold L. Numerical simulation of an electroosmotic micromixer [C]. Proceedings of Microfluidics. ASME IMECE, 2003.

[17] Suzuki H, Ho C M. A magnetic force driven chaotic micro-mixer [C]. Proceeding 15th Int. Conference on Micro Electro Mechanical Systems, MEMS'02, 40–43, 2002.

[18] Lin L W. Curriculum development in microeletromechanical systems in mechanical engineering [J]. IEEE Transactions on Education, 2001, 44(1): 1–10.

[19] Lee Y K, Deval J, Tabeling P, Ho C M. Chaotic mixing in electrokinetically and pressure driven micro flows [C]. Proceeding of MEMS Conference, 483–486, 2001.

[20] Yang Z, Matsumoto S, Goto H, Matsumoto M, Maeda R. Ultrasonic micromixer for microfluidic system [J]. Sensors and Actuators A, 2001, 21: 266–272.

[21] 王瑞金, 林建忠, 郑友取. 一种新型螺旋式微混合器及其流场的数值研究 [J]. 中国机械工程, 2006, 17: 1417–1420.

[22] Kamholz A E, Yager P. Theoretical analysis of molecular diffusion in pressure-driven flow in micro fluidic channels [J]. Biophys. J., 1001, 80: 155–160.

[23] Kamholz A E, Schilling E A, Yager P. Optical measurement of transverse molecular diffusion in a microchannel [J]. Biophys J., 2001, 80(4): 1967–1972.

[24] Wang R J, Lin J Z, Li Z H. Study on the impacting factors of transverse diffusion in the micro-channels of T-sensors [J]. Journal of Nanoscience and Nanotechnology, 2005, 5(7): 1–5.

[25] Robin H L, Mark A S, Kendra V S. Passive mixing in a three-dimensional serpentine microchannel [J]. Journal of Microelectromec. System, 2000, 9(2): 190–197.

[26] Mengeaud V, Josserand J, Girault, H H. Mixing processes in a zigzag microchannel: finite element simulations and optical study [J]. Anal. Chem., 2002, 74: 4279–4286.

[27] Wang H, Iovenitti P, Harvey E, MasooD S. Optimizing layout of obstacles for enhanced mixing in microchannels [J]. Smart Mater. Struct., 2002, 11: 662–667.

[28] Stroock A D, Dertinger S K W, Ajdari A, Mezic I, Stone H A, Whitesides G M. Chaotic mixer for microchannels [J]. Science, 2002, 295: 647–651.

[29] Johnson T J, Ross D, Locasciol E. Rapid microfluidic mixing [J]. Anal. Chem., 2002, 74: 45–51.

[30] Hiroaki S, Nobuhide K. Chaotic mixing of magnetic beads in microcell seoarator [C]. Proceeding 3rd Int. Symposium. Turbulence and Shear Flow Phenomena Sendai, Japan, 817–823, 2003.

[31] Jeonl M K, Kim J H. Design of a recycle micromixer [C]. 7th International Conference on Miniaturized Chemical and Biochemical Analysts Systems, Squaw Valley, California USA, 109–112, 2003.

[32] Qian S, Bau H H. A chaotic electroosmotic stirrer [J]. Anal. Chem., 2002, 74: 3616–362.

[33] Meisel I, Ehrhard P. Simulation of electrically excited flows in microchannels for mixing application [J]. Nanotech, 2002, 1: 62–65.

[34] Joanne D. A dielectrophoretic chaotic mixer [C]. IEEE 0-7803-7185-2/02, 2002.

[35] Hiroaki S. Particle tracking velocimetry measurement of chaotic mixing in a micromixer [C]. The International Symposium on Micro-Mechanical Engineering, 212–218, 2003.

[36] Rong R, Choi J W, Ahn C H. A novel magnetic chaotic mixer for in-flow mixing of magnetic beads [C]. 7th International Conference on Miniaturized Chemical and Biochemical Analysis Systems, Squaw Valley, Callfornla USA, 335–339, 2003.

[37] Deshmukh A A, Liepmann D, Pisano A P. Continuous micromixer with pulsatile micropump [C]. Proceedings of the 2000 Solid-State Sensor and Actuator Workshop, Transducers Research Foundation, Cleveland OH, IEEE,73–76, 2000.

[38] Muller S D, Mezi I, Walther J H, Koumoutsakos P. Transverse momentum micromixer optimization with evolution strategies [J]. Computers and Fluids, 2004, 33: 521–531.

[39] Arash D A, Jullien M C. An example of a chaotic micromixer: the cross-channel micromixer [J]. C. R. Physique, 2004, 5: 557–563.

[40] Ducr E E J, Brenner T, Glatzel T, Zengerle R. Ultrafast micromixer by Coriolis-induced multi-lamination of centrifugal flow [C]. ACTUATOR2004, 9th International Conference on New Actuators, Bremen, Germany, 533–537, 2004.

[41] Yi M, Bau H H, Hu H. Peristaltically induced motion in a closed cavity with two vibrating walls [J]. Physics of Fluids, 2002, 14(1): 184–197.

[42] Julio M O, Stephen W. Designing optimal micromixers [J]. Science, 2004, 305(23); 485–486.

[43] Kee S R, Kashan S. Micromagnetic stir-bar mixer integrated with parylene microfluidic channels [J]. Lab Chip, 2004, 4: 608–613.

[44] Vivek V, Zeng Y, Kim E S. Novel acoustic-wave micromixer [C]. Micro electro mechanical systems, MEMS, 13th annual international conference, 668–673, 2000.

[45] Antonsen T M, Fan Z, Ott E, Garcia-Lopez E. The role of chaotic orbits in the determination of power spectra of passive scalars [J]. Phys. Fluids, 1996, 8: 3094–3104.

[46] Liu Y H, Lin J Z, Shi X. Numerical simulation of the scalar mixing characteristics in three-dimensional microchannels [J]. Chinese J. Chem. Eng., 2005, 13: 297–302.

[47] Thiffeault J L, Childress S. Chaotic mixing in a torus map [J]. Chaos, 2003, 13: 502–507.

[48] Stephen W, Julio M O. Foundations of chaotic mixing [J]. Phil. Trans. R. Soc. Land. A, 2004, 362: 937–970.

[49] Meinhart C D, Wereley S T, Santiago J G. Piv measurements of a microchannel flow [J]. Exp. in fluids, 1999, 27: 414–419.

[50] Stone S W, Meinhart C D, Wereley S T. A microfluidic-based nanoscope [J]. Experiments in Fluids, 2002, 33: 613–619.

[51] Han G, Breuer K S. Infrared PIV for measurement of fluid and solid motion insid-eopaque silicon microdevices [C]. 4th International Symposium on Particle Image Ve-locimetry Göttingen, Germany, 11–18, 2001.

[52] Meinhart C D, Wereley S T, Gray M H B. Volume illumination for two-dimensional particle image velocimetry [J]. Meas. Sci. Technol., 2000, 11809–814.

[53] Meinhart C D, Wereley S T, Santiago J G. A PIV algorithm for estimating time-averaged velocity fields [C]. Proceeding of Optical Methods and Image Processing in Fluid Flow, 3rd ASME/JSME Fluids Engineering Conf., 1999.

[54] Losey M W, Jackman R J, Firebaugh S L, Schmidt M A, JENSEN K F. Design and fabrication of microfluidic devices for multiphase mixing and reaction [J]. IEEE J. Microelectromech. Syst., 2002, 11: 709–717.

[55] Ottino J M, Wiggins S. Introduction: mixing in microfluidics [J]. Phil. Trans. R. Soc. Lond. A, 2004, 362: 923–935.

[56] Ottino J M. The kinematics of mixing: stretching, chaos, and transport [M]. Cambridge University Press, 1989.

[57] Wiggins S. Introduction to nonlinear applied dynamical systems and chaos [M]. Springer, 1990.

[58] Boyland P, Aref H, Stremler M A. Topological fluid mechanics of stirring [J]. J. Fluid mech., 2000, 403: 277–304.

[59] Lapeyre G. Characterization of finite-time Lyapunov exponents and vectors in two-dimensional turbulence [J].Chaos, 2002, 12: 688–698.

[60] Perry A D, Wiggins S. Kam tori are very sticky: rigorous lower bounds on the time to move from an invariant Lagrangian torus with linear flow [J]. Hysica D, 1994, 71: 102–121.

[61] Beigie D, Leonard A, Wiggins S. Invariant manifold templates for chaotic advection [J]. Chaos Solitons Fractals, 1994, 4: 749–868.

[62] Horner M, Metcalfe G, Wiggins S, Ottino J M. Transport mechanisms in open cavities: effects of transient and periodic boundary flows [J]. J. Fluid Mech., 2002, 452: 199–229.

[63] Mezic I, Wiggins S. A method of visualization of invariant sets of dynamical systems based on the ergodic partition [J]. Chaos, 1999, 9: 213–218.

[64] Baladi V. Decay of correlations, in Smooth ergodic theory and its applications [C]. Proceeding Symp. Pure Mathematics, 297–325, 1999.

[65] Newhouse S, Pignataro T. On the estimation of topological entropy [J]. J. Stat. Phys., 1993, 72: 1331–1352.

[66] Newhouse S E. Entropy and volume [J]. Ergod. Th. & Dynam. Syst., 1988, 8: 283–299.

[67] Pesin Y B. Characteristic Lyapunov exponents and smooth ergodic theory [J]. Russ. Math. Surv., 1977, 32: 55–114.

[68] Chien W L, Rising H, Ottino J M. Laminar and chaotic mixing in several cavity flows [J]. J. Fluid Mech., 1986, 170: 355–377.

[69] 王瑞金. 磁流体技术的应用与发展 [J]. 新技术新工艺, 2001, 10: 15–18.

[70] 王瑞金, 王常斌. 磁流体技术的工业应用 [J]. 力学与实践, 2004, 6(26): 4–8.

[71] 王瑞金. 氮化铁磁流体制备和稳定性 [J]. 科技通报, 2005, 3(21): 345–350.

[72] Volkova O, Cutillas S, Bossis G. Shear banded flows and nematic-to-isotropic transition in ER and MR fluids [J]. Phys. Rev. Lett., 1999, 82 (1): 233–236.

[73] 周刚毅, 张培强. 平面旋转场下磁流变液结构模型 [J]. 化学物理学报, 2002, 15(4): 300–302.

[74] Melle S, Fuller G G, Rubio M A. Structure and dynamics of magnetorheological fluids in rotating magnetic fields [J]. Phys. Rev. E, 2000, 61(4): 4111–4117.

[75] 王瑞金. 旋转磁场下磁流变液聚合链的动力学研究 [J]. 机械工程学报, 2005, 41: 93–96.